# 위대한 과학자의 발자취를 따라서

정 태 성

도서출판 코스모스

# 위대한 과학자의
# 발자취를 따라서

# 머리말

역사상 가장 위대한 과학자 중의 한 명인 아이작 뉴턴은 다음가 같은 말을 하였습니다. "나는 세상 사람들이 나를 어떻게 보고 있는지는 모른다. 그러나 나 자신에게 비쳐진 나는 바닷가에서 놀고 있는 소년이었다. 거대한 진리의 바다는 아무것도 가르쳐 주지 않으면서 내 앞에 펼쳐져 있고, 나는 바닷가에서 놀다가 가끔씩 보통 것보다 더 매끈한 돌이나 더 예쁜 조개껍질을 찾고 즐거워했다."

과학의 역사를 돌이켜 보건대, 위대한 과학자들의 공통점은 과학 그 자체를 좋아했다는 것입니다. 어린 아이가 즐겁게 놀듯 그들은 과학을 하면서 삶을 즐겼습니다. 그러한 과정에서 타인을 의식하지 않은 채 자신이 가고자 하는 길을 기쁜 마음으로 걸어갔습니다. 그러한 과정에서 멋지고 아름다운 것들을 얻을 수 있었습니다. 위대한 과학자 중에는 그 누구도 다른 사람의 강요나 억지에 의해 그 길을 간 사람은 없었습니다. 자신이 원하는 길을, 간절한 진리에 대한 목마름으로, 다른 것들을 바라보지 않은 채 기꺼이 갔던 것입니다.

위대한 과학자들이 그러한 길을 어떻게 걸어갔는지 그 이야기를 간단히 모아보았습니다. 자신의 모든 것을 쏟아부어 뜨거운 열정을 가지고 불꽃같은 인생을 살았던 역사상 가장 멋진 삶의 모습을 엿볼 수 있기를 기대합니다. 이 책에 나오는 인물 사진은 위키미디어와 네이버에 있는 사진임을 밝힙니다.

2023. 1.

저자

# 차례

# 차례

# 1. 니콜라우스 코페르니쿠스(1473~1543)

역사가들은 근대과학이 이루어진 일련의 사건을 과학혁명이라고 부르기도 합니다. 〈과학 혁명의 구조〉를 쓴 토마스 쿤에 의하면 코페르니쿠스의 태양중심설, 뉴턴의 고전역학, 다윈의 진화론을 과학혁명의 대표적인 예로 들었습니다. 오늘은 오래도록 유지해 왔던 천동설을 무너뜨리고 지동설을 주장한 코페르니쿠스에 대해 알아보도록 하겠습니다.

사실상 지구중심설은 2천 년이 넘는 세월 동안 인류를 지배해 왔으며 당시 사람들의 종교나 생활에 잘 부합하는 것으로 간주되고 있었습니다. 이로 인해 태양중심설이 수용되기 위해서는 세상을 바라보는 관점, 그 자체가 바뀌어야 했습니다.

코페르니쿠스는 태양 대신에 지구를 회전시킴으로써 천문학과 세계관에 혁명을 일으켰습니다. 코페르니쿠스는 과학 혁명의 시작을 알리는 가장 상징적인 인물이라 할 것입니다. 독일의 위대한 철학자 칸트는 태양중심설이 나타난 것을 '코페르니쿠스적 전환'이라고 불렀습니다. 이후 코페르니쿠스적 전환이라는 용어는 사고방식이나 견해가 이전과 크게 달라지는 경우를 지칭하는 용어로 정착되었습니다.

니콜라우스 코페르니쿠스는 1473년 폴란드 토룬에서 태어났습니다. 그의 아버지는 유복한 상인이었고 어머니는 독일계 정치가 집안의 딸이었습니다. 하지만 그가 열 살 되던 해 아버지는 세상을 떠났고, 이후 그는 외삼촌인 루카스 바첸로데의 밑에서 자랐습니다. 외삼촌은 성직자이자 학자로서 코페르니쿠스의 인생에 중대한 영향을 미쳤습니다. 코페르니쿠스의 어린 시절에 대해서는 알려진 것이 그리 많지 않습니다. 하지만 그는 어릴 적 상당한 교육을 받은 것으로 생각됩니다. 왜냐하면 코페르니쿠스가 18살이 되던 해인 1491년 당시 새로운 교육의 중심지인 크라쿠프 대학에 입학했기 때문입니다. 이 대학은 당시는 보기 드물게 상당한 수준을 가진 천문학에 대한 수업 과정도 있었습니다.

코페르니쿠스는 이 대학을 다니던 중 천문학에 흥미를 느끼게 됩니다. 그리고 그는 폴란드를 떠나 이탈리아로 가서 더 많은 공부를 해야겠다고 생각합니다. 이때 그는 외삼촌의 도움으로 1496년 이탈리아 볼로냐대학으로 유학을 갈 수 있었습니다. 당시 이탈리아에서는 자유로운 토론을 바탕으로 한 새로운 학문에 대한 요구가 무르익고 있었습니다.

천문학의 경우도 마찬가지였습니다. 고대부터 율리우스력이 달력을 만드는 기준으로 사용되어 왔지만 많은 시간이 경과되면서 오차가 누적되었습니다. 또한, 14세기 이후 항해 활동이 활발해지면서 정확한 달력을 만드는 것이 아주 중요했습니다. 그러한 달력은 천문학의 발전에 의해 많은 영향을 미치게 됩니다. 또한 예전의 저작을 발굴하는 작업이 활발하게 전개되었고, 이로 인해 천문학에 대한 고대의 주요 연구업적이 알려지기 시작하였습니다. 예를 든다면, 지구중심설을 주장했던 프톨레마이오스의 〈알마게스트〉가 12세기에 번역되었고, 점차적으로 이에 대한 이해가 이루어졌습니다.

코페르니쿠스는 볼로냐대학에서 수학, 철학, 천문학 등을 공부하였고, 그곳에서 프톨레마이오스 체계에 비판적이었던 도미니크 노바라 교수의 영향을 받았습니다. 당시 코페르니쿠스는 월식을 관측하면서 그것이 전개되는 장면을 스케치하기도 하였고, 이에 대한 강연을 해서 많은 사람들의 갈채를 받기도 하였습니다.

28살이 되던 해인 1501년 그는 파도바 대학으로 옮겨 의학을 배웠고 1503년 페라라 대학에서 교회법을 전공하여 박사학위를 받았습니다. 코페르니쿠스는 이탈리아에서 공부하던 중, 고대 그리스의 천문학자인 아리스타르코스를 알게 됩니다. 아르키메데스가 쓴 책을 읽던 중, 그 안에 있던 아리스타르코스의 업적을 접하게 된 것입니다. 아리스타르코스는 아주 오래전인 기원전 3세기의 사람으로 그는 지구를 포함한 행성이 태양을 중심으로 돌고 있다고 주장했습니다. 하지만 고대 사람들은 태양중심설을 무시했기 때문에 그의 주장은 거의 알려져 있지 않았습니다. 코페르니쿠스는 아리스타르코스의 이론을 마음 깊이 간직한 채 이탈리아의 유학을 끝내게 됩니다.

1506년 코페르니쿠스는 고국 폴란드로 돌아와 성당의 참사원이 됩니다. 그가 참사원이 되는 데 있어서는 외삼촌의 도움이 컸던 것으로 알려져 있습니다. 1512년 외삼촌이 사망하자 코페르니쿠스는 동프로이센의 프라우엔부르크 대성당의 참사원으로 일하기 시작합니다. 이곳에서 그는 의사, 행정관, 판사, 세금 수금원 등으로 활동하였습니다. 이는 그가 이탈리아에서 폭넓은 공부를 했었기 때문이었습니다.

그는 프라우엔부르크에서 정성껏 환자를 돌보았고 이로 인해 유능한 의사로 이름을 날리기도 했습니다. 다른 의사들이 치료를 포기한 환자들이 코페르니쿠스에서 몰려들기도 했고, 코페르니쿠스에게 치료법에 대해 조언을 구하는 의사도 있었습니다. 또한 코페르니쿠스는 이 지역 주민들의 식수문제를 해결해 주기도 하였습니다. 댐을 만들어 강의 수위를 높였고, 산기슭으로 물줄기를 유도해 파이프를 통해 주민들에게 물을 공급할 수 있도록 하였습니다.

하지만 그가 제일 관심이 있었던 것은 천문학이었습니다. 코페르니쿠스는 프라우엔부르크에서 천체의 운행에 대해 자신이 직접 관측하고 계산한 자료를 토대로 새로운 천문학 체계를 구상하게 됩니다. 그는 개인적인 시간을 최대한 활용하여 천문학을 연구하였습니다. 시간이 있는 날에는 하루 종일 도서관에서 천문학 서적을 읽어 나갔습니다. 또한, 저녁 하늘을 관찰하기 위해 성당 건물의 옥상에 개인용 천문대를 만들기도 하였습니다. 그는 문헌이나 관측을 통해 확보한 자료를 분석해 나가기 시작하였습니다. 이 과정에서 그는 천동설에 의문을 가지게 됩니다. 코페르니쿠스는 자신의 자료를 바탕으로 점차 태양중심설에 대해 확신을 가지게 됩니다.

그 당시의 천동설로는 천문학의 여러 가지 새로운 현상들을 설명할 수가 없었습니다. 예를 들면 천동설에는 행성의 운동을 설명하기 위해 도입한 주전원이나 이심과 같은 것을 도입했습니다. 즉, 행성은 천구 상의 한 점을 중심으로 작은 원형 궤도인 주전원을 따라 운동을 하며, 행성 운동의 중심점은 지구를 조금 벗어난 이심이라는 것입니다. 이로 인해 새로운 관찰 결과가 나올 때마다 주전원의 수가 계속 증가되는 것을 보고 코페르니쿠스는 우주가 이렇게 복잡하게 되어 있을 것으로 생각하지 않게 되었습니다.

시간이 흐르면서 코페르니쿠스는 행성의 운동을 보다 수학적으로 간단하게 서술할 수 있는 방법을 찾아가던 중 지구를 중심으로 천체가 운동하는 천동설이 아닌 태양을 중심으로 지구나 다른 행성이 운동을 하는 태양중심설을 생각하게 되었습니다. 이탈리아 유학 시절 그가 접했던 그리스의 아리스타르코스의 생각과 일치하는 것이었습니다.

코페르니쿠스는 태양을 중심으로 다른 행성들의 운동을 계산해 보았습니다. 그 결과 복잡했던 주전원이 전혀 필요 없게 되었고, 결국 그는 지동설이 옳다는 것을 확신하게 되었습니다. 그리하여 그는 태양이 우주의 중심이며 모든 행성이 태양을 중심으로 회전한다는 결론에 도달하게 됩니다. 이렇게 하여 오래도록 유지되었던 천동설이 무너지고 지동설이 탄생하게 됩니다.

코페르니쿠스의 지동설은 프톨레마이오스의 여러 가지 문제점을 해결해 주었습니다. 그 첫 번째는 지구를 주위로 한 행성들의 순서와 주기에 관해 것입니다. 프톨레마이오스의 체계에서는 지구가 중심에 있고 수성, 금성, 태양의 순서로 배치되어 있는데, 수성, 금성 그리고 태양이 지구 주위를 운동하는 주기가 모두 1년 정도였습니다. 코페르니쿠스의 체계에서는 이러한 문제가 생기지는 않습니다. 태양 주위의 회전 주기가 가장 작은 수성으로부터 가장 큰 토성에 이르기까지 순서대로 배열되어 있기 때문입니다.

둘째는 내행성과 태양 사이의 거리에 관한 것으로 코페르니쿠스의 체계에서는 태양을 중심으로 내행성의 궤도가 완전히 지구의 궤도 속에 포함되어 있습니다. 이로 인해 지구에서 봤을 때 태양과 행성 사이에는 최대 이각이 존재합니다. 하지만 프톨레미오스의 체계에서는 태양과 내행성이 지구를 중심으로 독자적인 운동을 하기 때문에 그렇게 되지 않습니다.

셋째는 행성의 역행운동입니다. 코페르니쿠스의 구조에서는 역행운동이 간단하면서도 체계적으로 설명될 수 있는 반면 프톨레미오스의 체계에서는 수많은 주전원을 억지로 조합해야만 가능해지게 됩니다.

넷째는 프톨레미오스의 이론에서는 지구에서 관찰했을 때 행성이 지구 주위를 도는 주기가 항상 일정하지 않지만, 코페르니쿠스의 체계에서는 지구가 태양을 돌고 다른 행성도 태양을 돌기 때문에 이러한 현상은 일어나지 않습니다.

코페르니쿠스는 태양중심설이 옳다는 확신을 가지고 있었지만 이를 발표하는 데 있어서는 신중을 기했습니다. 왜냐하면 그의 새로운 우주 체계가 당시 천동설이 지배하던 사회에 미칠 파문을 염려하였던 것입니다. 당시에는 신이 가장 아끼는 피조물인 인간이 사는 지구가 우주 전체의 중심에 있는 것은 너무나도 당연한 것이었고, 사람들은 지구 위에서 안정된 생활을 영위해 왔던 것도 사실이었습니다. 행성의 운동을 보다 쉽게 설명할 수 있다는 이유로 2천 년 넘게 이어온 종교와 상식을 포기한다는 것은 실로 어려운 일이었습니다.

하지만 코페르니쿠스는 자신의 생각이 맞다는 것을 확신했고, 1530년 경 그는 자신의 이론을 정리한 "천구의 회전에 대하여"라는 책을 완성했습니다. 하지만 그 책을 바로 출판하지는 않았습니다.

1539년 독일의 수학자였던 레티쿠스는 코페르니쿠스를 방문하여 태양 중심설에 대한 코페르니쿠스의 연구 결과를 하루속히 출간할 것을 권고하였습니다.

이에 따라 코페르니쿠스는 자신의 책을 주위에 있는 사람들에게 맡겼고, 그의 책은 그가 죽은 해인 1543년 출판이 되었습니다. 당시 코페르니쿠스의 책 〈천구의 회전에 대하여〉의 서문에는 "이 이론은 실제적인 우주구조가 아니고 다만 행성의 위치를 쉽게 계산하기 위한 수학적인 가설에 불과하다"라는 문구가 있었습니다. 이는 당시의 시대 분위기를 염려했기 때문이었습니다. 이로 인해 〈천구의 회전에 대하여〉는 당시 금서 목록에 오르지는 않았습니다. 당시 사람들은 서문을 통해 코페르니쿠스 주장의 가치를 낮게 평가하였던 것입니다.

시간이 지나면서 코페르니쿠스의 의도를 알게 되었고, 이로 인해 종교계에서는 구교와 신교를 막론하고 대부분 거부 반응을 보였습니다. 하지만 프톨레마이오스의 천문학에 불만을 가지고 있었던 학자들을 중심으로 코페르니쿠스의 책은 점점 확산되었습니다.

코페르니쿠스의 이론에도 문제가 있었던 것은 사실입니다. 예를 들어 그는 이전부터 사용되어 왔던 천구에 집착하고 있었습니다. 또한 그는 완전성을 상징하는 등속원운동의 개념도 고수하고 있었습니다. 이로 인해 코페르니쿠스의 우주 구조에서도 주전원과 이심은 여전히 남아있었습니다. 물론 코페르니쿠스의 우주에서는 프톨레마이오스의 우주에 비해 주전원이 80개에서 30개로 줄어들긴 했지만, 그것은 단지 정도 차이에 불과하다고 볼 수 있을 것입니다.

또한 코페르니쿠스는 태양중심설이 제기하는 새로운 문제들에 대해 관심을 갖지는 않았습니다. 그의 우주 구조에서는 지구가 태양 주위를 돌기 때문에 지구에서 별을 관측할 때 시차가 나타나야 했지만 당시에는 그것이 관측되지 않았습니다. 이 문제는 당시 관측천문학자였던 티코 브라헤가 코페르니쿠스의 이론을 거부했던 중요한 이유였습니다. 사실 코페르니쿠스의 우주 구조를 받아들이기 위해서는 우주의 크기를 거의 무한으로 확장해야 했습니다. 그렇게 되면 우주에서 중심과 같은 개념이 더 이상 의미를 지니지 못하게 되었습니다. 별의 시차는 시간이 훨씬 지난 1838년 독일의 베셀에 의해 처음 관측됩니다.

이외에도 일반인들도 생각할 수 있는 문제도 있었습니다. 예를 들어, 지구가 하루에 한 바퀴씩 빠른 운동을 하는데 그 위에 사는 우리들은 왜 그것을 느끼지 못하는 것인가 하는 문제였습니다. 또한 지구가 움직이고 있는데 왜 지구 위에서 던진 물체는 바로 밑으로 떨어지는가 하는 문제였습니다.

이러한 코페르니쿠스 이론의 문제점은 케플러와 갈릴레이에 의해 해결되기 시작하였습니다. 케플러는 티코 브라헤의 관측 자료를 바탕으로 행성이 등속 원운동하지 않음을 밝혀냈습니다. 케플러는 행성이 일정하지 않은 타원 운동을 한다는 것을 밝혀 행성의 운동 속도와 거리에 대한 법칙을 이끌어 냈습니다. 갈릴레이는 자신이 직접 만든 망원경으로 하늘을 관측하여 태양중심설의 증거를 제시하였습니다. 비록 코페르니쿠스의 이론이 문제가 있기는 했지만, 그의 이론은 2천 년간 인간의 사고를 지배해 왔던 지구중심설의 세계관이었던 천동설을 지동설로 바뀌게 만들었습니다. 이 발견은 인류 역사상 가장 위대한 발견임을 부인할 수는 없을 것이며, 과학의 역사에서 가장 큰 혁명이라 할 것입니다.

## 2. 갈릴레오 갈릴레이(1564~1642)

갈릴레오 갈릴레이는 과학혁명의 주역 가운데 한 사람으로 역학과 천문학에 크게 기여하였습니다. 그에게는 여러 가지 이야기들이 따라다닙니다. 피사의 사탑에서 무거운 물체와 가벼운 물체를 동시에 떨어지는 실험을 했고, 망원경을 손수 만들어 태양중심설에 관한 증거를 찾아냈으며, 종교재판으로 박해를 받으면서도 "그래도 지구는 돈다"라는 말을 한 것으로 유명합니다.

갈릴레이는 1564년 이탈리아의 피사에서 태어났습니다. 그는 어릴 때 아버지에게 글을 배운 후 14살에 수도원에 들어갔습니다. 그곳에서 3년간 공부하는 동안 그리스의 철학자이자 과학자인 아리스토텔레스에게 매료되어 자신도 과학자가 되겠다고 마음을 먹었습니다. 갈릴레이는 17살이 되던 1581년 피사 대학의 의학부에 입학하였으나 의학에는 흥미가 없었고 수학과 과학에 열중하게 됩니다. 그는 아리스토텔레스의 책을 많이 읽으면서 거기에 나타난 몇 가지 문제점을 인식하기 시작합니다. 그는 이즈음 책에 기록되어 있는 지식보다는 자연현상 자체가 중요하다는 태도를 가지게 됩니다.

1583년 갈릴레이의 과학적 재능이 발휘되는 사건이 일어납니다. 그는 어느 날 피사의 어느 성당에 있었는데 천장에 매달려 있는 샹들리에를 보게 됩니다. 흔들리는 샹들리에를 유심히 관찰하던 중, 그는 손목의 맥박을 재기 시작합니다. 그는 맥박을 기준으로 샹들리에의 진폭은 점점 줄어들지만 한 번 왕복하는 데 걸리는 시간은 동일하다는 것을 발견합니다. 당시에는 흔들리는 물체의 폭이 좁을수록 시간이 적게 걸릴 것으로 믿어지고 있었지만, 갈릴레이는 진자가 진동하는 주기가 진폭과는 전혀 관계가 없다는 사실을 처음으로 발견합니다. 이를 진자의 등시성이라고 합니다.

갈릴레이는 피사 대학을 다니던 중 과거의 학설을 맹목적으로 수용하는 교수들과 많은 논쟁을 벌였습니다. 그는 대학 졸업이 큰 의미가 없다고 판단했는지, 피사 대학을 3년 반 정도 다닌 후 중퇴를 하게 됩니다. 갈릴레이는 피사 대학을 중퇴한 후 개인 교사를 하면서 과학에 대한 연구를 계속하였습니다. 1586년 그는 아르키메데스의 저서를 분석하여 저울에 대한 개량된 설계를 제시하여 주목을 받았습니다. 또한, 고체의 무게중심과 관련된 기하학적 문제를 연구하여 논문으로 발표하기도 했습니다. 갈릴레이는 당시 유명했던 수학자인 구이도발도 델 몬테와 크리스토퍼 클라비우스와 서신을 교환하였고, 그들의 추천으로 1589년 피사 대학의 수학 교수가 되었습니다.

갈릴레이는 피사대학에서 아리스토텔레스를 가르치면서 아리스토텔레스 역학의 문제점을 해결해 나가게 됩니다. 가장 대표적인 예가 바로 아리스토텔레스가 주장한 무거운 물체가 가벼운 물체보다 더 빨리 떨어진다는 것입니다. 갈릴레이는 이 현상이 실질적으로 맞는지 직접 실험을 하는 것이 과학의 가장 중요한 것이라 생각하였습니다. 또한 이론을 그대로 받아들이기보다는 실험으로 증명을 하는 것이 과학자의 할 일이라고 주장하였습니다. 이를 위해 피사의 사탑에서 실험을 하였다고 전해졌으며, 실험 결과 떨어지는 물체의 질량은 가속도에 전혀 영향을 주지 않아 질량에 상관없이 똑같이 떨어지는 것을 증명하였습니다.

1591년 갈릴레이는 파도바대학으로 자리를 옮기게 됩니다. 파도바대학은 특별히 학문의 자유를 보장했으며 독자적으로 대학을 운영하고 있었습니다. 갈릴레이는 파도바대학에서 당시에 소개되기 시작한 지식을 폭넓게 익힐 수 있었습니다. 그는 코페르니쿠스의 "천구의 회전에 대하여"를 읽으면서 태양중심설에 공감하게 되었고, 1597년에는 케플러의 "우주의 신비"를 지지하는 편지를 보내기도 하였습니다. 또한, 그는 아리스토텔레스와 프톨레마이오스의 천동설로는 바다의 조수 현상을 설명할 수 없다는 것도 깨닫게 됩니다. 이때 케플러는 갈릴레이의 생각을 공개할 것을 권했지만, 지동설을 공개적으로 지지하면 가톨릭 교인으로서의 입장이 난처해진다는 생각에 공개하지 않았습니다.

1600년 브루노가 지동설을 끝까지 고집하여 화형에 처하는 사건이 발생하게 됩니다. 갈릴레이는 이 사건에 영향을 받아 우주론의 문제에 대하여는 조심하게 되고, 그 대신에 운동 자체의 문제를 기술하는 데 힘을 쏟게 됩니다. 그는 물체의 낙하에 따라 속도가 어떻게 증가하는지, 속도는 시간에 따라 어떻게 변하는지 실험과 수학을 병행하여 연구하게 됩니다. 이런 과정에서 그는 근대과학의 기초가 되는 "낙하 속도가 시간에 비례한다"든지, "물체의 낙하 거리가 시간의 제곱에 비례한다" 등의 사실을 알게 되었고, 이러한 원리들이 바로 근대과학의 문을 열게 된 계기가 되었습니다. 당시 낙하하는 물체의 속력을 정확하게 측정하는 것은 어려웠기 때문에 그는 경사면을 이용하였습니다. 그는 긴 막대를 만들고 이를 기울여 청동으로 만들어진 공을 굴러가게 했습니다.

갈릴레이는 과학적 도구를 만드는 데 있어서도 그의 재능을 발휘했습니다. 그는 진자의 등시성을 이용하여 맥박계를 만들었고, 초보적인 온도계를 발명하기도 하였습니다. 그의 온도계는 온도 측정을 위한 팽창 매질로 공기를 사용했으나, 구체적인 온도 단계가 없어 정밀한 측정에는 적합하지 않았습니다.

1609년 그는 네덜란드의 리페르세이가 개발한 망원경을 만들어 스스로 하늘을 관측하기 시작하였습니다. 그는 점차 자신의 망원경을 보완하였습니다. 선명도와 배율을 높여 나갔으며 볼록렌즈를 눈에서 먼 대물렌즈로, 오목렌즈를 눈에 붙이는 접안렌즈로 사용하였습니다. 그는 자신의 망원경으로 멀리 있는 사물을 관측하는 것에서 더 나아가 하늘에 있는 것들을 관측하기 시작했습니다. 이때 그는 이미 30배율의 망원경을 사용할 수 있었습니다.

그는 자신의 관측 사실을 바탕으로 코페르니쿠스의 우주론의 적합성을 인식하게 됩니다. 갈릴레이는 별들의 크기가 육안으로 보는 것보다 훨씬 작다는 것을 알게 되었고, 이는 별이 지구로부터 멀리 떨어져 있다는 것을 의미하는 것으로 무한우주의 개념을 뒷받침하는 것이었습니다. 또한 그는 태양에 흑점이 있으며 그것이 불규칙하게 운동한다는 사실을 발견하였고, 이를 통해 하늘의 세계가 완전하고 불변한다는 기존의 관념을 깨뜨릴 수 있었습니다.

또한 그는 망원경을 이용해 목성의 4개 위성도 발견하게 됩니다. 이것은 지구와 같은 행성이 달과 같은 위성을 가진다는 코페르니쿠스의 지동설의 증거가 되기도 하였습니다. 코페르니쿠스의 우주론에 대한 가장 결정적인 증거는 금성의 모양에 대한 관측이었습니다. 지구에서 보이는 금성의 모양은 초승달, 반달, 보름달 모양이 모두 가능하고 보름달 모양의 경우에 금성의 크기가 가장 작으며 반대의 경우가 가장 컸습니다.

이 당시 갈릴레이는 목성을 도는 위성을 '메디치의 별'이라 칭했습니다. 당시 메디치 가문은 피렌체 공국을 통치하고 있었고, 코시모 2세가 토스카나 대공이었습니다. 갈릴레오는 자신의 책 〈별의 전령〉을 코시모 2세에게 헌정하였습니다. 이로 인해 코시모 2세는 1610년 갈릴레오를 '대공의 철학자 겸 수학자'로 임명했습니다. 갈릴레이는 1611년 로마에 가서 그가 망원경으로 관측한 것을 널리 알렸습니다. 이로 인해 그는 린체이 아카데미의 회원으로 추대되었습니다. 린체이 아카데미는 세계 최초의 과학 단체에 해당합니다.

갈릴레이의 발견이 태양중심설의 증거가 되자 가톨릭교회 당국은 불안을 느끼게 됩니다. 그동안 당연시 여겨졌던 프톨레마이오스의 지구중심설이 깨지면 이를 바탕으로 한 가톨릭의 교리도 타격이 될 것이 분명했기 때문입니다. 이런 이유로 가톨릭에서는 금지령이 내려집니다. 이 금지령은 "코페르니쿠스 우주론은 가톨릭 교리는 물론 참된 철학에도 위배되며 따라서 가톨릭교도는 코페르니쿠스 우주론을 옳다고 주장해서는 안 된다"라는 것이었습니다. 갈릴레이는 1616년 3월 코페르니쿠스의 견해를 지지하지 않고 이를 글이나 말로 가르치지 않겠다는 서약을 합니다.

하지만 그는 1632년 이전부터 준비해 두었던 책을 완성하여 "두 가지 주된 우주 체계에 대한 대화"를 출판합니다. 이는 세 사람이 대화하는 형식으로 구성되어 있는데, 프톨레마이오스의 주장을 대표하는 심프리치오, 코페르니쿠스의 주장을 대신하는 살비아티, 중립적인 위치에 있는 사그레도가 그들입니다. 이 책에서 살비아티의 명쾌하고 정연한 주장에 대해 심플리치오은 어리석은 반박이나 억지 주장을 합니다. 살비아티의 주장에 사그레도가 가세한 후 심플리치오를 조롱하며, 결국 심플리치오가 설득당하고 맙니다. 이는 코페르니쿠스의 우주 구조가 분명히 옳고 프톨레마이오스의 우주 구조는 믿을 수 없다는 메시지라 할 것입니다.

이 책은 당시 베스트 셀러가 되었는데 가톨릭교회 당국은 이 책이 자신들에게 위협적이라고 판단하였습니다. 결국 이 책은 금서 목록에 올랐고, 갈릴레이는 1633년 로마교황청에 소환됩니다. 그는 재판에서 고문의 위협에 굴복하여 코페르니쿠스의 우주론이 가진 문제점을 제시하는 것이 의도였으며, 이를 분명하게 할 수 있도록 한 챕터를 더 쓰게 해달라고 간청하였습니다. 재판관들은 갈릴레오가 거짓말을 한다는 것을 알고 있었지만, 그의 굴복을 받아낸 것으로 만족하여 더 이상 문제 삼지 않았습니다. 재판 결과 그는 무기징역에 처해졌고 추후 가택연금으로 감형되었습니다. 판결이 끝나고 나오면서 그는 "그래도 지구는 돈다"라는 말을 한 것으로 유명합니다. 사실 그는 이미 나이가 70세가 넘었고, 독실한 가톨릭 교인이었기에 자신의 생각을 부인하였던 것입니다.

사실 갈릴레이는 성경이 제대로 해석되기만 한다면 자신이 옹호하는 코페르니쿠스 우주론과 아무런 모순을 일으키지 않는다고 믿고 있었습니다. 갈릴레이는 성경이 글자 그대로가 아닌 비유적으로 해석해야 한다는 입장이었습니다.

갈릴레이는 〈두 가지 우주 체계에 대한 대화〉에서 조수 현상을 설명하기도 하였습니다. 그는 밀물과 썰물이 반복되는 현상을 지구의 자전과 공전의 결합에 의해 설명하였습니다. 지구의 자전과 공전의 방향이 같을 때에는 두 운동이 더해지는 효과를 내고, 지구의 자전과 공전이 반대 방향일 때에는 두 운동이 차감되는 효과가 나타난다는 것이었습니다. 이처럼 갈릴레이는 코페르니쿠스의 태양중심설을 옹호하기 위해 조수 현상에 주목했지만, 그의 설명은 실제적인 현상과 일치하지는 않았습니다. 갈릴레오의 설명에 의하면 밀물과 썰물이 하루에 한 번밖에 발생하지 않지만, 실제적인 조수 현상은 하루에 두 번씩 나타났기 때문입니다. 이 문제는 나중에 뉴턴의 만유인력 법칙에 의해 해결됩니다.

종교 재판 이후 그는 평생을 집에서 지내며 과학연구에만 몰두하였습니다. 특히 그는 코페르니쿠스의 천문학이 제기한 역학상의 문제를 해결하는 데 주의를 기울였습니다. 예를 들어 지구가 태양을 돈다면 왜 지구에 살고 있는 사람들은 그것을 느끼지 못하는지에 대해 그는 운동의 상대성을 제시했습니다. 운동이란 운동을 하지 않는 물체에 대해 상대적으로 나타나며 그 운동을 함께 하고 있는 물체에 대해서는 나타나지 않는다는 것입니다. 갈릴레이는 잔잔한 물 위에서 일정하게 움직이고 있는 배에 탄 사람과 강둑 위에서 이 광경을 보고 있는 사람의 예를 들었습니다. 이때 배 안에 있는 사람은 자신이 정지해 있다고 느끼지만, 강둑에서 바라보는 사람은 배에 탄 사람이 움직이고 있다고 인식할 것입니다. 이와 마찬가지로 지구와 운동을 함께 하고 있는 사람은 지구의 운동을 느끼지 못하기 때문에 하늘이 움직이는 것으로 생각할 수 있는 것입니다. 이렇게 되면, 운동은 물체가 처한 하나의 상태에 불과하며 물체의 본래 성질과는 아무런 관계가 없는 것입니다. 물체의 성질이 운동에 무관하다면 여러 가지 운동이 한 물체에 동시에 일어날 수도 있는 것입니다. 이에 대한 예로서 갈릴레이는 포탄의 포물선 운동이 수평 방향의 등속운동과 수직 방향의 가속도 운동이 결합된 것임을 보이고 수평각이 45도 일 때 사정거리가 가장 길다는 것을 수학적으로 증명하였습니다. 그는 복잡한 운동을 간단한 요소로 분해해서 해결하였던 것입니다.

갈릴레이는 코페르니쿠스의 천문학이 제기한 문제점을 해결하는 과정에서 관성의 개념에 도달하기도 하였습니다. 높은 건물에서 물체를 떨어뜨리면 지구가 움직였음에도 불구하고 물체가 뒤처지지 않고 건물 밑으로 떨어집니다. 이에 갈릴레이는 지상의 모든 물체는 지구의 원운동을 그대로 지니기 때문에 떨어지는 물체가 가지는 수평 방향의 속도는 지구가 원운동을 그대로 지니기 때문에 떨어지는 물체가 가지는 수평 방향의 속도는 지구가 원운동을 하는 속도와 같다고 생각하였습니다. 어떤 물체가 공중에 있는 동안에는 수평 방향으로 작용하는 외부의 힘이 없고 그 물체는 지구가 운동하는 것과 같은 속도로 움직이기 때문에 물체가 던져졌던 원래의 위치로 떨어진다는 것입니다.

갈릴레이는 만약 물체가 지구의 운동에 의한 속도 외에 수평 방향의 속도를 처음부터 가지고 있다면 물체가 계속 그 속도를 유지하면서 지구의 주위를 회전할 것으로 추측했습니다. 그렇게 된다면 마찰이 없는 수평면에서 공을 굴리면 공은 처음의 속도와 동일한 속도로 굴러갈 것이고, 그것은 수평면을 지구의 중심에서 같은 거리에 있는 면으로 간주할 수 있기 때문입니다.

그는 자신의 가설을 증명하기 위해서 홈이 파인 두 개의 경사면을 만든 후 그것들을 연결시킨 다음 공을 한쪽에서 굴리면 공은 다른 쪽으로 올라가게 되는 실험을 하였습니다. 반대쪽 경사면을 가파르게 하면 공의 속도가 줄어들고 공이 움직이는 거리가 감소하며, 이와 반대로 경사면을 낮추면 공의 속도와 움직이는 거리가 증가하지만 어느 경우든지 공이 올라가는 높이는 같습니다. 여기서 갈릴레이는 만약 한쪽 경사면을 평면으로 만들면 공은 무한히 쉬지 않고 굴러간다고 생각하였습니다. 즉 경사면 실험을 통해 그는 외부의 영향력이 없다면 물체가 처음의 운동 상태를 계속 유지한다는 관성의 개념에 접근했던 것입니다.

갈릴레이는 가택연금 중이던 말년에 시력을 점차 잃었으며, 그러한 가운데서도 1638년 〈새로운 두 과학에 대한 논의와 수학적 논증〉이라는 책을 저술합니다. 새로운 두 과학이란 물체의 운동에 대한 과학과 물체의 강도에 대한 과학을 말합니다. 그는 이 책을 통해 그가 평생 동안 고민해 왔던 역학에 대한 논의를 집대성하였습니다. 이 책에서 그는 물질의 구성, 빛의 속도, 공기의 무게, 자유낙하 운동, 포물선 운동, 진자의 등시성을 다루었습니다.

그는 과학에서는 가설이나 이론보다는 관찰과 실험이 중요하고 수학을 이용해 이러한 자연현상을 법칙의 형태로 만들어가는 것이 바로 과학의 핵심이라는 것을 직접 보여주었습니다. 이로 인해 무려 2,000년 동안 인류의 사고를 지배해 왔던 아리스토텔레스의 역학이 무너지고 근대과학이 본격적으로 시작하게 되었습니다.

# 3. 요하네스 케플러(1571~1630)

요하네스 케플러는 1571년 독일의 작은 도시인 바일에서 태어났습니다. 아버지는 보수가 불확실한 용병이었으며, 케플러의 나이 17세에 사망했습니다. 어머니는 가난한 집안 살림을 꾸려 나갈 능력이 없었습니다. 케플러는 32주 만에 미숙아로 태어나 네 살 때 천연두를 앓아 시력을 잃을 뻔 했으며, 이후에도 계속 건강하지 못했습니다. 하지만 그는 뛰어난 두뇌와 탁월한 집중력을 가지고 있었습니다. 케플러는 13살이 되던 해 가족으로부터 독립하기 위해 수도원에 들어갔고 그곳에서 문학과 신학을 공부했습니다.

1587년 그는 장학금을 받고 당시 루터파의 중심지 중의 하나인 튀빙겐대학에 진학하였습니다. 튀빙겐 대학에서 케플러는 천문학 교수였던 미카엘 마에스틀린 교수의 영향을 받았습니다. 당시 마에스틀린은 코페르니쿠스의 "천구의 회전에 대하여"를 가지고 있었습니다. 이로 인해 케플러는 태양중심설을 접할 수 있었으며, 천문학에 관심을 두기 시작하였습니다.

1591년 케플러는 목사가 되기 위해 신학 과정에 입학했습니다. 그곳에서 신학을 공부하는 도중 오스트리아의 그라츠에 있는 루터파의 김나지움에서 수학 교사가 사망하자 튀빙겐대학에 후임자 추천을 부탁했고 마에스틀린의 추천으로 케플러는 1594년부터 교편을 잡게 되었다.

수학 교사를 시작한 케플러는 목사가 되려는 원래의 꿈을 버렸습니다. 그는 김나지움에서 수학, 천문학, 수사학 등을 학생들에게 가르쳤습니다. 케플러는 강의를 마치면 집으로 퇴근해 달력을 만들어 팔았습니다. 교사의 월급만으로는 생계를 유지하기 어려웠기 때문이었습니다. 그는 기존의 점성술에 관한 정보를 수집하여 날씨의 변동과 정치적 사건을 예언하는 달력을 만들었습니다. 케플러가 만든 점성술 달력은 여러 가지를 적중시켰고, 그는 유명한 점성술가로 이름을 날렸으며 이로 인해 합스부르크 왕가의 궁정 수학자로 채용될 수 있었습니다.

케플러는 생활에 여유가 생기면서 천문학 연구에 몰두하기 시작하였습니다. 그는 코페르니쿠스의 이론이 옳다는 확신을 가지고 그것을 증명하는데 집중했습니다. 케플러는 처음에 관측 데이터를 사용하지 않고 기하학적 원리를 통해 행성의 궤도를 설명하는 방법을 택했습니다. 그는 여러 번에 걸친 시도를 통해 다섯 개의 정다면체가 당시에 알려져 있었던 행성들의 궤도와 일치한다는 결론에 도달했습니다. 행성의 수가 6개인 이유는 정다면체가 5개이기 때문이라고 생각했던 것입니다.

케플러는 우주의 중심에 지구를 배치한 후 가장 바깥에는 토성의 천구를 배치하였습니다. 토성의 천구 안에 정육면체를 그리면 거기에 내접하는 것이 목성의 천구이고, 목성의 천구 안에 정사면체를 그리면 그 안에 위치하는 것이 화성의 천구이며, 화성의 천구 안에 정십이면체를 그리면 거기에 지구의 궤도가 내접한다는 것이었습니다. 지구의 궤도 안에 정이십면체를 내접시키고 그 안에 구를 놓으면 그것이 금성의 천구이고, 금성의 천구 안에 정팔면체를 그리면 거기에 내접하는 것이 수성의 천구라고 하였습니다. 이와 같이 6개의 행성들이 태양 주위를 공전하는 반지름의 비율은 5개의 정다면체에 의해 결정된다는 것이었습니다. 그는 이러한 내용을 담은 〈우주의 신비〉를 출간하여 티코 브라헤와 갈릴레이에게 보냈습니다.

케플러가 자신의 이름이 붙은 세 가지 법칙을 도출할 수 있었던 것은 티코 브라헤의 정밀한 관측 자료 덕분이었습니다. 덴마크의 귀족 출신이었던 브라헤는 왕으로부터 하사받은 벤 섬에 거대한 천문대를 설립한 후 20년 동안 다양한 천체 현상을 관측하는데 자신의 모든 에너지를 쏟았습니다. 그가 관측한 데이터는 1/60도의 정밀도를 가진 것으로 망원경이 도입될 때까지 당대 최고의 관측 자료로 평가받았습니다. 그는 후에 자신의 자료를 가지고 프라하로 가서 루돌프

2세의 신임을 받아 궁정 수학자의 직위를 갖게 됩니다.

케플러는 1597년 결혼하여 가정을 꾸리고 있었는데 1598년 합스부르크 왕가에 새로운 황제가 즉위하게 됩니다. 새로운 황제는 프로테스탄트 교사들을 모두 추방하는 조치를 내리게 됩니다. 케플러 또한 프로테스탄트 신도였기에 그곳에서 쫓겨나게 됩니다. 그는 잠시 헝가리로 피신했다가 1600년 프라하로 갑니다.

케플러와 브라헤는 1600년 프라하에서 만났는데, 브라헤는 한눈에 케플러의 재능을 알아보았고 그를 조수로 채용하였습니다. 당시 브라헤는 53세였고, 케플러는 29세였습니다. 케플러는 브라헤와 일을 하면서 정확하고 믿을 만한 관측이 얼마나 중요한 것인지 절실히 깨달았습니다. 브라헤가 만든 관측 자료는 아주 정교했으며 이에 감명 받은 케플러는 브라헤의 충실한 제자가 되었습니다. 케플러는 화성의 관찰에 집중했습니다. 왜냐하면 화성은 다른 행성들보다 불규칙한 운동을 하고 있어 화성의 운동을 설명하기 힘들었기 때문이었습니다. 그러던 중 브라헤가 1601년 갑자기 사망하였고 그의 관측 자료는 모두 케플러가 물려받았습니다.

케플러는 브라헤가 남긴 자료를 바탕으로 행성의 운동을 지배하는 법칙을 도출하고자 노력하였습니다. 케플러는 8년간의 연구 끝에 행성의 운동 법칙을 발견하게 되었습니다. 그는 행성의 운동을 체계적으로 설명하기 위해 원 궤도에서 출발했지만 그것은 브라헤의 관측 자료와 잘 맞지 않았습니다. 특히 화성의 운동이 커다란 문제를 제기했는데, 케플러가 아무리 노력을 해도 8분 이상의 오차가 있는 것이었습니다. 다른 사람이었다면 그 정도의 오차를 대수롭지 않게 여길 수도 있었으나, 4분 이내의 오차를 지닌 브라헤의 자료를 사용했던 케플러는 이를 받아들일 수 없었습니다.

이로 인해 케플러는 행성의 궤도에 관해 자신이 가지고 있었던 지식을 모두 버리기로 마음먹게 됩니다. 그는 행성의 궤도에 대한 기존의 사고방식을 버리고 행성의 운동을 원점에서 다시 검토하기 시작하였습니다. 이를 통해 케플러는 기존의 생각과는 다른 행성의 속도가 일정하지 않고 변한다는 점을 알게 되었습니다. 행성이 태양에 접근할 때는 점점 빨라지며 태양에서 멀어질 때 속도가 느려진다는 것이었습니다. 그는 정밀한 계산을 통해 태양과 행성을 연결한 선분이 행성의 위치와 관계없이 같은 시간에 같은 넓이를 휩쓸며 지나간다는 점을 알아냈습니다. 이것이 바로 제 2법칙인 면적 속도 일정의 법칙입니다.

이후 케플러는 행성의 궤도가 어떤 형태인가 하는 문제에 도전하였습니다. 처음에는 당연히 원이라고 생각하여 브라헤의 관측 자료를 분석하였지만 잘 맞지 않아 과감하게 원의 기하학적 형태를 버리고 타원 궤도를 도입하였습니다. 케플러는 수많은 계산 결과, 행성의 궤도가 태양을 하나의 초점으로 하는 타원이라는 것을 밝혀내게 됩니다. 이것이 바로 케플러 제1법칙인 타원 궤도의 법칙입니다.

케플러가 제1법칙을 알아내기 위해 사용한 방법은 당시에는 드문 귀추법이었습니다. 귀추법은 주어진 사실에서 출발해 가장 그럴듯한 최선의 설명을 추론하는 것으로 연역법이나 귀납법과는 다릅니다. 사실 케플러는 화성의 궤도가 타원이라는 가설에서 시작하여 관측을 통해 확인할 수 있는 사실들을 연역해 내지는 않았습니다. 오히려 케플러는 티코 브라헤가 남긴 관측 자료로부터 그것을 설명할 수 있는 가설로 타원궤도를 제안했던 것입니다. 케플러는 관측 자료를 설명하기 위해 원을 포기한 후 행성의 궤도가 달걀형이라는 가정에서 출발했지만 그것이 여의치 않자 다시 타원형을 생각했던 것입니다.

요즈음에는 간단한 수학적 계산을 통해 케플러의 법칙을 도출할 수 있지만 케플러가 이러한 법칙을 알아내는 데 있어서는 엄청난 노력이 필요했습니다. 예를 들어 태양과 행성을 연결한 선분으로 이루어진 타원의 많은 조각들이 가진 면적을 일일이 계산하는 것은 아무나 할 수 있는 것이 아니었습니다. 그것은 산수, 대수, 삼각법 등을 이용한 인내력 있는 작업을 요구하였습니다. 이러한 점에서 케플러는 브라헤의 관찰했던 것 이상의 일을 해낸 것이라 할 수 있을 것입니다. 케플러는 자신의 연구 결과를 1609년 "새로운 천문학"이라는 책으로 출간하였습니다.

1610년 케플러는 갈릴레오가 쓴 "별의 전령"이라는 책을 접했습니다. 그는 갈릴레오의 책을 지지하기 위해 "별의 전령과의 대화"라는 편지를 보냅니다. 이와 함께 케플러는 스스로 망원경을 만들어 목성과 그 위성을 관측했습니다. 그는 다시 한 번 갈릴레이를 지지하는 자신의 입장을 보여주기 위해 "목성에서 관측된 네 위성과의 이야기"라는 책자를 선보였습니다.

1611년 케플러는 망원경과 렌즈로 다양한 실험을 한 후 그 결과 "굴절 광학"이라는 책을 출간했습니다. 이 책에서 그는 자신의 고안한 새로운 망원경에 대해 설명했는데, 그것은 두 개의 볼록렌즈를 사용하여 상이 뒤집어져서 확대되도록 하는 것이었습니다. 이에 반해 갈릴레오가 만든 망원경은 눈으로 들여다보는 쪽에 오목렌즈를 사용하는 것이었습니다. 케플러식 굴절망원경은 갈릴레오식 망원경보다 시야가 넓기 때문에 이후 대부분의 천체망원경은 케플러식으로 만들어지게 되었습니다.

1611년 케플러는 자신의 인생에 커다란 시련을 겪게 됩니다. 그의 아내가 심한 병을 앓던 중 사망하였고, 세 명의 자녀들이 모두 천연두에 걸리게 됩니다. 이로 인해 아들 한 명을 잃게 됩니다. 또한 자신을 지지해 주던 루돌프 2세도 왕위에서 물러난 후 사망하게 됩니다. 이로 인해 케플러는 프라하를 떠나 1612년 린츠에 자리를 잡고 수학 교사의 일을 시작하게 됩니다. 그는 이곳에서 새로운 아내를 얻었고, 아픔을 극복하며 다시 안정을 되찾게 됩니다. 그는 1619년 〈우주의의 조화에 관하여〉라는 책을 쓰게 됩니다. 이 책에는 그의 케플러 제 3법칙이 담겨 있었습니다. 케플러의 세 번째 법칙은 행성이 태양의 궤도를 한 바퀴 도는데 걸리는 시간의 제곱은 태양과 행성 사이의 평균 거리의 세제곱에 비례한다는 조화의 법칙이었습니다.

케플러는 전형적인 신플라톤주의자로 평가되었습니다. 신플라톤주의는 아리스토텔레스의 지적 풍조에 대한 반발해 플라톤의 사조를 부활시킨 것이었습니다. 신플라톤주의는 수학을 사용한 조화와 질서를 높이 평가했으며 태양을 우주에 존재하는 모든 생명력의 근원으로 간주하였습니다. 케플러가 수학과 태양을 중요하게 여긴 코페르니쿠스의 이론을 일찍 수용했던 것도 신플라톤주의의 영향이라

할 것입니다.

케플러는 행성의 운동에 대해 역학적 설명을 시도하기도 했습니다. 등속원운동은 자연스러운 운동으로서 외부의 원인을 설명할 필요가 없어집니다. 하지만 케플러의 주장대로 행성이 부등속 타원운동을 하게 되면 문제는 달라집니다. 행성이 그러한 운동을 왜 하는지에 대한 별도의 설명이 필요하기 때문입니다. 케플러는 1600년에 출간된 윌리엄 길버트의 〈자석에 관하여〉를 읽고 태양에서 방출되는 자기적인 힘이 행성을 움직이는 것이라고 설명하였습니다. 이것은 후에 아이작 뉴턴에 의하여 만유인력이 도입됨으로써 해결됩니다.

케플러는 1618년부터 1621년까지 "코페르니쿠스의 천문학 개요"를 세 권으로 나누어 출간하였습니다. 케플러는 이 책에서 코페르니쿠스의 이론이 처음 발표되었을 때와 비교하여 어떻게 수정되었는가에 대해 설명하였습니다. 케플러의 이 책은 당시 유럽에서 새로운 천문학 교과서로 가장 널리 읽혔습니다.

케플러는 또한 항성에 대한 정확한 일람표를 만드는 일도 하였습니다. 그는 자신의 결과를 1627년 〈루돌프 목록〉으로 출간합니다. 루돌프 2세가 천문학을 지원한 공적을 기리기 위함이었습니다. 케플러는 티코 브라헤가 관측한 777개의 별에다 자신의 관측 결과를 추가하여 별의 수를 1,005개로 확장하였습니다. 또한 케플러의 목록은 기존의 목록보다 두 배나 정확했기 때문에 이후 100여 년 동안 유럽에서 천문학의 기준으로 사용되었습니다. 〈루돌프 목록〉은 1631년에 금성이 태양 면을 통과할 것을 예측하였는데, 케플러가 죽은 후 파리 천문대에서 실제로 관측에 성공하였습니다.

케플러는 말년에 유럽의 여러 지방을 여행하며 후원자들에게 점성술이나 천문학에 대한 이야기를 해주며 여생을 보냈습니다. 그의 마지막 저작인 〈꿈〉은 그가 죽기 직전에 완성되었습니다. 이 작품은 풍부한 상상력을 바탕으로 달의 여행을 이야기하면서 태양중심설을 지지하고 있습니다. 케플러는 1630년 바이에른에서 그의 일생을 마감합니다. 애석하게도 그의 무덤은 30년 전쟁으로 인해 파괴되고 맙니다.

케플러는 역사상 처음으로 행성의 운동을 태양과 그 행성의 거리로 설명하고 우주의 원리를 신의 뜻이 아닌 물리적 힘의 관점에서 해석하였습니다. 이로써 천문학과 물리학은 케플러의 행성 법칙으로 처음 통합될 수 있었습니다.

# 4. 아이작 뉴턴(1642~1727)

인류 역사상 가장 위대한 과학자라고 일컬어지는 아이작 뉴턴은 1642년 영국의 울즈소프라는 작은 마을에서 태어났습니다. 미숙아로 태어났던 뉴턴은 몸이 너무 약해 어릴 때 잔병치레가 심했습니다. 그의 아버지는 뉴턴이 태어나기 3개월 전에 세상을 떠나며 100에이커의 농장과 조그만 이층집을 남겼습니다. 1642년 집의 서쪽 정원에는 사과나무 한 그루가 심어졌습니다.

뉴턴의 어머니는 뉴턴이 3살 때 재혼하였는데, 어머니의 새 남편은 전 남편의 자식을 원하지 않아 뉴턴은 외할아버지 집에서 자라면서 부모의 사랑을 받지 못한 채 어린 시절을 외롭게 보내야 했습니다.

뉴턴은 12살 되던 해 울즈소프에서 가까운 킹스 스쿨에 들어갔습니다. 이곳에서 그는 공부에 소질을 보였지만 늘 말이 별로 없었고 항상 생각에 잠겨 있었으며 외롭게 공부에만 집중하였습니다. 이로 인해 뉴턴은 짓궂은 아이들의 표적이 되어 괴롭힘을 당하곤 하였습니다. 그는 이 시절 혼자 기계장치를 만들거나 자연을 탐구하는 것을 좋아하였습니다. 그는 마을의 풍차를 관찰한 후 직접 모형을 만들기도 했고, 해시계를 만들어 시간을 측정해 보기도 하였습니다. 밤에는 종이 연을 만들어 하늘에 띄워보기도 했고, 폭풍이 불어오면 폭풍의 힘을 측정하기 위해 애를 쓰기도 했습니다. 그는 당시 자신의 실험을 수학적으로 표현하려고 노력하였고, 이것이 그의 과학 탐구에 있어 커다란 밑바탕이 되었습니다.

뉴턴은 17세가 되던 해 어머니의 요청으로 학교를 그만 두고 농장 일을 거들었습니다. 하지만 뉴턴은 농장 일에 전혀 소질이 없었습니다. 가축을 돌보라고 맡기면 풀밭에 앉아 책을 읽었고, 그러는 사이 가축들이 이웃의 농장에 들어가 농작물을 망쳐 놓는 바람에 배상을 해주어야 했습니다. 뉴턴의 어머니는 뉴턴이 농장 일에는 맞지 않는다고 결론을 내렸습니다. 이때 뉴턴의 외삼촌이 뉴턴이 원하는 것을 할 수 있도록 대학에 보내라고 조언하였습니다. 당시 킹스 스쿨의 선생님도 같은 의견을 가지고 있었습니다. 이로 인해 뉴턴은 대학에 들어갈 수 있었습니다.

뉴턴은 18살에 케임브리지 대학의 트리니티 칼리지에 입학하였고 이곳에서 수학자 아이작 배로(Isaac Barrow)를 만났습니다. 배로는 뉴턴에게 수학과 광학을 공부하도록 격려했습니다. 그의 격려에 힘입어 뉴턴은 스스로 수학과 과학을 혼자서 파고들면서 깊은 사색에 빠졌습니다. 대학시절 그는 플라톤이나 아리스토텔레스와 같은 고전적 인물뿐만 아니라 갈릴레오, 케플러, 베이컨, 데카르트, 보일과 같은 사람들의 사상과 업적을 깊게 탐구하였습니다. 특히 뉴턴은 데카르트이 〈기하학〉에 빠져들어 1,500페이지가 넘는 책을 자신의 노트에 베끼면서 이해될 때까지 읽는 열정을 보이기도 했습니다.

뉴턴이 23살이 되던 해인 1665년에는 유럽 전역에 페스트가 유행하였습니다. 이로 인해 대학에 휴교령이 내려지면서 뉴턴은 고향인 울즈소프로 돌아갔습니다. 뉴턴은 그곳에서 2년여간 혼자 자신의 관심이 있던 것에 몰입하여 물리학에 정진하게 됩니다. 그는 이 시기에 그이 인생에서 가장 중요한 과학적 업적인 만유인력의 법칙, 운동의 법칙, 미적분학 등을 구상하게 됩니다.

1666년 5월, 뉴턴은 달이 어떻게 지구 주위를 공전하는지 고민하며 울즈소프의 정원에 있는 사과나무 옆에 앉아 있었습니다. 그리고 우연히 사과가 땅에 떨어지는 모습을 보았습니다. 그 순간 뉴턴은 지구의 중심이 잡아당기는 힘이 사과와 달에 똑같이 작용한다는 것을 깨닫게 되었습니다. 만약 달이 정지해 있다면, 사과나무의 사과처럼 지구를 향해 떨어질 것이며, 달이 우주 공간으로 튕겨 나가지 않도록 붙들어 주는 것은 지구의 인력이라는 생각을 하게 되었습니다.

이를 바탕으로 뉴턴은 거리가 멀어질수록 세기가 약해지는 지구의 인력을 설명할 수 있는 물리법칙과 수학의 공식을 알아냈습니다. 그는 이 인력이 지구의 중심에서 물체까지의 거리의 제곱에 반비례한다는 것을 계산해 냈습니다.

일반적으로 행성과 천체들은 모든 물체와 마찬가지로 질량을 가지고 있습니다. 물체가 가지는 물질의 양, 즉 질량은 행성이나 물체를 이루는 원자의 총수입니다. 물체의 무게와 달리, 질량은 지구나 다른 물체의 중력으로부터 영향을 받지 않습니다. 따라서 어디에서도 달라지지 않는 질량을 보편적인 척도로 사용할 수 있습니다.

뉴턴은 이때 운동의 법칙도 발견했습니다. 그 운동의 법칙은 세 가지로 구성되어 있습니다. 첫 번째는 관성의 법칙으로 정지해 있는 물체는 외부에서 힘이 가해지지 않는 한 정지해 있으려고 하며, 일정한 속도로 직선 운동을 하고 있는 물체는 외부에서 힘이 가해지지 않는 한 같은 속도로 계속 움직인다는 것입니다. 두 번째는 가속도 법칙으로 가속도는 힘에 비례한다는 것입니다. 예를 들어 엔진에 의해 더 많은 힘이 가해지면 자동차는 더 빨리 가속될 것입니다. 힘이 2배로 되면 가속도도 2배로 됩니다. 세 번째는 작용 반작용 법칙입니다. 모든 작용에는 크기가 같고 방향이 반대인 반작용이 따릅니다. 예를 들어 총에서 발사된 탄환은 반동의 형태로 총에 반작용을 가합니다.

뉴턴은 운동 법칙을 통해 역학을 확립하였고, 고전 물리학이라 불리는 과학의 기틀을 만들었습니다. 만유인력의 법칙이나 운동의 법칙이 오늘날의 우리에게는 당연해 보일지 모르나, 당시에는 관찰과 측정을 통해 정밀한 수학적 법칙을 도출했다는 점에서 완전히 새로운 사고방식이었습니다.

뉴턴은 1667년 케임브리지로 돌아가 트리니티 칼리지의 연구원이 되었고, 배로가 사임하면서 뉴턴을 추천해서 1669년 루카스 석좌 교수가 되었습니다. 뉴턴의 이론은 1687년 책으로 출판되었는데 그것이 바로 "자연철학의 수학적 원리(Philosophiae Naturalis Principia Mathematica)" 흔히 "프린시피아"라 불리는 책입니다.

뉴턴은 이 책의 1권에서 역학이라 불리는 물리학의 한 갈래와 빈 공간에서 물체가 움직이는 이유를 설명했습니다. 그리고 제2권에서는 저항이 발생하는 환경에서의 물체 운동을 설명했습니다. 제3권에서는 앞의 두 권에서 확립한 법칙들을 이용해 태양계 전체의 구조와 움직임을 설명했습니다. 뉴턴은 '무거움'을 뜻하는 라틴어 'gravitas'에서 중력 즉, gravity라는 단어를 생각해 냈습니다. 그리고 태양 주위를 공전하는 행성들 뿐 아니라 목성과 토성, 지구의 주위를 도는 위성들의 운동까지도 아주 정확하게 설명했습니다. 그리고 이후 200년 가까이 태양계에 관한 뉴턴의 이론보다 더 의미 있는 진전은 이루어지지 않았습니다.

또한, 뉴턴은 지구의 질량으로부터 태양과 다른 행성들의 질량을 계산하는 방법과 태양이 혜성을 끌어당기는 인력을 수학적으로 설명하였습니다. 또 달과 태양의 인력이 바다에 작용하며 발생하는 조수의 움직임과 달의 움직임까지 정확하게 설명하였습니다.

프린시피아의 서문은 아래와 같습니다. "나는 이 책을 자연철학의 수학적 원리들로 제시한다. 왜냐하면 자연철학의 임무 전체가 운동의 현상으로부터 자연의 힘을 탐구하고 그 힘으로부터 다른 현상을 보여주는 데 있기 때문이다."

이 서문에서 알 수 있듯이 뉴턴의 자연현상에서 가장 중요한 것을 운동이라고 생각한 것이었습니다. 왜냐하면, 우주 공간의 모든 것은 움직이고 있기 때문입니다. 뉴턴의 천재성은 이 운동의 원인이 무엇인지를 파악하려고 한 것에 있었고, 그는 그 원인을 자연의 힘이라고 생각한 것입니다. 그는 운동의 원인인 힘을 알면 그 후의 결과인 운동을 수학적으로 모두 풀어낼 수 있을 것이라고 생각했던 것입니다.

그는 이 이론을 확장하여 지구상의 모든 물체는 지구의 중심으로 향하여 떨어지는 운동을 하기에 모든 물체가 가지고 있는 공통된 성질이 이러한 운동의 원인이라고 생각하게 되었고, 그 공통된 모든 물체의 성질이 바로 질량이라는 것이었습니다. 이것은 질량이 있는 모든 물체는 서로 힘을 작용한다는 만유인력 법칙의 이론으로 탄생하게 되었던 것입니다. 뉴턴은 이런 운동의 원인을 보다 확장하여 힘을 알 수 있으면 모든 운동을 수학적으로 풀 수 있을 것으로 생각하였고 그 결과가 F=ma이라는 법칙으로 나타나게 되었습니다.

〈프린시피아〉의 출판을 계기로 뉴턴은 유럽 전역에 그의 명성을 떨치게 되었고, 많은 사람들로부터 주목을 받았습니다. 놀라운 사실은 〈프린시피아〉가 매우 어려운 책이기에 더욱 그럴 것입니다. 〈프린시피아〉는 간편한 해석학적 방법이 아닌 도형이 수반되고 증명이 요구되는 기하학적 방법을 채택하고 있어서 전문가인 학자들도 그 책의 세부적인 내용을 이해하기 어려웠습니다. 게다가 데카르트의 기계적 철학관의 영향이 강했던 당시 유럽에서는 원격 작용이라고 할 수 있는 만유인력을 도입한 것 때문에 반발이 있었던 것도 사실입니다. 하지만 분명한 것은 〈프린시피아〉라는 책이 당시 많은 사람들에게 충격과 깊은 인상을 주었다는 것입니다.

뉴턴은 빛에 대해서도 관심이 많았습니다. 그는 1672년 〈빛과 색깔에 관한 새로운 이론〉이라는 논문을 발표하였습니다. 이것은 무지개가 왜 생기며, 빛이 프리즘을 통과할 때 어떻게 굴절되는지 등을 설명한 논문이었습니다. 뉴턴은 빛의 색깔에 대해 데카르트와 다른 설명을 하였습니다. 데카르트는 빛을 전달하는 입자들이 프리즘과 같은 다른 매질 속을 지나면서 회전속도에 차이가 나게 되며, 이러한 차이가 여러 가지 색깔로 나타나는 것이라고 주장했습니다. 백색인 빛 입자의 성질이 변해서 다른 색의 빛 입자가 되었다는 것입니다. 이에 반해 뉴턴은 백색광 안에는 이미 모든 무지개 색의 빛들이 그대로 들어 있고, 프리즘은 그러한 빛줄기를 분해시키는 일을 담당하는 것으로 생각했습니다.

뉴턴은 자신의 이론을 증명하기 위해 두 개의 프리즘을 사용한 실험을 제시하였습니다. 그는 암실에 친 블라인드에 구멍을 뚫어 햇빛이 들어오게 한 다음 프리즘을 통과시켜 스크린에 무지개 색상이 생기게 하였습니다. 무지개 색은 원형의 빛줄기가 갈라졌기 때문에 길쭉한 타원 형태였습니다. 그 빛줄기가 다시 다른 프리즘을 통과하도록 했더니 상이 퍼지지 않고 색도 바뀌지 않은 채 빨간색 원형의 상만이 다른 쪽 스크린에 생겼습니다. 이러한 실험을 통해 뉴턴은 이미 한 번 분해된 빛은 다시 분해되지 않는다고 주장했습니다. 데카르트의 주장대로 빛이 프리즘과 상호작용하여 회전속도가 달라진다면, 두 번째 프리즘을 통과할 때에도 빛이 회전수의 변화를 겪으면서 다른 색들로 갈라져야 했을 것입니다. 이처럼 결정적인 실험을 설계함으로써 논쟁을 종식시켜 나가는 방법은 이후의 과학실험에서도 널리 사용되었습니다.

뉴턴이 무지개가 빨주노초파남보의 7가지 색깔을 가진다고 이야기한 것도 주목할 만합니다. 사실 무지개를 통해 7가지가 넘는 다양한 색깔을 관찰할 수 있지만, 뉴턴은 한 옥타브가 도레미파솔라시의 7개 음의로 이루어져 있다는 것에 대비로 무지개의 색깔을 7가지로 분류했다고 합니다. 그는 또한 빛을 입자로 생각하여 빛의 입자설을 주장하였습니다. 뉴턴은 1704년 자신의 빛에 대한 이론을 정리한 〈광학〉을 출간하였습니다. 특히 〈광학〉에는 중력, 전기,자기, 열, 불, 화학결합 등 여러 자연 현상들에 독특한 힘이 있으며 그것들의 수학적 형태를 찾아내면 모든 자연 현상을 체계적으로 설명할 수 있다는 말하고 있습니다. 18세기에는 뉴턴이 제안한 방식에 따라 많은 자연 현상들이 연구되었습니다. 그중에서 전기학 분야에서 만유인력법치과 비슷한 쿨롱의 법칙이 얻어지기도 했습니다.

뉴턴은 또한 망원경을 개량하는 일에도 많은 노력을 기울였습니다. 당시 사용되고 있었던 굴절 망원경은 색수차나 구면수차 때문에 상이 찌그러지거나 흐릿하게 보였기 때문입니다. 1668년 뉴턴은 볼록 렌즈 대신에 오목 거울을 이용하여 훌륭한 반사 망원경을 만들어냈습니다. 그 망원경은 길이가 6인치 정도에 불과했지만, 아주 교묘하게 설계되었고 정교하게 만들어져 그보다 훨씬 큰 망원경에 못지않은 성능을 가지고 있엇습니다. 뉴턴의 망원경은 아이작 배로에 의해 1671년 영국 왕립학회에 보내졌고 당시 '기적의 망원경'이라는 찬사를 받았습니다. 이에 뉴턴은 국왕이었던 찰스 2세에게 반사 망원경을 기증하였고, 찰스 2세는 뉴턴을 왕립학회의 회장으로 추천합니다.

뉴턴은 1703년 학자로서는 가장 명예로운 왕립학회의 회장으로 추대되었고, 죽을 때까지 그 자리를 유지하였습니다. 그는 죽음을 맞이하기 전에 다음과 같은 말을 남겼습니다. "나는 세상 사람들이 나를 어떻게 보고 있는지 모른다. 그러나 나 자신에게 비쳐진 나는 바닷가에서 놀고 있는 소년이었다. 거대한 진리의 바다는 아무것도 가르쳐 주지 않으면서 내 앞에 펼쳐져 있었고, 나는 바닷가에서 놀다가 가끔씩 보통 것보다 더 매끈한 돌이나 더 예쁜 조개껍질을 찾고 즐거워했다." 뉴턴은 평생 동안 과학을 즐기며 노는 소년과 같은 삶을 살았습니다. 1727년 뉴턴은 84살의 나이로 세상을 떠났고 영국의 왕이나 위대한 정치가가 묻히는 웨스터민스터 대사원에 안치되었습니다.

뉴턴의 이론은 원인을 알면 결과를 알 수 있다는 근대과학 시대의 패러다임인 절대주의 세계관을 탄생시키게 되었습니다. 이는 인류의 사고방식에 큰 변혁을 일으키게 되었고 이것이 바로 근대과학의 시대로 발전하게 되었던 것입니다.

## 5. 로버트 보일(1627~1691)

로버트 보일은 '온도가 일정할 때 기체의 부피는 압력에 반비례한다'라는 보일의 법칙을 발견한 근대 과학 혁명의 핵심적 인물 중의 한 사람입니다. 그는 공기펌프를 개발하여 공기에 관한 많은 실험을 수행하였고, 유명한 과학 단체인 영국 왕립학회의 창설 멤버이자 주도적인 활동가였습니다. 그가 주장한 기계적 철학은 전통적인 과학을 허물고 새로운 과학 활동을 추진하게 만들었습니다.

로버트 보일은 1627년 아일랜드의 리즈모어에서 태어났습니다. 그의 아버지는 엘리자베스 시대의 유명한 탐험가이자 백작이었던 리처드 보일이었습니다. 리처드 보일은 영국에서 둘째가라면 서러울 정도의 엄청난 부자였습니다. 보일이 훗날 자신의 집에 커다란 연구실을 꾸밀 수 있었던 것도 그의 아버지가 남겨준 엄청난 재산 때문이었습니다.

보일은 8살이 되던 해 영국의 명문 사립학교인 이튼스쿨에 입학하게 됩니다. 그가 12살이 되던 해인 1639년, 영국에 내전의 일종인 주교전쟁이 발발합니다. 이때 보일의 아버지는 가정교사를 구해 보일과 그의 형인 프란시스로 하여금 유럽 순회 여행을 하게 합니다. 당시 영국의 부자들은 자신의 자녀들을 유럽 대륙으로 보내 각종 유적지나 문화재를 둘러보게 하는 것을 훌륭한 교육으로 생각하고 있었습니다.

보일 형제는 유럽 전역을 마음껏 돌아다니며 많은 경험을 할 수 있었습니다. 보일이 15세이던 1642년 그들은 이탈리아를 방문합니다. 그가 피렌체에 도착했을 때 당시 유럽 전역에서 최고의 과학자라고 불리던 갈릴레이가 사망합니다. 갈릴레이의 장례식은 성대하게 치러졌고, 이때 보일은 위대한 과학자의 죽음으로 이탈리아 전체가 들썩거리는 모습을 보고 깊은 인상을 받게 됩니다. 이후 그는 영국으로 돌아와 갈릴레이에 대한 책이나 자료를 모두 구해 읽었으며, 평생 과학 연구에 열중하기로 마음을 먹게 됩니다.

1646년 영국으로 돌아온 보일은 그의 누이인 캐서린의 도움을 받아 새로운 과학자 모임인 "보이지 않는 대학"이라는 곳에 들어갑니다. 그곳에서 보일은 과학의 유용성과 실험의 중요성을 강조한 베이컨의 영향을 받게 됩니다. 보이지 않는 대학을 통해 보일은 의학이나 농업을 비롯한 실제적인 문제에 관심을 갖게 됩니다.

1660년 왕정복고 이후 런던에서 살게 된 보일은 모리스 윌킨스(Maurice Wilkins)와 함께 보이지 않는 대학을 모태로 새로운 과학단체인 "왕립학회"를 설립하는 데 중요한 역할을 하였습니다.

아버지로부터 많은 유산을 받은 보일은 그 재산으로 자신의 집에 연구실을 꾸몄는데, 그의 연구실은 규모가 아주 컸으며 많은 과학기구들을 보유하고 있었다. 게다가 보일의 연구실은 항상 개방되어 있었기 때문에 방문객들이 끊이지 않아, 많은 과학자들이 의견을 교환하는 장소가 되었다. 그는 이 모임에서 '권위만으로는 아무것도 이루어지지 않는다'라는 모토를 내걸었는데, 이는 과학의 발전이 누군가의 권위에 의존하는 것이 아닌 수많은 사람들의 경험과 실험이 바탕이 된다는 것이었습니다.

당시 보일은 스스로 커다란 규모의 연구실을 만들어 실험을 위해 많은 과학기구들을 마련하였습니다. 보일의 연구실은 개방되어 있었고, 수많은 방문객들이 끊이지 않았으며 과학자들의 의견을 교환하는 장소로 유명해졌습니다. 당시 이 연구실에서 일하던 조수 중의 한 명이 그 유명한 로버트 후크였습니다. 후크는 용수철의 늘어나는 길이가 용수철을 당기는 힘의 크기에 비례한다는 '후크의 법칙'을 발견하였고, 현미경을 통해 역사상 최초로 세포벽을 발견하여 세포라는 용어를 만들었습니다.

당시 보일은 의학과 농업의 문제에 커다란 관심을 가지고 있었고, 그것의 기초가 되는 화학을 집중적으로 연구하였습니다. 그는 '과학적 진리는 실험에 입각하고 있다'라는 생각으로  여러 사람들과 함께 수많은 실험기구를 제작하였고, 그것으로 실험을 계속해서 수행하였습니다. 그는 자신의 실험 결과를 1660년 〈공기의 탄성과 그 효과를 다룬 새로운 물리〉라는 제목으로 발표하였고, 이를 보완하여 1662년 〈공기의 탄성〉이라는 책으로 발간합니다.

보일은 길이가 3미터가 넘는 유리관을 만든 뒤 수은을 넣는 방식을 통해 당시 중요한 연구 주제였던 대기의 압력에 대한 실험을 발전시켰습니다. 한쪽 유리관을 막고 위에서 수은을 쏟아 부으면 수은이 밀려들어가 공기가 압축되는데, 여기서 그는 압력을 변화시키면 수은 기둥의 높이가 어떻게 변화하는지를 측정하였습니다. 그는 꽉 막힌 유리관 속의 공기의 압력을 2배로 하면 부피가 본래의 절반이 된다는 것을 확인한 후, 공기에 압력을 가하면 언제나 같은 비율로 부피가 줄어든다는 것을 알게 되었습니다.

보일은 자신의 실험 대상을 공기 외의 다른 기체로도 확장하였으며, 실험 방법도 피스톤을 사용하는 것으로 바꾸어 나갔습니다. 이러한 실험의 결과 보일은 온도가 일정할 때 기체의 부피와 압력은 반비례 관계를 가진다는 사실을 발견하였습니다. 이것이 바로 기체의 부피가 압력에 반비례한다는 보일의 법칙입니다.

보일은 기체의 성질을 발견하는 것을 뛰어넘어 기체의 본질이 무엇인가에 관심을 두었습니다. 그는 기체가 압축 가능한 것은 기체가 작은 미립자로 이루어져 있기 때문이라고 생각하였습니다. 이즈음 이러한 각각의 미립자는 충분히 큰 빈 공간으로 둘러싸여 있다는 이론이 나왔습니다. 미립자들 사이에 빈 공간이 있기 때문에 부피가 줄어들 수 있다는 것입니다. 뉴턴 역시 원자에 대해 '일정한 힘을 가지고 있으며 서로 그 힘을 주고받는 아주 작은 입자'라고 말하며 보일의 미립자설에 동의하였습니다.

보일은 모든 물체가 흙, 물, 불, 공기로 이루어져 있다는 아리스토텔레스의 4원소설을 믿지 않았습니다. 대신에 보일은 "모든 물체는 기본 입자의 운동을 통해서 구성된다"는 것을 주장하였습니다. 그는 이러한 입자를 "원소(element)"라고 불렀습니다. 그는 "원소라고 하는 것은 근원적이고 단순한 어떤 물질, 혹은 어떤 것과도 섞이지 않는 물질을 말한다. 물체는 다른 어떤 물질로도 이루어지지 않는 이들 원소가 혼합된 복합체이며, 결국 이 성분들로 분해된다"라고 주장하였습니다.

보일은 기계적 철학이란 용어를 만들고 수많은 실험을 통하여 그것의 타당성을 입증하려 노력하였습니다. 보일은 기계적 철학이 자연세계의 모든 것을 드러내기 때문에 실험에 의해 검증할 수 있는 기회를 제공해 준다고 생각하였습니다. 보일의 활동을 매개로 17세기 후반에는 유럽의 많은 과학자들이 기계적 철학을 새로운 과학의 철학적 기초로 수용하게 되었습니다. 기계적 철학은 당시의 과학 활동에 기본적인 틀을 규정해 주었으며, 기계적 철학의 언어를 통해 중요한 문제들이 제기되었고 이에 대한 해답도 기계적 철학의 언어를 통해 주어졌습니다.

보일은 자신의 기계적 철학으로 자연 세계의 많은 현상을 설명하였습니다. 그는 열이라는 것은 물질 입자의 운동 때문에 생기는 것으로 생각하였습니다. 기체 분자를 가열하면 운동이 활발해져서 분자들이 서로 충돌함으로써 열이 발생한다는 것입니다. 또한 그는 물체의 색깔도 기계적 철학을 통해 설명하려고 하였습니다. 빛은 물리적으로 변하지 않는데 물체의 물질 입자가 작용함으로써 색깔이 발생한다는 것이었습니다. 또한 그는 이러한 색깔 변화가 물질의 종류를 확인하고 그것을 화학적으로 분류하는 데 사용할 수 있다고 지적하면서 많은 화학물질의 조성을 분석하였습니다.

보일의 생에서 가장 흥미로운 것은 공기펌프를 이용한 실험과 관련된 것이라 할 것입니다. 1657년 보일은 독일의 과학자였던 게리케의 공기펌프에 대한 책을 읽은 후 후크의 도움을 받아 성능이 향상된 공기펌프를 만들었습니다. 1659년에 제작된 보일의 공기펌프는 둥근 용기의 모양을 가지고 있었고 윗부분에 마개가 달려 있었으며 표면에는 공기가 새지 않도록 시멘트가 발라져 있었습니다. 보일은 기체를 가지고 공기에 관한 실험을 수행하여 수많은 과학적 사실을 발견할 수 있었습니다.

보일은 공기와 소리의 관계를 알아내기 위해 유리 용기 속에 자명종을 넣었습니다. 처음에는 자명종의 소리가 명확하게 들렸지만, 공기펌프로 그릇 속의 공기를 계속 뽑아낸 후에는 그 소리가 들리지 않았습니다. 이로 인해 보일은 소리가 공기에 의해 전달된다는 것을 알아낼 수 있었습니다.

그는 또한 촛불을 유리 용기 속에 넣었습니다. 처음에는 잘 타던 촛불이 공기를 빼내자 바로 꺼져 버렸습니다. 이로 인해 보일은 어떤 물질이 연소되기 위해서는 반드시 공기가 있어야 한다는 것을 알아냈습니다.

또한 그는 작은 벌레를 잡아 용기에 넣은 뒤 공기를 빼내 보았습니다. 그 결과 벌레는 바둥거리다가 죽고 말았습니다. 보일은 동물이 살아가기 위해서는 공기가 필수적이라는 사실을 알아냈습니다.

이러한 수많은 실험으로 인해 보일은 실험이 과학의 연구에 있어 가장 중요한 방법이라는 것을 주장하였습니다. 또한 보일은 공기펌프를 제대로 제작하기만 하면 똑같은 실험 결과가 나온다는 점을 강조해 자신의 실험이 보편적이라고 주장하였습니다. 이는 실험을 성공시키는 것은 주관적인 실험자가 아니라 객관적인 실험기구이며, 실험이 실패하는 것은 실험자의 잘못이 아니라 실험기구의 결함 때문이라고 하였습니다.

또한 보일은 새로운 실험 보고 방식을 사용하였습니다. 그는 실험에 참여한 사람들이 자유롭게 의견을 개진하여 합의에 도달하는 방식을 취했습니다. 또한 그는 실험 과정을 자세하게 설명하고 자신의 실수를 솔직하게 인정했습니다. 이로 인해 많은 사람들은 보일을 도덕적이고 균형 잡인 지식인으로 인정하였습니다. 이러한 보일에 대한 신뢰는 그의 실험에 대한 신뢰로 이어질 수 있었습니다.

또한 보일은 자신의 실험을 왕립학회와 같은 공적인 자리에서 재현함으로써 다른 사람들에게 집단적인 체험의 기회를 제공하였습니다. 이로 인해 실험의 객관성을 보장하는 것은 실험자 개인이 아니라 실험을 목격한 모든 이의 것이 되었습니다. 더욱이 보일은 실험의 모든 세부 사항을 자세하게 알려주는 방식을 사용함으로써 직접 실험을 하지 않은 가상의 실험자도 증가시켰습니다.

보일의 공기펌프 실험과 관련하여 흥미로운 것은 보일의 실험에 관한 토마스 홉스의 비판입니다. 홉스는 〈리바이던〉으로 유명한 정치 철학자였습니다. 그는 자연철학에도 조예가 깊었습니다. 홉스는 보일의 공기펌프가 새는 곳이 많으며 작동시키기도 어려웠음을 지적하였습니다. 그에 의하면 보일은 공기펌프를 계속 개조함으로써 펌프의 복제가 힘들어져 다른 사람들이 보일의 이론을 증명하는 데 있어 불가능하다고 하였습니다. 또한 홉스는 언제든지 다시 펌프 안으로 되돌아가 빈 공간을 채울 수 있는 공기가 있기 때문에 공기펌프가 진공상태를 만들 수 없다고 주장하였습니다. 하지만 보일의 실험은 시간이 지나면서 더 많은 사람들이 긍정하게 됨에 따라 보일과 홉스의 논쟁은 보일의 승리도 끝나게 되었습니다.

보일과 홉스의 논쟁은 진공의 존재 여부만을 놓고 벌이지는 않았습니다. 보일과 홉스의 상이한 과학관은 서로 다른 사회사상과 연결되어 있었습니다. 보일의 실험철학은 원인의 불가지성을 표방한 확률적 지식을 목표로 하고 있었습니다. 이로 인해 모든 사람의 동의나 그것을 강제할 어떤 절대자가 필요하지 않았습니다. 보일이 생각한 사회상은 실험철학에 동조하는 사람들이 모여 자유로운 의사소통과 의견수렴의 장을 여는 데 있었습니다. 이에 반해 홉스는 자연철학의 모델로 삼았던 기하학은 모든 사람들에게 확실한 규범을 제시하는 것이었고, 홉스는 절대적 권위를 가진 지도자가 행위의 원칙을 제시하고 다른 모든 사람이 이에 복종함으로써 만장일치가 이루어지는 사회를 목표로 하였습니다.

보일이 승리할 수 있었던 것은 당시 영국의 사회적 상황과 실험자 집단의 대응에서 찾을 수 있을 것입니다. 호화스러운 궁정과 가난한 지방의 대립, 국교도와 청교도의 대립, 크롬웰을 비롯한 급진파의 득세와 같은 혼란에 대처하여 급진주의를 배척하고 복고된 왕정과 새로운 계층을 타협시키는 것이 중요한 과제였기 때문입니다. 이러한 분위기에서 시작된 왕립학회는 급진적인 것을 배격하였고, 중용적인 사회 분위기에 부합한다는 것을 보여야 했습니다. 게다가 당시 왕립학회는 왕의 재정적인 지원을 받지도 못했고, 신학자들로부터 무신론자라 공격받고 있었습니다. 이에 보일을 비롯한 왕립학회 회원들은 자신들이 내세우고 있는 실험철학이 당시의 사회적 문제를 해결할 수 있다고 주장하였습니다. 실험철학은 어떠한 독단적인 권위도 거부하기 때문에 관용적인 종교와 균형 잡힌 정치의 기반이 된다는 것이었습니다. 또한 그들은 실험철학을 공동으로 추구하는 왕립학회가 당시 영국 사회의 지향점이었던 개인과 전체의 조화를 달성했다고 주장하였습니다. 이러한 왕립학회의 노력이 성공함으로써 실험철학은 영국 사회에서 자리 잡을 수 있었던 것입니다.

보일은 또한 종교에 대해서는 일가견을 가지고 있었습니다. 그는 과학과 종교 사이에 있어서 양심의 갈등을 겪지 않았습니다. 보일은 "신이 운동하는 물질을 창조하고 특정한 법칙을 따르도록 하여 그 법칙에 따라 우주가 질서정연한 방식으로 존재하게 된다"라고 확신하였습니다. 그는 아무렇게나 우주를 만든 신보다는 기계적 우주를 만든 신을 더욱 경배해야 한다고 생각했습니다. 그는 이러한 주제에 관한 글을 계속해서 썼고, 자연의 신비를 연구할수록 자신의 생각이 더욱 경건해진다고 말했습니다.

보일은 평생 동안 수많은 중요한 발견을 하였고 40권이 넘는 저술을 남겼습니다. 그는 귀족 집안의 자손으로서 자신이 가지고 있었던 모든 재산을 과학연구에 사용하였습니다. 그는 모든 명예를 사양하였고 오직 과학 활동에만 전념한 진정한 과학자였습니다. 보일의 기계적 철학과 실험철학은 자연 세계를 분석하는 철학적 기반과 과학적 방법을 제공하였고, 그의 공기에 관한 연구는 이후에 화학, 물리학 발전의 기초가 되었습니다. 보일은 과학지식, 과학방법, 과학제도 등 과학의 모든 측면에서 훌륭한 활동을 한 위대한 과학자였습니다.

# 6. 찰스 다윈(1809~1882)

코페르니쿠스가 지구를 우주의 중심에서 밀어낸 것처럼, 다윈은 인간이 신의 창조물이 아니라 진화의 산물에 불과하다고 하여 신을 인간의 중심에서 밀어냈습니다.

찰스 다윈은 1809년 영국 슈루즈버리에서 태어났습니다. 찰스 다윈의 아버지인 로버트 다윈은 아주 부유한 의사였습니다. 어머니 또한 유명한 도자기 업체의 창업자인 조사이어 웨지우드의 딸이었습니다. 하지만 불행히도 다윈이 8살 되던 해 그의 어머니는 세상을 떠납니다. 그리고 1년 후 다윈은 사립학교에 입학합니다. 하지만 그는 학교 공부에 그리 흥미를 느끼지 못했습니다. 그는 학교에서 주의가 산만하고 지능이 떨어지는 학생으로 여겨지기도 했습니다. 그는 학교보다는 자연에 대해 관심을 가지고 있었습니다. 넓은 들판을 돌아다니면서 각종 동물, 식물, 광물, 곤충들을 수집하였습니다. 다윈은 16살에 에든버러 대학 의학부에 입학하였으나 의학에도 관심을 갖지 못했습니다. 당시 에든버러 대학은 의학에 있어서는 유럽 전체에서 최고 수준의 대학이었습니다. 다윈은 의학보다는 자연사 수업을 들으며 식물을 채집하고 표본을 조사하는 데 시간을 보냈습니다. 다윈이 의학에도 흥미를 갖지 못하자 그의 아버지는 케임브리지 대학에서 신학을 공부하기를 권유합니다. 하지만 케임브리지 대학의 신학마저도 그의 적성은 아니었습니다. 힘들게 신학과를 졸업하기는 했지만, 목사의 길을 가지는 않습니다.

하지만 케임브리지에서 다윈은 헨슬로 교수의 식물학 강의에 사로잡혀 그의 지도를 받았습니다. 헨슬로 교수도 다윈의 잠재력을 알아보았고 다윈은 헨슬로의 야외 채집에 항상 따라다녔습니다. 대학을 졸업한 후 다윈은 헨슬로 교수의 권유로 비글호의 세계 여행에 동행하게 됩니다. 다윈은 그의 아버지의 반대에도 불구하고 외삼촌의 도움으로 비글호에 동행할 수 있었습니다. 여기서 그는 인생의 커다란 전환기를 맞이합니다. 다윈은 비글호를 타고 1931년 12월부터 1836년 10월까지 약 5년간 전 세계를 다니며 수많은 식물, 동물, 광물, 곤충 등을 접하게 되었습니다. 다윈은 그동안 화석으로만 접했던 몇몇 동물들을 실제로 관찰하기도 했습니다. 또한, 지역에 따라 같은 종들이 서로 차이가 나는 것을 실제로 볼 수 있었습니다.

비글호 항해에서 중요했던 것은 남아메리카의 서쪽 갈라파고스 군도에서 수십 마일 떨어진 여러 섬들에서 다른 종류의 동물과 식물이 분포되어 있음을 알게 된 것입니다. 특히 그는 핀치라는 새의 모양이 섬에 따라 조금씩 다르다는 것에 흥미를 느끼게 됩니다. 다윈은 이 핀치새의 관찰에서 우선 생물의 종이 시간과 지역에 따라 서로 다르다는 점을 계속해서 확인하였고, 그것은 다윈으로 하여금 종의 진화를 사실로 받아들이게 했습니다. 그리고 지역에 따른 종의 차이는 진화가 주위 환경에 적응하는 과정을 통해 일어난다는 것을 깨닫게 해주었습니다. 그러나 기후와 풍토가 거의 흡사한 섬들에 서로 다른 종들이 분포되어 있다는 사실은 종의 진화가 단순히 자연적 조건에 의해 기계적으로 정해지는 것은 아니라는 점을 알게 되었습니다. 비글호 항해를 마친 다윈에게는 진화가 일어난다는 것은 수용할 만한 사실이 되었고, 진화가 어떻게 일어나는가, 즉 진화의 메커니즘에 관심을 갖게 됩니다.

항해를 마치고 영국으로 돌아와 1839년 "비글호 항해기(The Voyage of the Beagle)"를 출간하였고, 그는 영국 왕립학회의 회원으로 추대되었습니다.

다윈은 진화의 메커니즘을 원예가와 동식물 사육가들의 경험에서 찾았습니다. 그들은 자신들이 기르는 동식물 중에서 원하는 성질을 지닌 것을 골라서 번식시킴으로써 품종을 개량하고 있었습니다. 즉, 인위선택을 통하여 인간의 필요에 적응하는 품종 쪽으로 종의 진화를 이루어낸 것입니다. 다윈은 이와 같은 인위선택에 대한 것과 유사하게 진화의 메커니즘이 자연 선택에 있다는 점에 주목하였습니다. 하지만 자연 세계에서는 인간 사회와 달리 특정한 목적에 따라 종을 선택하는 사육사가 존재하지 않습니다. 다윈에게는 자연 세계에서 종의 선택이 어떻게 일어나는지를 설명해야 하는 문제가 남았던 것입니다.

다윈은 이 문제의 실마리를 맬서스의 책 〈인구론〉에서 찾아냅니다. 맬서스는 인간 사회의 생존경쟁이 점점 심해지고 있으며 이러한 환경에 잘 적응하는 사람만이 살아남는다고 주장하였습니다. 이러한 맬서스의 주장은 다윈에게 진화의 메커니즘으로서 경쟁의 중요성을 인식하게 만들었습니다. 즉, 경쟁이 특정한 종의 여러 개체 중에서 환경에 잘 적응하는 성질을 가진 것만이 살아남게 하는 선택의 수단으로 작용한다는 것입니다. 다윈은 맬서스가 〈인구론〉에서 논의하고 있는 인간이라는 하나의 종 내부의 경쟁을 같은 지역에 존재하는 여러 종들 사이의 경쟁으로 확장하였습니다.

그는 생존경쟁에서 살아남은 종들은 세대를 거듭하여 진화하게 되고 그렇지 못한 종들은 멸종하게 된다고 생각하였습니다. 기후나 풍토 등의 자연환경이 거의 비슷한 갈라파고스 군도의 다른 섬들에서 동식물 분포가 다르게 나타나는 것도 종들 사이의 경쟁에 의해서 설명될 수 있었습니다. 이런 식으로 다윈은 진화의 메커니즘이 생존경쟁에 의한 자연 선택에 있음을 알게 되었습니다.

다윈은 1830년대 말, 진화론의 핵심적 주장을 완성해 놓고 있었습니다. 하지만 다윈은 20년 가까이 자신의 주장을 공개하기를 꺼려했습니다. 단지 자신과 친분 관계에 있던 조셉 후커와 다른 몇몇 사람들에게만 알렸습니다. 그 이유는 그의 주장이 가진 논리상의 단점을 보완하려는 학문적 신중함과 진화론이 일으킬 종교적 차원의 논쟁에 대한 두려움 때문이었습니다. 특히 1844년 발간된 로버트 챔버스의 〈창조의 자연사의 흔적〉이 큰 파문을 불러일으키면서 다윈은 진화론과 관련된 논쟁을 위해서는 자신의 이론을 더욱 세부적으로 다듬어야 한다고 생각하였습니다. 1840년대와 1850년대 그는 남아메리카의 지질학이나 갑각류의 일종인 따개비에 대한 논문을 준비하면서 진화론에 대한 연구를 보완해 나갔습니다.

그러던 중 1858년 다윈은 당시에 말레이 군도의 생태계를 조사하고 있던 월리스(A. Wallace)로부터 아주 충격적인 편지를 받았습니다. 월리스는 자신이 출간하려는 논문의 내용을 설명하면서 다윈에게 솔직한 의견을 보내 달라고 요청하였는데, 그 내용이 다윈이 생각한 것과 너무 비슷하였던 것입니다. 다행히도 다윈은 라이엘과 후커의 중재로 1858년 다윈과 월리스의 공동 저자의 형식으로 "변종을 형성하려는 종의 경향 및 자연 선택에 의한 종과 변종의 연속성에 대하여"라는 논문을 출판하게 되었습니다. 그리고 1859년 다윈은 그의 이론을 종합하여 "종의 기원(The Origin of Species)"이라는 책을 쓰게 됩니다.

〈종의 기원〉은 출간과 함께 큰 파문을 일으켰습니다. 종이 진화한다는 사실 자체는 당시로서는 널리 퍼져 있었고, 크게 새로운 것이 없었지만, 경쟁에 의한 자연 선택이라는 진화의 메커니즘을 체계적으로 규명했다는 점이 주목을 끌었습니다. 특히 다윈은 〈종의 기원〉에서 종의 진화를 뒷받침하는 많은 증거를 제시하였습니다. 이것은 다윈의 진화론에 과학적 무게를 실어주었습니다.

진화론에 관한 가장 유명한 논쟁은 1860년 영국과학진흥협회의 모임에서 일어났습니다. 당시 옥스퍼드 성당의 주교였던 사무엘 윌버포스는 토마스 헉슬리에게 “원숭이를 조상으로 믿는 모양인데 그렇다면 그 원숭이는 할아버지 쪽입니까? 할머니 쪽입니까?”라고 물어봅니다. 이에 헉슬리는 “조상이 원숭이라는 것이 그렇게 부끄러운 것입니까? 그보다도 과학에 대해 알지도 못하면서 무식하게 고집만 부리는 인간을 조상으로 가진 쪽이 훨씬 더 부끄러운 것이 아닙니까?”라고 대답합니다.

이와 같이 〈종의 기원〉이 출판된 이후 진화론자와 창조론자 사이에는 상당한 대립이 있었습니다. 1870년대가 되면서 대부분의 지식인들은 기독교 신자이건 아니건 진화가 사실임을 받아들이기 시작합니다. 특히 진보적 성직자들도 성경을 글자 그대로 옹호할 필요가 없었기 때문에 진화론을 비롯한 새로운 과학을 비교적 쉽게 수용하였습니다. 1900년이 되면서 진화와 종교의 갈등은 더 이상 중요한 문제로 다루어지지 않았습니다. 이는 진화론과 같은 과학이 다루는 영역과 종교가 다루는 영역은 서로 다르다는 판단이 있었기 때문입니다. 종교는 마음이나 양심과 같은 인간의 내적인 면을 다루는 것이고, 자연과학의 외적인 면은 더 이상 종교의 영역이 아닌 것으로 간주되기 시작했기 때문입니다.

다윈의 진화론은 과학계 내부에서도 논쟁이 있었습니다. 다윈의 진화론에 대한 비판 중의 하나는 화석상 증거를 볼 때 종과 종 사이의 중간적인 형태가 발견되지 않는 경우가 많았습니다. 이에 대해 다윈은 명확하게 설명하지 못했지만, 스티븐 굴드와 같은 후대 과학자들은 종이 비교적 오랫동안 안정적인 상태에 있다가 환경의 변화에 따라 갑자기 종의 분화가 이루어진다고 봄으로써 중간 형태의 결여를 설명할 수 있었습니다.

또 다른 비판은 잘 발달된 기관이 초기에 어떻게 형성되었는지에 관한 것이었습니다. 예를 들어 깃털이 잘 발달되어 있을 때에는 그것의 유용성을 쉽게 설명할 수 있지만, 깃털이 처음에 불완전한 형태로 생겨나기 시작했을 때에는 깃털의 존재가 자연 선택에 불리하게 작용한다는 것입니다. 이에 다윈은 깃털이 처음 생겼을 때에는 체온 조절과 같은 기능을 했을 것이며, 이후에 다른 용도가 우연하게 발견되었을 것이라고 설명하였습니다.

또 다른 것은 변이가 어떻게 계승되는가 하는 유전에 관한 문제였습니다. 다윈은 〈종의 기원〉에서 변이를 일으킬 수 있는 요인 중의 하나로 라마르크의 용불용설을 인용하였습니다. 당시까지는 아직 유전의 법칙이나 유전자의 존재가 알려지지 않았기에 다윈으로서도 변이가 어떻게 생기는지 설명할 방법이 없었기 때문입니다. 다윈은 각 체세포에 퍼져 있는 무언가가 체세포에서 떨어져 나가 정소나 난소에 모여 생식세포를 형성한다는 것으로 체세포가 획득한 형질이 생식세포를 통해 유전된다고 생각하였습니다.

하지만 다윈과 라마르크의 진화론은 커다란 차이가 있습니다. 가장 큰 차이점은 라마르크가 생물은 하등한 것에서 고등한 것으로 일방적인 진화를 한다는 목적론적 주장을 했다는 것입니다. 다윈은 진화의 방향은 자연 선택에 의해 결정될 뿐이며 나무에서 가지가 뻗어나가는 것처럼 하나의 공통 조상에서 여러 종이 진화되어 나간다고 생각하였습니다. 이는 침팬지가 아무리 시간이 지나도 인간이 될 수 없다는 것을 뜻합니다. 나뭇가지의 끝에 있는 모든 종들은 자신의 서식지에서 잘 적응한 성공적인 존재들이라는 것입니다.

다윈의 생물학적 진화론이 나왔을 즈음, 허버트 스펜서는 사회진화론을 주장하였습니다. 스펜서는 모든 사회가 한 방향으로 진보하며 동일한 발전 단계를 거친다고 주장하였습니다. 사회진화론은 서구 사회가 가장 진보된 사회임을 주장함으로써 이후 제국주의나 인종주의를 정당화하는 논거로 사용되었습니다. 당시에는 다윈의 진화론이 사회진화론과 혼동되기도 했지만, 사실상 두 이론은 많은 차이가 있습니다. 다윈이 주장한 진화론은 정해진 방향으로 진화한다는 목적론적 진화론이 아니었고, 다윈은 자신의 이론이 인간 사회에 적용될 수 있다고 생각하지도 않았습니다.

다윈은 〈종의 기원〉을 출간한 이후에도 왕성한 연구 활동을 계속하였습니다. 1871년 〈인간의 유래와 성 선택〉을 써냈고, 1872년 〈인간과 동물의 감정 표현〉을 출간했습니다. 〈인간의 유래와 성 선택〉에서는 인류의 진화 문제와 성 선택의 의미에 대해 다루었습니다. 성 선택에 대해서는 짝짓기를 위한 경쟁이 생존을 위한 경쟁만큼이나 중요하다는 점을 설명하였습니다. 생존경쟁에서 살아남았다 하더라도 짝짓기를 제대로 하지 못한다면 진화의 측면에서는 실패라는 것이었습니다. 이를 통해 다윈은 오랫동안 자신을 괴롭혀 왔던 '공작새의 날개'에 관한 문제를 해결할 수 있었습니다. '공작새의 날개'란 생물의 아름다운 디자인은 진화론적 이론과 맞지 않는다는 것입니다. 왜냐하면 진화론에 의하면 생물은 생존과 환경의 적응을 위해서 진화하기 때문입니다. 하지만 이를 성 선택과 연결 지으면 충분히 이해가 될 수 있을 것입니다.

〈인간과 동물의 감정 표현〉에서 다윈은 인간과 동물의 감정 표현이 어떻게 진화했는지에 대해 검토하였습니다. 그는 침팬지와 인간의 웃음, 성냄, 분노 등과 같은 감정 표현들이 어떻게 서로 닮았고 다른지를 비교하였습니다. 이 책은 당시의 첨단기술인 사진을 과학적 논의에 사용한 것으로도 유명합니다. 이는 최근에 논의되고 있는 진화심리학과도 관계됩니다.

다윈의 약점으로 남았던 유전의 문제는 1866년 멘델이 완두콩 실험을 통해 해결되기 시작했습니다. 1915년 모건은 초파리 실험을 통해 염색체가 유전정보를 전달한다는 사실을 입증함으로써 유전 문제가 완전히 해결되었습니다. 이런 유전학적 성과들은 처음에 다윈의 진화론과 대립하는 입장에 있었지만, 1930년대에 등장한 신다윈주의가 진화론과 유전학을 통합함으로써 해결되었습니다. 신다윈주의에 있어서는 적응도에서 미세한 차이를 보이는 변이들이라고 할지라도 그것들이 여러 세대를 거치면서 선택될 때에는 결국 아주 이질적인 것들로 변할 수 있다는 사실을 통계적으로 보여주었습니다. 신다윈주의자들은 다윈과 달리 획득형질의 유전을 거부하고 유전자의 변화만이 자손에게 물려진다고 보았습니다. 하지만 가장 중요한 진화의 원동력은 역시 자연 선택에 있기 때문에 다윈의 진화론에서 핵심적인 것은 그대로 계승하고 있습니다.

다윈은 1882년 73세를 일기로 세상을 떠났습니다. 〈비글호 항해기〉를 쓸 당시에는 유신론자였지만 후에 그는 불가지론자가 되었습니다. 다행히 창조론과 진화론에 대한 논쟁은 일단락되었고, 다윈은 웨스터 민스터 사원에 묻힐 수 있었습니다. 다윈의 진화론은 인류가 과거의 패러다임에서 벗어나 새로운 패러다임의 세계로 이끌었던 위대한 과학적 성과였습니다.

# 7. 마이클 패러데이(1791~1867)

마이클 패러데이는 19세기 물리학과 화학에 가장 큰 공헌을 한 과학자입니다. 그는 전자기 유도 현상을 발견하였고 전기분해에 관한 법칙을 정립하였습니다. 전자기 유도 현상은 발전기를 만들어 내었고 이를 통해 전기가 생산됨으로써 인류는 전기 문명의 시대를 열었습니다.

패러데이는 1791년 영국의 런던 근교에서 태어났습니다. 그는 집안이 너무 가난해 정규 초등교육도 받지 못하는 환경에서 자라날 수밖에 없었습니다. 그의 아버지는 대장장이였는데, 가난에서 벗어나고자 런던 시내로 이사하였습니다. 하지만 적당한 일자리를 찾을 수 없었고, 막노동으로 간신히 생계를 유지했습니다.

가난했던 집안으로 인해 패러데이가 받은 정규교육은 읽기와 쓰기, 산수의 기초가 전부였습니다. 패러데이는 11살 때부터 서점, 문방구, 신문 배달 등을 통해 생계를 유지해 나갔습니다. 이런 일을 하는 패러데이에게 지급되었던 급료는 일주일에 바게트 한 덩어리였습니다. 그는 한 개의 바게트를 14조각으로 나눈 뒤, 아침저녁으로 한 조각씩 일주일을 먹었다고 합니다. 그는 어린 시절 배불리 먹어본 적이 한 번도 없었다고 합니다.

패러데이는 14살 때 제본 견습공으로 일을 하였습니다. 이 일자리는 패러데이에게 하나의 전환점을 마련해 줍니다. 그가 견습생으로 일하던 중 우연히 브리태니커 백과사전을 접하게 되었고, 이후 그는 과학의 세계에 흥미를 갖기 시작합니다. 특히 그는 전기에 관해 흥미를 느꼈고, 이를 직접 실험해 보기도 하였습니다. 패러데이는 화학도 좋아하여, 제인 마셋이 쓴 〈화학에 대한 대화〉를 읽으며 화학에 대한 기초를 습득하였습니다.

과학에 대한 흥미는 패러데이로 하여금 런던 시립 철학회 회원으로 가입하게 만들었습니다. 이 단체는 젊은이들이 모여 과학적 발견을 포함한 당시의 주요 화제에 대해 토론하거나 강연을 듣는 식으로 운영되었습니다.

1812년 패러데이는 어떤 손님에게 이끌려 당시 왕립 연구소 소속이며 유명한 과학자인 데이비의 강연을 우연히 듣게 되었습니다. 데이비는 왕립 연구소에서 알기 쉽고 재미있는 과학 강의를 하였고 이 강연을 통해 패러데이는 평생을 과학에 바치기로 결심합니다.

패러데이는 과학자가 되려는 그의 꿈을 위해 이루기 위해 데이비에게 찾아가 그의 조수가 되고 싶다고 말합니다. 패러데이는 데이비의 강연을 들으면서 자신이 직접 필기한 노트를 정성껏 제본하여 데이비에게 보여주기도 하였습니다. 하지만 초등교육도 제대로 받지 못한 패러데이에게 일자리는 주어지지 않았습니다. 그러던 중 데이비가 실험을 하다가 폭발 사고를 당해 눈을 다치게 됩니다. 이때 데이비는 패러데이가 생각나 임시적으로 패러데이를 고용합니다. 하지만 그 자리도 그리 오래가지는 않았습니다. 패러데이는 다시 견습공의 일을 해야 했습니다.

하지만 운명은 패러데이에게 또 한번의 기회를 줍니다. 1813년 왕립 연구소에서 일하던 실험실 조수에게 사고가 생겼고, 이때 데이비는 다시 패러데이를 부릅니다. 이때 데이비는 패러데이의 과학적 잠재력을 인식하게 되었고, 패러데이는 이후로 왕립 연구소의 정식 조수로 일하기 시작합니다. 패러데이는 데이비의 실험을 도왔고, 데이비의 강연도 보조하였습니다. 데이비 또한 패러데이에게 재미있는 일거리를 주거나 유명한 과학자들을 소개하여 패러데이의 과학에 대한 열정을 키워주었습니다.

1813년 패러데이는 데이비 부부와 함께 1년 반 동안 유럽을 여행하면서 앙페르, 게이뤼삭 등 당시 유명한 과학자들을 만나게 됩니다. 여행에서 돌아온 후 데이비로부터 신뢰를 얻어 과학자로서의 본격적인 훈련을 받게 됩니다.

1816년 패러데이는 자연산 가성석회에 대한 논문을 작성하여 영국 과학계의 주목을 받기 시작합니다. 1820년에는 탄소의 새로운 염소화합물 두 가지를 발견하였고, 강철의 합금을 제조하기도 하였습니다. 1823년에는 염소의 액화에 대해 연구하였고, 1825년에는 부틸렌과 에틸렌의 이성질체를 발견하였습니다. 또한 같은 해 석유 가스 속에서 벤젠을 발견하기도 합니다.

패러데이는 연구뿐만 아니라 강연에도 소질을 발휘하였습니다. 그는 1816년 〈물질의 일반적 성질〉이라는 제목으로 왕립 연구소에서 첫 강연을 했습니다. 그의 첫 번째 강연은 성공적으로 끝났고, 이어지는 그의 강연은 청중들로 가득 찼습니다. 패러데이가 강연을 열심히 준비한 것도 있지만, 그의 겸손한 성품도 강연에 안성맞춤이었습니다. 게다가 쩌렁쩌렁한 목소리, 천진난만한 웃음, 소박한 인상은 강연을 듣는 이로 하여금 커다란 만족감을 주었던 것입니다.

당시 과학자들이 주도했던 왕립 연구소의 대중강연은 커다란 인기를 끌었습니다. 청중의 범위도 지식인 위주에서 서민층으로 확대되었습니다. 특히 1826년부터는 매년 크리스마스 강연이 실시되었습니다. 크리스마스 강연은 그 해의 과학적 쟁점을 주제로 하는 극장식 대중강연이었습니다. 패러데이는 1826년부터 금요 저녁 담화를 개최하여 저명한 과학자들을 초대하여 왕립 연구소 회원들과 함께 대화를 갖는 시간도 마련하였습니다. 연구뿐만 아니라 위대한 강연가로도 활동한 패러데이를 보고 그의 스승인 데이비는 "나는 과학적으로 많은 발견을 했다. 그러나 내 생애 최대의 발견은 바로 패러데이다."라고 말합니다.

젊었을 당시 패러데이는 과학에 대해서는 남다른 열정을 가지고 있었으나, 이성에 대해서는 별로 관심이 없었습니다. 그는 친구에게 사랑이라는 것에 대해 회의적인 말을 하기도 했습니다. 하지만 그가 다니던 교회에서 사라 버나드를 만나고 나서부터는 그의 태도가 바뀌었다고 합니다. 패러데이는 그가 29세가 되던 1820년 사라와 결혼을 합니다. 그녀 또한 패러데이와 비슷해서 소박한 생활을 선호했다고 합니다. 하지만 두 사람 사이에는 자녀가 없었습니다. 패러데이는 결혼을 계기로 샌디먼파의 정회원이 됩니다. 이 교파의 신자들은 청빈한 생활을 중시하고 돈을 남겨 저축하는 것을 무거운 죄로 생각했습니다. 이것은 패러데이가 갖가지 유혹을 뿌리치고 왕립 연구소에서 평생을 바쳤던 동기로 작용되었습니다. 한때 패러데이에게 런던 대학의 화학 교수직이 요청되기도 했고, 과학 전문가로서 자문을 구하는 사람도 있었습니다. 하지만 패러데이는 왕립 연구소에 끝까지 남아 있었습니다. 당시 왕립 연구소는 기부금이나 회비로만 운영이 되었기 때문에 재정이 아주 좋지 않았습니다. 하지만 패러데이는 돈보다는 과학 그 자체를 소중히 여겼고, 자신을 받아준 왕립 연구소에서 그의 평생을 보내는 것이 도리라고 생각했던 것입니다.

패러데이의 가장 중요한 업적은 패러데이 법칙의 발견이라 할 것입니다. 1820년 덴마크의 과학자인 외르스테드는 전류가 나침반의 자침을 움직이게 한다는 사실을 발견하였습니다. 이것은 전류의 자기 작용이라 할 수 있습니다. 비슷한 시기에 프랑스의 앙페르는 두 개의 나란한 도선에 전기를 통해본 결과 전류의 방향이 같을 때는 척력이, 전류의 방향이 반대일 때는 인력이 작용한다는 것을 발견했습니다. 또한, 프랑스의 비오와 사바는 주어진 전류가 생성하는 자기장이 전류에 수직이고 전류에서의 거리의 제곱에 반비례한다는 법칙을 알아냈습니다.

당시 패러데이는 외르스테드와 반대로 접근하는 생각을 했습니다. 자기장에 의해 전류를 만들어 낼 수는 없을까 하는 생각이었습니다. 패러데이는 이를 위해 몇 가지 실험을 직접 하였습니다. 이러한 과정에서 그는 '전자기 유도' 현상을 발견합니다. 전자기 유도란 자기장을 변화시킬 때 전류가 흐르는 현상을 말합니다. 이를 활용한 대표적인 예가 바로 발전기와 변압기입니다. 발전기는 강한 자기장 안에서 도선을 감은 코일을 빠르게 회전시켜 전류를 생산하는 장치입니다. 변압기는 전압을 높이거나 낮추는 장치입니다. 1차 회로에서 전류가 변하면 자기장의 변화가 일어나고 그 자기장이 2차 회로에서 전압의 변화를 유도하는 것입니다.

패러데이는 자신의 실험 결과를 왕립학회에 발표했는데 전압에 의해 극성화된 입자선을 표현하기 위해 '유도역선'이라는 용어를 사용하였습니다. 사실 패러데이는 전자기 현상을 수학적인 방법보다는 역학적 방법으로 설명하였습니다. 예를 들어 에테르로 가득 차 있는 공간은 역선으로 이루어져 있고, 이러한 역선은 반대의 전하나 반대의 자극을 연결시켜 장을 형성한다는 것이었습니다. 또한 역선의 단면적은 특정한 지점에서의 전기장과 자기장의 강도를 나타내며 역선의 수가 거리에 제곱에 반비례하므로 전기력과 자기력의 역제곱 법칙이 설명된다고 하였습니다.

패러데이는 전자기 유도 현상을 발견한 뒤에도 계속해서 전기장과 자기장에 미치는 물체의 영향을 연구했습니다. 1837년에는 사용된 절연물질의 종류에 따라 축전기가 각기 다른 양의 전기를 받아들인다는 것을 발견했습니다. 그는 진공일 경우와 특정한 절연물질을 사용할 경우 축전기가 받아들인 전하의 비율을 그 절연물질의 '비유전용량'으로 정의했습니다.

1845년 패러데이는 물체와 자기장 사이에도 비슷한 상호 작용이 있다는 것을 발견했습니다. 물체 중에는 외부 자기장에 의해 자기장과 반대 방향으로 자기를 띠는 반자성체와 자기장 안에 넣으면 자기장 방향으로 약하게 자기를 띠는 상자성체가 있다는 것이었습니다.

패러데이는 반자성 현상을 통해 빛과 전자기의 상관성을 연구하였습니다. 그는 강력한 전자석의 양극 사이에 유리 조각을 매달았을 때 유리 조각이 자기장에 대해 직각으로 향하는 것을 관찰할 수 있었습니다. 자기장의 방향으로 편광광선을 유리 조각에 비추었을 때 편광면이 회전하는 것도 발견하였습니다. 이와 같이 자기장에 의해 빛의 편광면이 회전하는 현상을 '패러데이 효과'라고 합니다. 이러한 실험 결과들을 바탕으로 패러데이는 1846년 〈빛의 진동에 관한 생각〉이라는 논문을 썼습니다. 이 논문은 빛이 전자기파의 일종이라는 점을 처음으로 인식한 것입니다. 이후 맥스웰은 패러데이의 업적을 계승하여 빛과 전자기장의 관계를 체계적으로 규명하였습니다.

패러데이는 1833년 다양한 물질을 대상으로 전기분해 실험을 하면서 생산되는 물질의 양과 전류의 양 사이에 일정한 관계가 성립한다는 것을 발견하였습니다. 전기분해를 통해 생성되는 물질의 양은 흘려보낸 전하량과 그 물질의 원자량을 전하수로 나눈 값에 비례한다는 것입니다. 이것이 바로 전기 화학의 가장 중요한 법칙인 '패러데이 법칙'입니다. 이때 전자 1몰이 가진 전하량은 패러데이를 기념하여 패럿이라는 단위로 표시합니다. 1패럿은 약 96,500쿨롱 정도에 해당되는 양입니다.

또한 패러데이는 당시 유명한 과학자이자 철학자인 휴얼과 함께 전기 화학 분야에서 많은 용어들을 만들었습니다. 패러데이는 용매에 녹아서 전류를 흐르게 하는 물질을 전해질, 물질에 전류를 통하여 화학 변화를 일으키는 것을 전기분해, 양 끝의 연결점을 전극이라고 불렀습니다. 전극에는 두 가지가 있는데, 양전하로 충전되면 양극이, 음전하로 충전되면 음극이 됩니다. 전해질을 분해하여 얻어지는 결과물이 바로 이온인데, 이온에는 음이온과 양이온이 있습니다. 이런 방법으로 패러데이가 전기 화학에 관한 용어를 정비하였고, 그가 만들어 낸 용어체계가 오늘날에도 사용되고 있습니다.

패러데이는 자신의 연구 업적을 모아 책으로 만들어 내는 데에도 많은 노력을 기울였습니다. 그중 가장 유명한 것은 〈전기에서의 실험적 연구〉입니다. 이 책은 총 3권으로 구성되어 있는데, 1권은 1839년, 2권은 1844년, 3권은 1855년에 출간됩니다. 그가 한 분야의 연구를 얼마나 꾸준하고 성실하게 해왔는지를 알 수 있습니다. 또한 1859년에는 주로 전기 이외의 분야를 다룬 〈화학과 물리학에서의 실험적 연구〉도 발간됩니다. 패러데이는 정신없이 연구와 집필에 몰두하느라 건강이 점차 좋아지지 않았습니다.

패러데이는 또한 어린이들을 위해 과학 강연을 하거나 실험실 구경을 시켜주는 데에도 열정을 보여주었습니다. 특히 그는 1860년의 크리스마스 강연에서 양초의 화학이라는 주제로 6번의 강연을 합니다. 이 강연은 1861년 〈양초 한 자루의 화학사〉라는 책으로 출간됩니다. 이 책은 한 자루의 양초를 통해 화학의 기본을 이루는 물질의 특성과 상호작용을 재미있고 쉽게 이야기하고 있습니다. 〈양초 한 자루의 화학사〉는 당시 과학을 꿈꾸는 어린이들에게 필독서였다고 합니다.

영국 정부는 패러데이의 업적을 인정하면서 그가 죽은 후 묻힐 웨스터 민스터 사원의 묘지를 지정해 주었습니다. 하지만 패러데이는 자신은 작은 공동묘지에 묻히길 원하며 대신 배우지 못해 꿈도 꾸지 못하는 어린 아이들에게 과학 강연을 듣게 해달라고 말합니다. 어릴 적 그가 경험한 가난을 후손에게 물려주기 싫었던 것입니다.

패러데이가 왕립 연구소에서 전자기 유도 실험을 하던 당시, 어떤 한 부인이 패러데이에게 그런 실험이 도대체 무슨 소용이 있냐고 질문을 했습니다. 이때 패러데이는 그 부인에게 갓난아기는 무슨 쓸모가 있느냐고 반문했다고 합니다. 이는 비록 지금은 갓난아기지만 시간이 지나 아기가 성인이 되면 어떤 위대한 일을 할지 알지 못한다는 의미입니다. 마찬가지로 어떤 한 분야가 시작되는 과학 실험이 당시에는 별 볼일 없을 것 같지만, 시간이 지나 어떤 영향을 미칠지는 알 수 없을 것입니다. 패러데이의 전자기 유도 실험은 비록 당시에는 보잘것없는 실험이었는지 모르지만, 후손인 우리는 전기라는 엄청난 혜택을 보며 살아가고 있는 것입니다.

패러데이는 1867년 76세의 나이로 생을 마감합니다. 그의 과학에 대한 뜨거운 열정은 인류에게 전기 문명이라는 선물을 안겨주었습니다. 한 명의 과학자가 수많은 사람들에게 어떠한 도움을 줄 수 있는지를 패러데이는 우리들에게 분명히 보여주었던 것입니다.

# 8. 제임스 맥스웰(1831~1879)

제임스 맥스웰은 전자기학의 이론체계를 완성하고 전자기파를 이론으로 예언하여 현재의 무선 통신 시대를 개척한 19세기의 위대한 과학자입니다. 맥스웰이 완성한 전자기학의 맥스웰방정식은, 뉴턴의 운동 법칙, 아인슈타인의 상대성 이론과 더불어 물리학의 역사를 바꾼 가장 중요한 3대 공헌으로 평가되기도 합니다.

맥스웰은 1831년 스코틀랜드의 에든버러에서 태어났습니다. 그는 어릴 때부터 천재 소리를 들었던 머리가 비상했던 사람이었습니다. 맥스웰의 아버지는 과학을 좋아하는 변호사였고, 그의 어머니는 독실한 기독교 신자였습니다. 맥스웰의 집안은 광활한 부동산과 거대한 별장을 소유할 정도로 부유했습니다.

맥스웰은 10살이 되던 1841년에 스코틀랜드의 최고 명문 에든버러 아카데미에 입학합니다. 거기서 그는 평생동안 학문과 우정을 나누게 되는 두 명의 친구를 만납니다. 한 명은 루이스 캠벨이고 다른 한 명은 피터 테이트였습니다. 후에 캠벨은 맥스웰의 전기를 쓴 것으로 유명합니다. 에든버러 아카데미를 다니던 맥스웰은 특히 수학적 재능이 뛰어나 자연현상의 모든 것을 수학으로 이해하며 복잡한 자연현상을 수학으로 풀어냈습니다. 그는 14살의 나이에 핀과 끈을 이용하여 계란형 타원을 작도하는 법에 대한 논문을 발표하기도 했습니다.

맥스웰은 16살의 나이에 에든버러 대학에 입학하였는데 당시 교수였던 포브스는 맥스웰의 재능을 알아보고 자신의 실험 장치를 마음대로 사용할 수 있도록 허락하였습니다. 그리고 에든버러 대학을 마칠 무렵에 맥스웰은 실험 장치를 제작하거나 취급하는데 전문가와 같은 수준이 되었습니다. 에든버러 대학을 다니는 동안 맥스웰은 〈회전 곡선 이론에 대하여〉와 〈탄성 고체의 평형에 대하여〉라는 두 편의 논문을 쓰기도 했습니다.

에든버러 대학을 졸업한 후 그의 아버지는 맥스웰이 법률가가 되길 희망하였으나 맥스웰은 본격적으로 과학을 공부하고 싶어 했습니다. 포브스교수의 지원으로 아버지를 설득하고 1850년 맥스웰은 케임브리지 대학에 등록하여 과학자의 길을 걷게 됩니다. 케임브리지 대학을 졸업한 후, 그는 25세에 스코틀랜드 에버딘에 있는 매리셜 칼리지의 교수가 되었습니다. 1858년 맥스웰은 캐서린 듀어와 결혼을 합니다. 그녀는 맥스웰보다 7살 연상이었습니다. 맥스웰 부부에게는 평생 아이가 없었지만, 캐서린은 맥스웰을 잘 이해하고 기회가 있을 때마다 남편의 연구를 도와주었습니다.

이즈음 맥스웰은 많은 과학자들이 풀지 못했던 토성의 고리에 관심을 가졌습니다. 그는 1858년 발표한 〈토성 고리 운동의 안정성에 대하여〉라는 논문에서 토성의 고리가 고체 판이나 유체 판이 아닌 작은 입자들로 이루어져야 안정하다는 것을 수학적으로 증명하였습니다. 그는 이 논문으로 애덤스 상을 받아 영국 과학계의 주목을 받기 시작합니다. 이어 맥스웰은 인간이 인식하는 색깔은 빨강, 파랑, 초록 세 가지뿐이라는 것을 실험적으로 증명한 후 이러한 삼원색이 혼합되는 비율에 따라 다양한 색채가 만들어진다는 것을 보였습니다. 그는 색채이론에 관한 연구로 1860년 영국 왕립학회로부터 럼퍼드 메달을 수상합니다.

1860년 맥스웰은 매리셜 칼리지 교수를 그만두게 됩니다. 당시 매리셜 칼리지 근방에는 킹스 칼리지가 있었는데 두 대학이 통폐합되었고, 각 분야에서 한 명의 교수만 남게 되었는데 맥스웰은 면직되고 말았습니다. 하지만 다행히도 얼마 지나지 않아 맥스웰은 런던의 킹스 칼리지에 임용될 수 있었습니다. 맥스웰은 런던 킹스 칼리지에서 5년을 보낸 후 1865년 교수직을 사임하고 글렌레어로 귀향합니다.

맥스웰은 1861년 런던의 한 강연회에서 세계 최초의 컬러 사진을 내놓았습니다. 스코틀랜드에서 유행하던 체크무늬가 있는 스커트

사진이었습니다. 그가 컬러 사진을 찍는 데 성공한 것은 운이 좋아서였습니다. 맥스웰이 사용한 적색 필터는 자외선을 통과시켰고 스커트의 붉은 색이 자외선을 많이 반사했기 때문입니다. 강연이 끝나고 맥스웰은 패러데이와 함께 한 식당을 갔습니다. 두 사람의 만남은 아주 유익했을 것으로 추정됩니다. 왜냐하면 패러데이와 맥스웰은 서로 보완적인 연구 성향을 가지고 있었기 때문입니다. 패러데이는 모든 것을 수학 없이 이해했지만, 맥스웰은 모든 것을 수학으로 이해하였습니다. 두 사람 모두 위대한 과학에 대한 통찰력을 가지고 있었지만, 패러데이는 실험가였고, 맥스웰은 이론가였습니다. 패러데이는 전기와 자기에 대한 많은 실험을 했고, 맥스웰은 그것을 바탕으로 통합적인 전자기 이론을 정립할 수 있었습니다.

맥스웰은 대학 시절부터 패러데이에 대해 관심을 갖고 있었습니다. 맥스웰은 1856년 〈패러데이의 역선에 관하여〉라는 논문을 씁니다. 여기서 그는 패러데이의 역선을 물리적 현상으로 생각하지 않고 단지 기하학적 표현으로 보았습니다. 1861년과 1862년에 발표한 〈물리적 역선에 관하여〉에서는 역선을 가설적이고 유추적인 차원을 넘어 물리적이고 역학적인 관점에서 다루었습니다.

그는 전자기현상을 연구하면서 빛도 전자기파의 일종이며 수학적으로 빛의 속도를 유도하였습니다. 그는 패러데이를 따라 역선이 중간에 끊어지지 않고 계속해서 뻗어나간다고 생각하였습니다. 만약 도선에 흐르는 전류의 방향을 바꾸면 역선의 좌우 운동의 상태가 달라지는데 맥스웰은 이로 인해 역선이 일종의 파동을 이루면서 일정한 속도로 앞으로 나아갈 것이라고 생각하였습니다. 이러한 파동의 속도를 계산해 보니 빛의 속도와 같았던 것입니다. 이에 맥스웰은 빛도 전자기장이 주재하는 파동의 일종이라고 주장하게 됩니다.

맥스웰은 색채이론부터 전자기학에 이르는 아주 다양한 주제를 다루었습니다. 이것이 가능했던 것은 그가 케임브리지에서 연구한 덕분입니다. 맥스웰의 연구는 물리적 대상에 대한 역학적인 모형을 만들고 그것의 수학적인 귀결을 찾아내는 방법을 따랐습니다. 즉, 당시에 맥스웰이 다루었던 물리학의 주제들은 역학적 모형과 수학적 표현으로 통합되어 있었던 것입니다.

맥스웰은 모든 전자기현상을 하나의 방정식으로 종합하여 맥스웰 방정식을 만들어 내었고 이것이 바로 고전 전자기학의 완성이 되었습니다. 맥스웰의 방정식은 네 가지 법칙으로 이루어져 있습니다.

첫째는 전기에 대한 가우스의 법칙으로 전하에 의해 발생된 전기장의 크기를 설명합니다. 가우스의 법칙은 본질적으로 쿨롱의 법칙과 같은 의미를 지니는데, 쿨롱의 법칙이 공간에 놓인 두 점 전하 사이에서 발생하는 힘을 설명한다면, 가우스의 법칙은 하나의 전하로부터 발생하는 전기장의 세기가 거리에 따라 감소되는 이유를 설명합니다.

둘째는 자기에 대한 가우스의 법칙으로 닫힌 공간에서 자기속선의 합은 0이 된다는 것입니다. 전기와 달리 자기는 N극과 S극이 언제나 함께 존재하여야 합니다. 이러한 자기의 성질 때문에 일정한 공간으로 들어오는 자기력선과 나가는 자기력선의 크기는 항상 같을 수밖에 없으며, 서로 정반대의 방향으로 작용하는 같은 크기의 힘의 합은 언제나 0이 됩니다.

셋째는 패러데이의 유도 법칙으로 자기선속이 변하면 그 주위에 전기장이 발생한다는 것입니다. 고리 모양으로 만들어진 전선 가운데서 자석을 위아래로 움직이면 전류가 발생하는 것이 대표적입니다.

넷째는 맥스웰-앙페르 법칙입니다. 앙페르의 법칙은 전류가 흐르는 전선을 따라 자기장이 발생하는 것을 말합니다. 맥스웰은 이를 발전시켜 전선뿐만 아니라 전기장의 강도가 변하는 모든 곳에서 자기장이 발생함을 증명하였습니다.

또한, 그는 천재적인 수학적 재능을 이용하여 셀 수 없이 많은 입자들의 운동 예를 들어 기체 분자들의 운동을 통계학을 이용하여 새로운 통계물리학이라는 분야를 개척하였습니다. 1867년 맥스웰은 열역학 제 2 법칙의 성격에 대한 사고 실험을 합니다. 이를 흔히 '맥스웰의 도깨비'라고 합니다. 맥스웰의 도깨비에 대해 잠깐 살펴보도록 하겠습니다.

누구나 알고 있듯이 열은 고온에서 저온으로 이동하여 온도가 평형에 도달합니다. 맥스웰은 열역학에서 온도는 원자의 평균 운동에너지를 가리키는 잣대라는 사실을 잘 알고 있었습니다. 일단 그는 두 칸으로 나누어져 있는 기체 상자를 가정하였습니다. 이 기체 상자의 분리벽에는 분자들이 무작위로 통과할 수 있는 작은 구멍 대신 매우 작은 문이 달린 구멍이 있습니다. 이 문은 거의 에너지 소비 없이 열고 닫을 수 있다고 가정합니다. 이 문에 도깨비가 앉아서 상자의 양쪽 칸에 있는 분자들을 감시하고 있습니다. 빠르게 움직이는 분자가 오른쪽에서 접근하면 악마는 분자가 상자의 왼쪽으로 갈 수 있도록 문을 열어줍니다. 느리게 분자가 왼쪽에서 접근하면 도깨비는 분자가 상자의 오른쪽으로 갈 수 있도록 열어줍니다. 그러나 분자가 느린 속도로 오른쪽에서 오거나 빠르게 움직이는 분자가 왼쪽에서 접근하면 도깨비는 문을 닫아 원래 있던 칸에 머물게 합니다.

이렇게 된다면 어떠한 일이 일어날까요? 당연히 에너지를 소비하지 않고서도 높은 에너지를 가진 분자들이 왼쪽 칸에 모이게 되고 낮은 에너지를 가진 분자들은 오른쪽 칸에 모이게 됩니다. 상자의 두 칸의 온도가 처음 시작할 때는 동일하였다고 하더라도 시간이 지나면 점점 온도 차이가 증가하게 됩니다. 왼쪽 칸은 더 뜨거워지고 오른쪽 칸은 더 차가워집니다. 이것은 열역학 제2 법칙을 위배하게 됩니다. 참고로 열역학 제2 법칙이란 고립계에서 총 엔트로피의 변화는 항상 증가하거나 일정하며 감소하지 않는다는 것을 말합니다.

상자 전체를 통해 온도가 동일한 기체가 담겨 있는 높은 엔트로피로부터 출발하였고 낮은 엔트로피 상태로 충실하게 진화한다고 하면 수많은 초기 상태가 소수의 최종 상태로 진화하는 상황을 겪게 될 것입니다. 하지만 동역학 법칙이 정보를 보존하고 가역적이라고 한다면 이런 진화는 일어날 수가 없습니다. 모든 초기 상태가 소수의 최종 상태로 진화하게 될 여지가 없기 때문입니다. 그러므로 기체의 엔트로피가 감소한다면 어딘가에서 이를 보상할 엔트로피의 증가가 일어나야만 합니다. 그리고 여기서 엔트로피가 갈 수 있는 곳은 한 곳밖에는 없습니다. 그것은 바로 맥스웰의 도깨비에게로 가야만 합니다.

겉으로 보기에는 맥스웰의 도깨비가 엔트로피를 증가시키는 것 같지는 않게 보입니다. 그 도깨비는 사고 실험이 시작될 때부터 문에 그냥 가만히 앉아서 올바른 분자들이 오기를 기다리고 있었습니다. 사고 실험의 마지막에도 그냥 문에 앉아만 있었습니다. 이 문제를 해결하는 데는 100년이라는 시간이 걸렸습니다. 헝가리 태생인 미국 물리학자 레오 질라드와 프랑스 물리학자 레온 브리유앵은 맥스웰의 도깨비가 수집하는 정보와 엔트로피 사이의 결정적인 관계를 지적하였습니다. 또한 1982년 물리학자인 롤프 란다우어와 찰스 베넷이 맥스웰의 도깨비 문제의 엔트로피가 정확히 열역학 제2 법칙에 따라 항상 증가하는 이유를 밝혔습니다.

그동안은 맥스웰의 도깨비를 이해하려는 많은 시도는 악마 주위를 맴도는 분자들의 속도를 이 도깨비가 측정하는 수단에만 집중하였습니다. 란다우어와 베넷은 맥스웰의 도깨비가 정보를 기록하는 수단에 관심을 두었습니다. 사실 맥스웰의 도깨비는 어느 분자를 통과시키고 어느 분자를 그대로 머물게 할지를 기억해야 합니다. 맥스웰의 도깨비가 처음부터 분자들이 어떤 속도를 가지고 있는지 알고 있었다면 측정을 할 필요가 전혀 없었을 것입니다. 따라서 이 문제의 핵심은 측정 과정에 있지 않습니다.

그러므로 중요한 것은 맥스웰의 도깨비에게 모든 분자들의 속도를 기록할 수 있는 수단을 부여해야 하는데 이를 위해 맥스웰의 도깨비가 메모장을 가지고 있다고 가정할 수 있습니다. 그리고 맥스웰의 도깨비는 관련된 모든 정보를 이 메모장에 기록합니다. 이것은 기체와 맥스웰의 도깨비를 결합한 계의 엔트로피를 계산할 때 메모장의 상태도 포함해야 한다는 것을 의미합니다. 또한 분자의 속도를 기록하기 위해서는 처음에 메모장에 아무것도 적혀 있지 않아야 합니다.

그러나 메모장은 낮은 엔트로피를 가진 과거 경계조건에 지나지 않습니다. 이것이 사실이라면 기체와 맥스웰의 도깨비의 결합계가 가진 엔트로피는 분명히 생각했던 것보다 높지 않아야 합니다. 맥스웰의 도깨비는 결합계의 엔트로피를 낮추지 않습니다. 도깨비는 단지 기체 상태로부터 메모장 상태로 엔트로피를 전달할 뿐입니다.

여기서 우리가 할 수 있는 선택은 두 가지입니다. 하나는 맥스웰의 도깨비가 처음부터 아무것도 적혀 있지 않은 낮은 엔트로피 메모장을 가지고 있다가 기체의 엔트로피를 메모장으로 이동하는 것입니다. 다른 하나는 메모장에 적힌 정보를 맥스웰의 도깨비가 삭제하는 것으로 이 경우 엔트로피는 외부 세계로 이동하게 됩니다. 두 가지 선택 모두로부터 열역학 제2 법칙은 안전합니다.

맥스웰은 또한 전기장과 자기장의 상호작용으로 전자기파가 파동의 형태로 공간을 이동한다는 파동방정식을 수학적으로 유도하였는데 이것이 바로 현재의 무선 통신 시대를 가능하게 해주었습니다.

맥스웰은 1871년 자신의 모교인 케임브리지 대학의 물리학 교수이자 캐번디시 연구소의 초대 소장으로 임용됩니다. 당시에 그는 대영제국을 통틀어 최초이자 유일한 물리학 교수였습니다. 그전까지 물리학은 수학이나 자연철학의 교수로 임용되었는데 이때 최초로 물리학의 분야가 만들어졌고, 맥스웰이 처음으로 임용되었던 것입니다. 최초의 물리학 교수라는 이유로 맥스웰은 종종 당시 영국의 왕이었던 빅토리아 여왕에게 불려가 물리학에 대해 설명을 했다고 합니다. 또한 맥스웰은 캐번디시 연구소의 초대 소장으로서 연구소를 건설하고 관리하는 데 많은 시간과 노력을 기울였습니다. 후에 캐번디시 연구소는 세계에서 가장 권위 있는 연구소로 자리매김합니다. 교수이자 캐번디시 연구소장으로서 왕성한 활동을 하던 맥스웰은 1877년부터 몸이 점점 약해졌으며 아내의 극진한 간호에도 불구하고 1879년 생을 마감하고 맙니다. 당시 그의 나이는 48세였습니다.

우리가 요즘 사용하는 핸드폰이나 통신기구들은 모두 맥스웰의 전자기파 이론에서 시작합니다. 현재 지구상에서 핸드폰이나 통신기구를 사용하지 않는 사람을 거의 없을 것입니다. 그의 연구 결과가 인류에게 어떤 영향을 주었는지는 우리가 매일 사용하는 핸드폰만 봐도 알 수 있을 것입니다.

# 9. 존 돌턴(1766~1844)

우주의 만물을 구성하는 가장 기본적인 단위는 무엇일까요? 이 질문에 대한 답을 찾는 일은 아주 오래전부터 시작되었습니다. 기원전 5세기경 그리스의 데모크리토스는 더 이상 나눌 수 없는 아주 작은 입자로 원자라는 개념을 생각하였습니다. 이 개념은 16~17세기의 과학혁명을 통해 부활되었고, 18~19세기에 근대적인 원자론으로 발전하였습니다. 이러한 원자가 머릿속의 개념을 넘어 과학적 개념으로 자리 잡는 데에는 화학적 원자론을 정립한 돌턴이 중요한 역할을 하였습니다.

돌턴이 생존하는 동안 수많은 화학의 기본 법칙들이 등장하였습니다. 예를 들어, 질량 보존의 법칙, 샤를의 법칙, 일정 성분비의 법칙, 배수비례의 법칙, 기체반응의 법칙, 아보가드로의 법칙 등 근대화학의 토대가 이 시기에 마련되었습니다. 질량보존의 법칙이란 화학반응이 일어날 때 반응 전 각 물질의 질량의 합은 반응 후 각 물질의 질량의 합과 같다는 것으로 1774년 프랑스의 라부아지에가 발견하였습니다. 샤를의 법칙은 일정한 압력에서 기체의 부피가 온도의 변화에 비례한다는 법칙으로 1787년 샤를이 발견하였습니다. 일정 성분비의 법칙이란 어떤 화합물을 구성하는 원소의 질량 사이에 항상 일정한 비가 성립한다는 것으로 1799년 프루스트가 주장하였습니다. 기체반응의 법칙은 같은 온도와 같은 압력에서 반응하는 기체와 생성되는 기체의 부피 사이에는 간단한 정수비가 성립한다는 법칙으로 1805년 게이뤼삭에 의해 알려졌습니다. 아보가드로는 1811년 같은 온도와 압력 하에서 모든 기체는 같은 부피 속에 같은 수의 분자가 있다는 것을 알아냈습니다. 중요한 것은 돌턴의 원자설이 바로 이러한 수많은 법칙이 만들어지는 데 있어서 가장 중요한 역할을 하였다는 것입니다.

돌턴은 1766년 영국 이글스필드에서 태어났습니다. 돌턴의 아버지는 직물공인데다 형제가 많아 돌턴의 가정은 아주 가난했습니다. 돌턴의 가족들은 모두 퀘이커 교도로서 평화롭고 청빈하며 성실하게 사는 것을 중요하게 생각했습니다. 돌턴은 어린 시절 퀘이커교도가 세운 학교에서 교육을 받았습니다. 1793년 맨체스터에 뉴 칼리지가 설립되었는데, 돌턴은 그 대학의 강사직에 지원하여 합격하였고 자연철학과 수학에 대한 강의를 하게 되었습니다. 그는 수업을 통해 책에 있는 지식보다는 직접 관찰한 사실의 중요성을 강조했으며, 실생활에 적용할 수 있는 지식을 중요하게 생각하였습니다. 돌턴은 강의를 잘 하기로 소문이 나서 가정교사 일을 병행할 수 있었고, 그 덕에 꽤 많은 돈을 벌어 자신의 과학 연구에 몰두할 수 있었습니다.

1793년 돌턴은 자신의 첫 번째 저서인 〈기상학 관측〉을 출간하였습니다. 그 책의 부록에서 돌턴은 수증기의 성질과 공기의 관계에 대해 논의하였습니다. 그는 수증기를 공기 입자 사이에 존재하는 입자라는 차원에서 설명하였습니다. 주변에 있는 공기 입자들과 증기 입자는 더 가까워지지 않으며 이럴 경우에는 액화가 일어나지 않는다는 것이었습니다. 이것은 나중에 돌턴이 원자론을 정립하는 데 아주 중요한 출발점이 됩니다.

1794년 돌턴은 맨체스터 문학 및 철학협회에 가입합니다. 18세기 중반 이후 영국에서는 급속한 산업화를 배경으로 지방에서도 많은 과학단체들이 설립되었는데, 버밍엄의 루나 협회와 맨체스터의 문학 및 철학협회는 대표적인 예입니다.

이러한 과학단체의 구성원들은 주로 당시에 세력이 커져가던 신흥 부르주아들로서 과학을 기술과 산업에 적용하려는 목적이나 과학에서 자신들의 문화적인 표현 수단을 찾으려는 목적을 공유하고 있었습니다. 돌턴은 1800년 이후에 맨체스터 문학 및 철학협회의 발전에 주도적인 역할을 하였습니다.

돌턴은 또한 색맹의 원인을 연구한 뒤 1794년에 〈색깔 인지에 관한 특별한 사실〉이라는 논문을 발표하였습니다. 그는 눈의 내부에 있는 액체가 스펙트럼의 빨간 끝 쪽을 흡수하기 때문에 색의 일부가 도중에 차단되어 망막에 이르지 못한다는 것이었습니다. 이러한 돌턴의 주장은 나중에 틀린 것으로 판명이 되지만, 그의 연구를 기념하기 위해 적록색맹을 '돌터니즘'으로 부르고 있습니다.

돌턴은 기상학을 연구하던 중 공기를 비롯한 기체의 성질에 관심을 갖게 됩니다. 돌턴은 온도가 상승함에 따라 기체의 부피와 압력이 증가하는 이유를 밝히려고 하였습니다. 이러한 사실은 전에 보일이 보고했었고, 뉴턴은 이것을 원자들 사이의 반발로 설명하였습니다. 여기서 돌턴은 라부아지에의 '칼로릭'으로 반발을 설명하였습니다. 라부아지에는 열이 칼로릭이라는 무게가 없는 유체라고 가정했습니다. 돌턴에 의하면 각 원자는 주위에 칼로릭 층을 가지고 있으며 물질이 가열되면 각 원자의 칼로릭 층이 커져서 원자의 부피가 증가한다고 하였습니다. 또한 그는 각 기체 원자 주위의 칼로릭이 나머지 기체 원자 주위의 칼로릭과 반발하고 그것에 의해서 압력이 생긴다고 제안했습니다.

이러한 제안은 온도의 상승에 따른 기체의 압력 증가는 잘 설명될 수 있지만, 또 다른 문제를 야기시켰습니다. 어떤 기체 원자가 다른 모든 기체 원자들과 반발한다면 원자들 사이에 공간이 생길 것이고, 공기와 같은 혼합물의 경우에는 무거운 원자들이 가벼운 원자들 사이에서 아래로 떨어질 것입니다. 따라서 공기는 질소층과 산소층으로 갈라지게 될 것입니다. 하지만 이것은 일어나지 않기 때문에 기체 원자들이 서로 반발한다는 간단한 발상은 옳지 않음이 분명합니다. 이에 돌턴은 산소 원자들이 질소 원자들과는 반발하지 않고 산소 원자들과만 반발한다는 생각을 하였습니다. 이러한 선택적 반발은 왜 공기라는 혼합물이 균일하며 층을 이루지 않는지를 설명할 수 있었습니다. 게다가 그는 원자들 간의 선택적 반발로부터 분압법칙을 추론하였고, 그것을 실험적으로 증명하였습니다. 여러 기체가 섞여 있을 때 각 기체는 다른 기체들이 전혀 존재하지 않는 것처럼 자신의 압력만을 나타낸다는 것입니다.

돌턴은 윌리암 헨리와 논의를 하던 중 물에 대한 기체의 상대적 용해도로 관심을 돌렸습니다. 헨리는 기체의 용해도가 압력에 비례하고 온도에 반비례한다는 법칙을 발견한 사람입니다. 당시에 헨리는 입자가 무겁고 복잡한 기체들이 물에 잘 녹는다고 생각하였고 이에 대한 증거를 찾기 위해 노력하고 있었습니다. 하지만 아직 원자량이나 분자식이 밝혀지지 않은 상태에서 헨리가 원하는 정보를 찾기는 아주 어려웠습니다. 이러한 상황은 다른 화학자들에게도 마찬가지였습니다. 이때 물리학에 있어 일가견이 있었던 돌턴의 능력이 나타납니다. 돌턴은 기체가 액체에 녹는 과정은 해당 입자들 사이의 기계적인 혼합에 불과하며 화학적 조합은 아니라고 주장하였습니다. 이러한 가설은 물과 같은 액체가 모든 기체를 같은 정도로 녹여야 한다는 약점을 가질 수 있는데 돌턴은 기체의 최종입자들이 서로 다른 크기와 무게를 가진다면 극복될 수 있을 것이라 생각했습니다.

이와 같은 연구들은 돌턴을 위대한 과학자로 만든 원자론을 구상하는 것으로 이어집니다. 원자량을 결정하기 위해서는 화합물 원자들의 조성에 대한 가정이 필요했는데 돌턴은 자연은 최대 단순성을 가진다고 하는 단순성의 원리를 출발점으로 삼았습니다. 그는 두 원자가 단 한 가지의 결합만 가능하다면 모순되는 다른 이유들이 존재하지 않는 이상 그것은 이원자로 된 것이라고 가정해야만 한다고 생각했던 것입니다. 예를 들어 물은 수소 원자 하나와 산소 원자 하나를 가진 HO가 되는 것입니다.

이러한 돌턴의 주장은 또 다른 문제를 낳았습니다. 두 가지 원소가 둘 이상의 화합물을 형성하는 경우도 많았기 때문입니다. 이에 대해 돌턴은 두 종류의 원소가 여러 화합물을 만들 때 한 원소의 일정량과 결합하는 다른 원소의 질량비는 항상 간단한 정수비를 나타낸다고 하는 배수 비례의 법칙을 알아냅니다.

돌턴은 1803년 원자설을 제안하고 "화학 철학의 새로운 체계"라는 책으로 그 이론을 집대성하였습니다. 그 책에 제안된 돌턴의 주요 주장은 첫째 모든 물질을 계속 쪼개 가면 결국에 가서는 더 이상 쪼갤 수 없는 가장 작은 입자로 되는데 이것을 옛날 사람들의 말대로 '원자'라고 부릅니다. 둘째 원자에는 여러 가지 종류가 있는데 각 원소는 특유하고 독특한 원자로 이루어져 있으며, 같은 원소의 원자는 성질이 같고 다른 원소의 원자는 성질이 다릅니다. 셋째 화합물은 그 성분의 원자가 모여서 이루어져 있는데 어떤 한 가지 화합물에서 그 성분 원소의 원자 수는 항상 일정하며 또한 그 수는 극히 간단한 정수입니다.

돌턴은 이와 같은 원자설을 바탕으로 원자량에 대한 표를 만들기 시작하였습니다. 당시에는 원자 하나하나의 정확한 무게를 잴 수 없었기 때문에 돌턴은 실험을 통해 원자들의 상대적인 무게를 알아내는 방법을 사용하였습니다. 그는 수소 원자를 표준으로 삼아 그 원자량을 1로 정한 다음 다른 원자의 원자량을 정했습니다. 돌턴이 제안한 원자량이 오늘날과 완전히 일치하는 것은 아닙니다. 돌턴은 물을 가 아닌 로 표시했기 때문에 산소의 원자량은 16이 아니라 8이 되었습니다. 암모니아의 경우도 가 아닌 로 표시되었으며 이에 따라 질소의 원자량은 현재의 삼분의 일로 간주되었습니다. 과학의 역사에서 가끔 나타나듯, 과학의 획기적인 변혁을 시작한 인물일지라도 단숨에 모든 것을 해결할 수는 없었던 것입니다.

이와 같은 돌턴의 한계는 이탈리아의 과학자인 아보가드로가 1811년 분자설을 주장함으로써 극복되기 시작하였습니다. 아보가드로는 돌턴의 원자설과 게이뤼삭의 기체반응의 법칙을 절충하는 과정에서 수소 기체의 성질을 나타내려면 원자 두 개를 붙여 하나의 단위 입자를 만들면 되겠다고 생각하였습니다. 이를 바탕으로 아보가드로는 기체 분자는 2개 또는 그 이상의 기본 입자로 구성되어 있고, 같은 온도와 같은 압력에서 같은 부피 속에 존재하는 기체 입자의 수는 기체의 종류와는 상관없이 동일하다는 가설을 제안합니다. 이 가설은 원자를 쪼개는 문제 없이 수증기가 생성되는 반응을 적절히 설명할 수 있었습니다.

당시에는 분자가 아주 생소한 개념이었기 때문에 아보가드로의 주장은 상당 기간 동안 가설로만 취급되었습니다. 그러던 중 19세기 중반에 유기화합물의 유형을 분류하는 작업이 전개되면서 물의 화학식이 라는 점이 점진적으로 수용되기에 이르렀습니다. 아보가드로의 주장이 인정받는 데는 같은 이탈리아의 과학자였던 칸니차로의 역할이 컸습니다. 칸니차로는 1858년 펴낸 책자에서 원자와 분자를 확실히 구분한 후 기체의 행동과 아보가드로의 가설이 원자량과 분자량을 계산하는 데 어떻게 활용될 수 있는지를 설명하였습니다. 이 책자는 1860년 독일의 카를스루에에서 개최된 국제화학자 회의에서 널리 배포되었고 이를 계기로 아보가드로의 분자설이 과학계에서 널리 확산될 수 있었습니다.

원자설을 발표한 후에 돌턴은 아주 유명한 사람이 되었습니다. 그는 1816년에 프랑스 과학아카데미의 특파원으로 추천을 받았습니다. 또한 1822년에는 영국 왕립학회의 회원이 되었습니다. 원래 왕립학회의 회원이 되기 위해서는 다른 회원들의 지지를 받고 자신의 실력을 입증해야 했지만, 과학아카데미가 돌턴의 공로를 인정하자 왕립학회 회원들은 아무런 조건 없이 그를 회원으로 받아들였습니다. 이어 1830년에는 프랑스 과학아카데미에서 뽑은 8명의 해외 협력자 중의 한 사람으로 선정되었습니다.

돌턴은 영국의 각 지방을 다니면서 초청 강연도 합니다. 이것은 외국으로도 이어져, 그는 파리, 베를린, 뮌헨, 모스크바를 방문하기도 했습니다. 그러나 그는 곧 맨체스터로 돌아와 이전의 연구 생활로 복귀하였습니다. 청빈하게 살아왔던 돌턴에게 상류사회는 적합하지 않았던 것으로 생각됩니다. 그는 레이스를 입고 가식적으로 행동하는 것을 참지 못했기 때문에 상류사회의 인사들이 당혹감을 표시하기도 하였습니다.

말년에 돌턴은 맨체스터에서 조용히 여생을 보냈습니다. 그가 78세가 되었던 1844년에 맨체스터 문학 및 철학협회가 그의 업적을 기념하기 위해 대리석 상을 세웠습니다. 기념식장에서 돌턴은 건강 상태가 좋지 않아 손을 떨고 있었습니다. 돌턴은 비틀거리면서 간신히 집으로 돌아와 평상시대로 일기를 쓰고 잠이 듭니다. 하지만 다음 날 아침 돌턴은 영원히 일어나지 못하고 영면하게 됩니다. 맨체스터 시민장으로 거행된 돌턴의 장례식에는 무려 4만 명이 조문을 했다고 합니다.

돌턴의 생각을 발전시킨 중요한 인물은 스웨덴의 화학자 베르셀리우스입니다. 그는 1810년대에 일련의 실험을 통해 원소들의 결합 비율을 측정했으며 그것은 돌턴의 원자론을 지지하는 강력한 증거로 작용하였습니다. 베르셀리우스 당시에 알려져 있었던 40가지 원소들의 원자량을 아주 정확하게 측정하여 표로 만들었으며, 원소의 알파벳으로 된 이름을 붙이는 체계를 세우기도 했습니다. 또한 그는 타이타늄과 지르코늄을 분리했고, 세륨, 토륨, 셀레늄 등의 원소도 발견했습니다. 그리고 할로젠족, 유기화학, 촉매 현상, 단백질 등과 같은 용어도 만들었습니다. 베르셀리우스가 1803년 처음 내놓은 〈화학 교과서〉는 이후에 판을 거듭하면서 계속 발간되어 당시의 화학계에 큰 영향을 주었습니다.

이렇듯 돌턴의 원자설은 화학에 있어서 가장 근본적인 이론이 되었고 근대화학이 시작되는 순간이었습니다.

# 10. 앙투안 라부아지에(1743~1794)

프랑스의 앙투안 라부아지에(A. Lavoisier)는 화학의 근대적 체계를 만들어 낸 과학자입니다. 그는 산소의 분리와 결합에 기본을 둔 연소이론을 정립했고, 무게를 측정하는 정량적인 방법을 도입하였습니다. 또한, 화학에서 새로운 명명법을 만들어 화학물질과 화학반응에 적용하였습니다. 그는 일찍부터 천재로 인정을 받으며 두각을 나타냈고, 별다른 실패 없이 커다란 성공의 삶을 살았지만, 말년에 단두대의 이슬로 사라지는 불행한 최후를 맞이하였습니다.

라부아지에는 1743년 프랑스 파리에서 태어났습니다. 그는 1754

년에 콜레쥬 마자랭에 입학하여 고전, 문학, 과학 등을 배웠습니다. 1761년 파리대학 법학부에 입학하여 법학사 학위를 받았습니다. 그러나 대학 시절부터 그는 과학에 관심이 많았습니다. 그는 뉴턴의 〈프린시피아〉를 탐독하며 과학의 방법에 대해 익혀나가기 시작했습니다.

라부아지에는 일찍부터 프랑스 과학 아카데미 회원이 되기 위해 열심히 노력하였습니다. 프랑스 과학 아카데미 회원이 되면 정부의 자금을 지원받으며 중요한 과제를 수행할 수 있었습니다. 다른 직업을 가지더라도 급여는 지급되었습니다. 무엇보다도 아카데미 회원이 되면 과학 연구에 집중할 수 있었기에 모든 과학자들에게는 선망의 대상이었습니다.

라부아지에는 1765년 회반죽을 만드는 과정에서 쓰던 석고의 성질에 관해 연구한 뒤 프랑스 과학 아카데미에서 발표하였습니다. 또한 당시 과학 아카데미에서 파리 시내의 가로등을 개선하는 방법을 공모하였는데, 라부아지에가 제안한 내용이 탁월하여 금메달을 수상하게 됩니다. 또한 알사스-로렌 지역의 지질을 조사하는 작업에도 참여하였습니다. 이러한 성과로 인해 라부아지에는 1768년 과학 아카데미의 최연소 회원으로 선출되었습니다.

1770년 라부아지에는 물이 끓을 때 나오는 고체 침전에 대해 연구하였습니다. 유리병에 있는 물이 증발하여 사라질 때까지 가열하면 소량의 침전물이 남는 것을 볼 수 있습니다. 당시 과학자들은 그것을 흙이라고 생각했습니다. 물이라는 원소에 불이라는 원소가 더해짐으로써 흙이라는 원소로 변하는 것이라 생각했던 것입니다. 라부아지에는 실험 전후에 실험 장치의 무게와 고체 침전물의 무게를 정확하게 측정하여 고체 침전은 유리병이 녹아 나온 것임을 보였습니다. 이 실험으로 인해 라부아지에는 프랑스 과학계에서 새로운 유망주로 떠오르게 됩니다. 무게 측정이라는 정량적 방법으로 기존의 이론이 가지고 있었던 오류를 밝혀냈던 것입니다.

1768년 라부아지에는 세금 관리인의 일을 하기도 했습니다. 라부아지에는 어머니가 남긴 유산의 일부를 세금 관리인 조합에 투자하여 조합의 간부가 되었습니다. 당시 세금 관리인 조합은 국가로부터 지시받은 세금의 서너 배를 징수하여 그 대가로 수수료를 챙겼습니다. 세금을 내지 못하는 집에 가서 먹을 것마저 빼앗고 살려달라고 매달리는 사람들을 외면하기도 하였습니다. 이로 인해 세금 관리임은 많은 원성을 듣기도 했습니다. 이러한 라부아지에의 세금 관리인 경력은 후에 그를 파멸의 길로 이끌게 됩니다.

1771년 라부아지에는 14살 연하인 마리안 폴즈와 결혼을 합니다. 두 사람 사이에는 자녀가 없었지만 서로 만족한 결혼 생활을 했다고 전해집니다. 마리안은 남편의 실험을 준비하고 정리하는 일을 도맡아 했다고 전해집니다. 영어를 잘 모르는 라부아지에를 대신해서 영어로 발표된 논문을 프랑스어로 번역해 주기도 했습니다. 또한 그녀는 그림 실력이 뛰어나 라부아지에가 쓴 〈화학요론〉에 들어간 각종 그림을 직접 그려주기도 하였습니다.

라부아지에가 한 연구 중에 가장 중요한 것은 바로 연소에 대한 것이었습니다. 물질이 타는 연소와 쇠가 녹스는 것 같은 하소는 우리 주위에서 아주 흔하게 접할 수 있는 화학반응입니다. 17세기경 연금

술사들은 파라켈수스의 3원리설을 이용하여 이를 설명하였습니다. 3원리설이란 자연에는 황, 수은, 염의 세 가지로 구성되어 있는데, 어떤 물질이 연소하는 것은 그 물질 안에 있는 황이 빠져나가는 것이고, 금속이 하소하는 것은 수은이 빠져나가는 과정이라는 것입니다. 이어 1700년경 독일의 과학자인 슈탈은 플로지스톤 이론을 주장합니다. 플로지스톤은 '불꽃'을 뜻하는 그리스어로 연소나 하소를 일으키는 가상 입자입니다. 플로지스톤 이론에 따르면 나무나 기름과 같은 가연성 물질은 모두 플로지스톤을 포함하고 있고 그것이 연소될 때 플로지스톤이 빠져나오게 됩니다. 이 이론은 금속의 하소에도 적용되어 금속에서 플로지스톤이 빠져나와 금속의 재로 변하는 것이라고 설명합니다. 또한 플로지스톤 이론은 광석을 숯불로 가열해서 금속을 얻는 제련과정도 설명해 줍니다. 숯이 탈 때 빠져나온 플로지스톤이 광석과 결합하여 금속이 생성된다는 것입니다.

오늘날 보기에는 플로지스톤 이론이 거꾸로 된 것처럼 보이지만, 일상적인 경험에서 보면 플로지스톤 이론도 그럴듯하게 보이기도 합니다. 예를 들어, 나무나 석탄이 타고나면 원래의 물질은 거의 없어지고 재만 남기 때문에 무언가 빠져나가는 것으로 생각하기 쉽습니다. 금속에 녹이 슨 경우도 무엇인가 빠져나간 듯한 모습을 보입니다. 예전의 연금술사들은 연소를 황이 빠져나가는 과정으로 하소를 수은이 빠져나가는 과정으로 설명했지만, 플로지스톤 이론을 적용하면 연소와 하소의 두 현상이 종합적으로 설명될 수 있었습니다. 또한 플로지스톤은 입자이기 때문에 18세기 과학의 흐름이었던 뉴턴주의와도 잘 부합하였습니다. 이로 인해 18세기 많은 과학자들에게 플로지스톤 이론은 훌륭한 이론으로 받아들여졌습니다.

라부아지에는 1772년 연소와 하소에 관한 여러 가지 실험을 하였습니다. 그는 생성되는 기체의 무게까지 고려한 정밀한 실험을 통해 금속이 하소하거나 비금속 물질이 연소할 때 무게가 증가한다는 사실을 알아냈습니다. 또한 수은을 가열하여 수은의 금속재를 만드는 실험을 통해 이 과정에서 수은이 공기의 특정한 부분과 결합한다는 사실도 알아냈습니다. 그는 연소와 하소가 물질과 공기 중의 특정한 부분과 결합하는 것이라는 것을 밝혀냈습니다. 하지만 그 특정한 부분이 무엇인지는 알 수 없었습니다.

이즈음 영국의 과학자였던 프리스틀리가 라부아지에를 방문하여 자신이 발견한 새로운 공기에 대해 말해 주었습니다. 프리스틀리는 라부아지에와는 반대의 실험을 하였습니다. 수은의 금속재인 적색 산화수은을 매우 높은 온도로 가열하여 수은 금속과 새로운 공기를 얻어내었던 것입니다. 프리스틀리는 자신의 실험을 플로지스톤 이론으로 설명하였습니다. 수은 금속재가 공기 중에 있던 플로지스톤을 흡수해서 수은이 되었다는 것입니다. 그렇다면 새로운 공기는 전체 공기 중에서 플로지스톤이 빠져나가고 남은 부분이 될 것이고, 이에 따라 프리스틀리는 새로운 공기를 '플로지스톤이 없는 공기'라고 불렀습니다.

라부아지에는 플로지스톤이 없는 공기가 자신이 찾던 새로운 기체라는 것을 알게 되었습니다. 그는 이것을 실험을 통해 증명하였습니다. 이후 라부아지에는 그 기체가 비금속 물질과 반응해서 산을 만든다는 것을 확인할 수 있었습니다. 그는 1777년에 쓴 논문에서 '산을 만드는 원리'라는 뜻을 가진 산소라는 용어를 사용하였습니다. 라부아지에는 연소와 하소는 물질이 플로지스톤을 내놓은 과정이 아닌 산소와 결합하는 현상이라는 것을 밝혀냈던 것입니다. 라부아지에와 프리스틀리는 같은 실험을 전혀 다른 방식으로 해석했던 것입니다.

라부아지에는 연소와 하소외에도 다른 많은 주제에 대해 관심을 가지고 있었습니다. 그는 열에 따른 물질의 팽창 정도를 측정할 수 있는 기구를 고안하였습니다. 또한 얼음 열량계를 개선하기 하였습니다. 라부아지에는 1783년 〈열에 관한 보고〉라는 논문에서 물질이 고체, 액체, 기체의 세 가지 상태를 가지며 물질의 상태는 물질 입자들의 상호작용에 영향을 미치는 열의 양에 따라 결정된다고 주장하였습니다. 온도와 압력을 조절하면 기체와 액체 그리고 고체를 만들 수 있다고 하였습니다.

라부아지에는 생명체에서 일어나는 화학에 관해서도 관심이 있었습니다. 1775년 그는 밀폐된 공간에서 산소가 많이 포함되어 있을수록 동물이 더 오래 살아남으며 호흡 과정에서 산소가 흡수되고 이산화탄소가 방출된다는 것을 알아냈습니다. 이어 라부아지에는 1783년 생명체 내에서 발생하는 열에 대해 말하면서 생명체가 들이마신 산소가 느린 연소반응을 일으킨다고 주장하였습니다. 그는 이러한 반응이 폐에서 일어나고 발생된 열이 혈액을 통해 몸 전체로 공급된다고 생각하였습니다. 이는 물질대사를 통해 생명체가 항상성을 유지할 수 있다는 그의 인식은 오늘날의 입장에서 보아도 타당한 것입니다.

라부아지에는 1783년 가연성 공기, 즉 수소를 연소시키면 물이 생성된다는 것에 대한 실험을 하였습니다. 같은 시기에 프리스틀리는 왕립학회에서 플로지스톤의 정체가 바로 가연성 공기라고 주장하였습니다. 그는 산화납을 가연성 공기와 함께 가열하는 실험을 했는데, 산화납이 납으로 환원되면서 가연성 공기가 사라졌다고 생각했습니다. 이를 바탕으로 그는 가연성 공기가 플로지스톤이라 생각했던 것입니다.

1784년에 캐번디시는 물의 정량적 조성에 대해 논의하면서 물의 분해와 합성에 대한 실험을 하였습니다. 하지만 그는 여전히 물을 원소로 간주했으며 물의 조성에 대한 그의 설명 또한 플로지스톤 이론에 입각한 것이었습니다. 라부아지에는 1785년 물의 조성에 관한 실험을 수행하였습니다. 그는 고열을 이용하여 물을 수소와 산소로 분리했으며, 수소와 산소 기체를 이용하여 물을 합성하였습니다. 이 실험을 통해 라부아지에는 물이 원소가 아니라 산소와 수소의 화합물이라는 점을 확실히 밝혔습니다.

또한, 라부아지에는 화학이 행해지던 방법과 체계를 세우는데 크게 기여하였습니다. 특히 그는 화학을 정량적으로 연구하기 시작하였습니다. 그의 연소이론도 화학반응의 결과로 생겨나는 기체의 무게까지 고려한 정량적 방법 때문에 가능했습니다. 라부아지에는 이러한 생각을 일반화하여 1774년에 질량보존법칙이라고 알려진 물질보존의 법칙을 주장하였습니다. 이 법칙은 화학반응에 참여하는 물질의 질량의 합은 생성된 물질의 질량의 합과 같다는 것입니다.

라부아지에는 화학에서의 새로운 명명법도 고안하였습니다. 이전의 명명법에서는 화합물의 성질, 출처, 용도 등과 같은 다양한 요소들이 특별한 기준 없이 사용되었지만 라부아지에는 화합물의 이름이 그것의 구성 성분을 나타낼 수 있도록 하였습니다. 이로 인해 고정된 공기는 이산화탄소로 초석의 공기는 산화질소로 홈베르크의 지정시키는 염은 붕산으로 바뀌게 됩니다. 화합물을 기호로 나타낸 후 화학반응을 방정식으로 표현하기 시작한 사람도 라부아지에였습니다. 1787년 그는 모르보, 베르톨레, 푸르크루아와 함께 〈화학명명법〉이라는 책을 발간하였습니다. 이 책으로 인해 라부아지에의 화학 명명법은 빠른 속도로 수용되기 시작하였습니다.

또한 라부아지에는 새로운 화학을 확산하고 정착시키기 위하여 많은 노력을 하였습니다. 그는 '연금술'이라는 용어를 버리고 '화학'이라는 용어를 내세워 자신의 주장을 전개하였습니다. 새로운 화학의 정학을 위해 필요한 교과서를 쓰기도 하였고, 학술지를 만들기도 하였습니다.다. 1789년에 출간된 〈화학 요론〉은 모든 물질을 원소와 화합물로 체계적으로 정리하면서 다양한 실험기구와 조작법도 소개하였습니다. 또한 〈화학 연보〉라는 학술지를 창간하였습니다. 이는 화학의 역사에서 최초로 발행된 전문학술지입니다. 아쉬운 점은 〈화학요론〉이라는 책에서 33개의 화학적 원소들에 대해 보고했지만, 원소를 가리키는 용어는 그때까지도 '원리(principles)'였습니다. 사실상 라부아지에는 오늘날의 원자나 분자의 개념은 없었습니다. 그는 빛과 열도 원소의 목록에 포함시켰습니다. 그는 모든 산이 산소를 함유하는 것이라 주장하였습니다. 하지만 1810년 영국의 데이비는 염산이 염소와 수소로 구성되어 있다는 것을 알아냈습니다.

라부아지에가 왕성적으로 연구 활동을 하던 시기는 프랑스의 정치가 불안했던 시기였습니다. 1789년 프랑스 혁명이 발발합니다. 바스티유 감옥이 함락되었고 혁명 세력은 예전의 체제를 무너뜨렸습니다. 그런 가운데에서 온건파와 급진파가 대립하였습니다. 1793년 로베스피에르가 이끄는 급진 세력인 자코뱅 당이 집권하고 이어 공포정치가 시작됩니다.

라부아지에는 예전에 세금관리원으로 일을 했기 때문에 계속해서 비판을 받았습니다. 라부아지에를 비난했던 사람은 프랑스 혁명의 주동자 중의 한 명인 장 마라였습니다. 예전에 그는 프랑스 과학아카데미의 회원이 되고 싶었지만, 라부아지에의 반대로 무산되었던 경험이 있었습니다. 1793년 프랑스 아카데미가 구체제의 상징으로 간주되어 폐쇄됩니다. 그리고 얼마 후 라부아지에의 집과 실험실이 수색됩니다. 그의 편지와 원고들을 혁명파의 공안위원회에서 검열을 합니다. 라부아지에는 이에 항의하면서 자신은 프랑스에 어떠한 해악도 가한 적이 없다고 주장합니다. 하지만 그해 11월 라부아지에는 체포되어 감옥에 수감됩니다. 과거에 세금 징수원으로서 국민을 괴롭혔다는 것이 이유였습니다.

라부아지에의 체포는 프랑스 과학계에 있어서 커다란 충격이었습니다. 1794년 5월, 혁명 정부는 전직 세금 징수원에 대한 처분안을 혁명 법원으로 넘겼습니다. 이에 따라 혁명 법원은 라부아지에에게 사형을 선고합니다. 이로 인해 라부아지에는 1794년 5월 2일 지금의 콩코르드 광장에서 단두대의 이슬로 사라집니다. 당시 라부아지에의 과학적 업적과 국가적 공헌이 거론되기도 했지만, 혁명 법원은 공화국에는 과학자가 필요하지 않다며 처형을 선고했던 것입니다. 그때 당시 라부아지에의 조수로 활동했던 듀퐁은 이 일로 인해 미국으로 망명하였고 세계적으로 유명한 듀퐁사를 설립합니다.

라부아지에는 화학의 내용, 방법 등 모든 면에 걸쳐 화학을 근대화한 사람이었습니다. 그의 과학적 탐구는 인류에게 본격적인 화학의 시작을 알리는 계기가 되었습니다.

# 11. 토마스 영(1773~1829)

우주의 시작과 더불어 빛이 있었습니다. 지금도 우주 전체에는 빛이 존재합니다. 우리 주위에도 빛이 가득합니다. 빛이란 무엇일까요? 인류가 오래전부터 빛에 대해 많이 연구했지만, 그 답을 제대로 제시하지는 못했습니다. 근대과학이 시작된 이후에도 빛의 본성을 명확하게 설명하는 것은 결코 쉽지 않았습니다. 17~18세기에는 빛의 입자설이 지배적이었고, 19세기에는 파동설이 본격적으로 부상하였고, 이후 빛의 본질이 파동이라는 이론이 대세를 이룹니다. 빛의 파동설을 정립하는 데 있어서 가장 중요한 역할을 한 인물은 바로 토마스 영(Thomas Young)입니다.

토마스 영은 1773년 영국의 남서부 지역인 밀버턴에서 태어났습니다. 그는 10명의 자녀 중 장남이었습니다. 그의 집안은 은행과 직물을 가업으로 삼고 있었고 독실한 퀘이커 교도였습니다. 영은 퀘이커 교인답게 정직하고 예의 바른 성품을 가지고 있었습니다. 하지만 차갑게 보일 정도로 말이 없었다고 전해집니다. 학문적인 논의를 할 때도 중간 과정은 생략한 채 핵심적인 요점만 말했다고 합니다. 이러한 점은 다른 사람들이 그의 의견을 받아들이는 데 있어서 장애물로 작용하기도 했습니다.

영은 어릴 때부터 신동 소리를 들었다고 합니다. 2살 때 글쓰기를 배웠고, 6살에는 성경을 처음부터 끝까지 읽었다고 합니다. 그는 과학자로서도 성공했지만, 언어에 대한 능력도 탁월했다고 전해집니다. 14살 때 10여 개의 언어에 숙달했다고 합니다. 그리스어, 라틴어, 프랑스어, 이탈리아어, 히브리어, 독일어, 아라비아어, 페르시아어, 터키어 등에 능했다고 합니다.

영은 1792년부터 1794년까지는 런던과 에든버러에서 의학을 공부하였습니다. 의학을 공부하게 된 것은 의사였던 그의 작은 할아버지의 영향이라고 전해집니다. 그는 1795년에서 1796년까지는 독일의 괴팅겐 대학에서, 그리고 1797년부터 1799년까지는 케임브리지 대학에서 의학과 자연과학, 수학, 언어학을 공부하였습니다.

영은 20대 초반부터 영국 학계에서 유명 인사로 부상합니다. 그는 1793년에 수정체의 변형에 따라 단거리, 중거리, 장거리의 시야가 생기고 눈이 그러한 변형에 저절로 적응한다는 것을 보였습니다. 이 연구로 인해 영은 1794년 21살의 나이로 영국 왕립학회의 회원이 되었습니다. 또한 그의 나이 22살에는 세계 각국의 언어에 대한 분석을 기반으로 16개의 모음과 자음으로 구성된 기호체계를 제안하기도 하였습니다.

영에게 가장 많은 영향을 준 그의 작은 할아버지는 1797년 세상을 떠납니다. 영은 작은 할아버지로부터 런던에 있는 저택과 많은 돈을 유산으로 받았습니다. 이로 인해 영은 재정적으로 독립할 수 있었습니다. 영은 작은 할아버지의 유산으로 런던에서 병원을 개업하였습니다. 영은 의사 일과 과학적 탐구를 병행하였습니다. 하지만 그는 의사로서는 커다란 성공을 거두지는 못했습니다. 너무 솔직하고 말이 없어 환자를 다루는 데는 부족했던 것으로 보입니다.

당시에 영은 여러 분야의 의학을 공부하면서 인간의 목소리와 시각에 관심을 기울였습니다. 그러한 과정에서 영은 소리와 빛이 근본적으로 비슷한 것이 아닌지 의문을 가졌습니다. 그는 소리와 마찬가지로 빛도 파동으로 구성되는 것이라는 생각을 하였습니다. 그런데 그것은 기존의 이론에 반대되는 생각이었습니다. 당시 사람들은 뉴턴의 의견을 따라 빛이 조그만 입자로 구성되어 있다고 생각했습니다.

빛이 파동의 성격을 가지고 있다는 것은 1660년대부터 여러 과학자들이 지적하였습니다. 이탈리아의 그리말디는 빛이 벽에 난 좁은 틈을 지나면 환한 띠 모양이 나타나고, 그 가장자리가 약간 뭉개져 보인다고 발표하였습니다. 빛이 슬릿 모서리를 지나면서 회절하거나 구부러진다는 것이 그 증거였습니다. 로버트 훅은 빛이 입자가 아닌 파동으로 이루어졌다고 생각하면 굴절 현상을 더욱 쉽게 설명할 수 있다고 주장하였습니다.

17세기에 나타난 빛의 파동설은 네덜란드의 과학자 호이겐스에 의해 체계화되었습니다. 그는 "호이겐스의 원리"를 통하여 파동이 전해지는 방법에 대하여 설명하였습니다. 호이겐스 원리란 파동이 진행할 때 어느 순간의 파면이 주어지면 다음 순간의 파면은 주어진 파면 상의 각 점이 각각 독립한 파원이 되어 발생하는 2차적인 구면파에 공통으로 접하는 면이 된다는 원리입니다. 호이겐스는 빛이 교차할 때 서로 방해를 받지 않고 투과한다는 이유로 빛의 파동설을 주장하였습니다. 만약 빛이 입자라면 충돌로 인해 반드시 빛이 흐트러질 것이기 때문입니다. 그의 〈광학론〉은 1687년에 완성된 후 1690년에 출판되었습니다. 호이겐스는 빛의 파동을 전달하는 매질로 우주 전체에 정지해 있는 에테르라는 물질이 있다고 주장하였습니다.

사실 빛의 회절이나 굴절을 입자설로 설명하기는 어려웠습니다. 당시의 과학자들은 그러한 현상들이 사소한 것에 불과하다고 하면서 그냥 넘어가려고 하였습니다. 그것들이 서로 연관된 것인지, 연관되었다면 어떻게 설명할 수 있는지 알 수 없었습니다. 게다가 뉴턴은 파동설에 대항하는 반대 입장을 설득력 있게 펼쳤습니다. 그는 수많은 관찰 결과들이 파동설과 모순된다고 말하면서 회절이나 굴절과 같은 이상 현상에 대해서는 다른 설명 방식이 존재할 수 있을 것으로 생각하였습니다.

영은 1800년에 "소리와 빛에 관한 실험과 탐구의 개요"라는 논문을 발표하였습니다. 그는 이 논문에서 "간섭"이라는 개념을 처음으로 설명하였습니다. 이는 두 파동이 교차할 때 나타나는 결과는 파동들의 개별적인 운동 효과를 결합한 것과 같다는 것이었습니다. 영은 간섭이 파동 운동의 기본적인 속성임을 알 수 있었고, 파동이 교차하는 곳에서는 항상 간섭이 나타난다고 생각했습니다. 그러나 영은 자신이 간섭을 최초로 발견한 사람이라고 내세우지는 않았습니다. 그는 겸손하게 자신은 다른 과학자들의 일을 다소 쉽게 수정한 것뿐이라고 말했습니다.

1801년 영은 의사 일을 그만두고 왕립 연구소의 교수진에 합류하였습니다. 1799년에 세워진 왕립 연구소는 과학을 실용적인 용도로 일상에 넓게 적용하자는 취지로 설립되었습니다. 영은 회원들을 대상으로 자연철학에 대한 강의를 담당하였습니다. 하지만 그의 강의는 그리 성공하지 못했다고 합니다. 너무나 어려운 내용을 함축적으로 하였고, 게다가 주제도 엄청나게 넓었기 때문이었습니다.

같은 해 영은 간섭이라는 개념을 통해 그동안 혼란스럽게 생각되어 왔던 많은 현상들을 적절하게 설명할 수 있었습니다. 그는 간섭을 물과 빛에 적용하면서 보강간섭과 상쇄간섭을 설명하였습니다. 예를 들어 호수 표면에 일정한 높이의 물결파가 계속적으로 일어나고 있다고 가정해 봅니다. 속도도 일정한 물결은 좁은 통로를 통해 호수를 빠져나갑니다. 비슷한 원인에 의해 또 하나의 일정한 물결파가 발생하여 첫 번째 물결파와 같은 속도로 진행한 뒤 바로 그 통로를 통해 동시에 도달한다고 생각해 봅니다. 두 연속 파동은 서로를 파괴하지는 않을 것이고, 둘의 효과가 중첩되어 나타날 것입니다. 만약 양쪽 모두 파동의 마루인 상태일 때 통로에서 만난다면 그로 인해 더 높은 물 높이를 보일 것입니다. 반대로 한쪽은 마루인데 다른 한쪽은 골인 상태일 때 만난다면 정확히 그만큼이 메워져 버려서 수면의 높이는 높낮이 없이 유지될 것입니다. 이것을 빛에 대해서 적용해도 같은 효과가 나타날 것입니다.

영은 간섭이론은 특히 '뉴턴 링'을 설명할 수 있었습니다. 뉴턴 링이란 볼록렌즈를 유리판에 밀착시켰을 때 일련의 동심원이 띠로 형성되는 현상인데, 영은 띠 중에서 어두운 부분을 상쇄간섭이 일어난 영역으로 해석하였습니다. 1803년에 영은 〈물리광학에 대한 실험과 계산〉이라는 논문을 왕립학회에 제출합니다. 이 논문에서 그는 빛의 간섭 법칙을 증명할 확실한 현상을 발견합니다. 그는 바늘로 작은 구멍을 낸 두꺼운 종이로 창을 가린 다음 구멍을 통해 빛이 한줄기 새어들어 반대편 벽에 떨어지게 했습니다. 그 뒤에 폭이 1/13인치 정도인 얇은 조각을 빛살 가운데 끼워 넣었더니 종이 때문에 생긴 작은 그림자 양 끝에 무지갯빛 줄무늬가 생겼을 뿐만 아니라 그림자 내부에도 흑백 띠가 교차된 줄무늬가 나타났습니다. 영은 이러한 줄무늬가 전형적인 간섭 모양을 보여준다고 하였습니다.

영은 빛의 간섭 현상에 관한 직접 실험을 수행하였습니다. 매우 작은 구멍 또는 슬릿이 두 개 있는 스크린에 단색광을 비춥니다. 그러면 두 슬릿은 빛이 발산하는 중심점으로 작용합니다. 빛은 그로부터 온 방향으로 회절되어 나갑니다. 이 경우에 가까이 형성된 두 빛줄기가 퍼져가는 중간에 그것을 막는 벽을 세운다면, 빛은 거의 일정한 간격마다 어두운 띠가 늘어선 줄무늬로 갈라집니다. 벽을 구멍에서 먼 곳으로 세울수록 띠의 간격은 넓어지는데, 그때도 구멍으로부터 온 방향으로 거의 일정한 각도를 이루는 것은 변함이 없습니다. 또 구멍끼리의 거리를 가깝게 할수록 띠 사이의 간격은 마찬가지 비율로 넓어집니다. 이것이 바로 영의 이중슬릿 실험입니다.

영의 실험은 빛의 파동설을 설득력 있게 제시한 것으로 평가되었습니다. 하지만 당시 영의 실험은 빛의 입자설에 대한 파동설의 승리를 가져오지는 못했습니다. 그 이유는 영의 태도에서 찾을 수 있을 것입니다. 영은 빛의 파동설이나 간섭의 개념에 대해 발견의 권리를 주장하지 않았습니다. 그는 오히려 뉴턴이야말로 내가 열심히 주장하는 이론을 처음으로 제안한 사람이라고 말하기도 하였습니다. 이러한 영의 태도는 그의 창의성과 독창성을 가로막는 장애물이 되었습니다.

또 다른 이유는 뉴턴 주의자들의 반박에 있을 것입니다. 그들은 뉴턴이 틀릴 수 있다는 것을 받아들이지 않았습니다. 두 줄기의 빛을 서로 합치면 어두워질 수 있다는 영의 생각을 비웃었습니다. 또한 영은 자신의 업적을 적절히 알리지 못한 탓에 빛의 파동설은 아주 느리게 전파되었습니다. 빛의 파동설은 영의 실험이 끝난 후 15년이 지나 다시 시연되었습니다. 그 해 프랑스 과학 아카데미는 빛의 회절을 설명하는 이론에 대한 현상 공모를 실시합니다. 과학 아카데미는 입자설로 회절 현상이 설명되기를 바라고 있었지만, 뜻밖에도 파동설을 들고나온 프레넬이 수상자로 선정되었습니다. 그는 '프레넬 겹프리즘'이라는 납작한 두 개의 거울을 사용하여 훌륭한 간섭무늬를 얻을 수 있었고, 빛의 파동설을 바탕으로 그 현상을 명확하게 설명할 수 있었습니다.

1805년 푸코에 의해 수행된 실험은 빛의 파동설을 더욱 유리하게 해주었습니다. 당시 아라고라는 과학자는 공기 중의 광속과 수중의 광속을 비교하여 공기 중의 광속이 크면 파동설이, 수중의 광속이 크면 입자설이 옳다고 주장하였습니다. 이에 푸코와 피조는 광속을 측정하여 빛의 정체를 밝히려고 노력하였습니다. 그들은 처음에 회전하는 거울을 이용하여 광속을 측정하는 장치를 만들었습니다. 1847년 피조는 독립적으로 회전 기어를 이용한 새로운 측정 방법을 개발하여 1849년 광속이 1초에 313,000km라는 결과를 얻었습니다. 푸코는 회전 거울을 이용한 방법으로 1850년 공기 중의 광속이 수중의 광속보다 크다는 것을 보여주었습니다. 이후에 푸코는 자신의 장치를 계속적으로 개량하여 1862년에 빛이 초당 298,500km로 움직인다고 측정하였습니다. 이는 오늘날 측정값인 299,792km와 1퍼센트의 오차 정도밖에 되지 않습니다.

빛의 파동설은 맥스웰의 전자기학에 의해 점점 확실한 토대를 마련하게 됩니다. 맥스웰은 1862년에 전기와 자기 사이의 상호작용으로 파장이 발생되고 전달되는 것을 알아내었습니다. 그는 진공에서 전자기파의 속도를 계산한 결과 빛의 속도와 일치하는 것을 확인하였습니다. 이를 통해 맥스웰은 빛이 전자기파의 한 형태라는 결론을 내렸습니다. 그의 전자기학은 1864년에 맥스웰방정식을 통해 집대성되었습니다. 1888년 독일의 하인리히 헤르츠는 전기 스파크를 이용하여 전자기파를 실험적으로 발견하여 맥스웰의 이론을 증명하였습니다.

영은 왕립 연구소에서 일한 뒤 왕립학회의 외무 간사를 맡았고 죽을 때까지 그 자리를 지켰습니다. 영은 1807년 자신이 왕립 연구소에서 강연한 내용을 바탕으로 한 〈자연철학과 기계적 기술에 대한 강의〉라는 책을 발간하였습니다. 이 책에서 그는 기존의 살아있는 힘 대신에 에너지라는 새로운 개념을 제시하였습니다.

또한 그는 다른 여러 분야에서도 활동을 하였습니다. 예를 들어 〈브리태니커 백과사전〉의 편찬에도 참여하여 다양한 주제를 맡아 썼습니다. 또한 그는 정지된 두 유체 경계면에서 일어나는 모세관 압력의 차이를 설명하는 '영-라플라스 방정식'도 찾아냈고, 고체 표면에 떨어지는 액체 방울의 접촉각도와 경계면 사이의 자유에너지를 표현한 공식인 '영-듀프레 공식'도 만들었습니다. 또한 물체에서 일어나는 변형과 압력 사이의 관계를 나타내는 '영의 계수'를 알아냈습니다.

영은 로제타석에 새겨진 문자에 대한 해독도 하였습니다. 로제타석은 이집트에 대한 연구를 촉발한 유물로 현재 대영박물관에 전시되어 있습니다. 이 돌은 1799년 나폴레옹이 이집트를 정복할 때 발견된 것으로 최상단에는 이집트 상형문자, 중간에는 이집트 민간문자, 마지막에는 그리스어가 새겨져 있습니다. 여러 사람들이 로제타석을 연구했지만 별다른 성과가 없었습니다. 1814년 영은 민간문자로 된 문구를 현대적인 용어로 번역함으로써 로제타석의 비밀이 풀리기 시작하였습니다. 이러한 영의 작업을 계승한 프랑스 언어학자 샹플리옹은 로제타석을 완전히 해독합니다.

영은 또한 영국 사회의 현안을 다루는 각종 위원회에서도 활동하였습니다. 1814년에는 런던의 가스 도입으로 발생하는 위험성을 조사하는 위원으로 일하기도 했고, 1816년에는 길이의 단위를 정하는 위원회에 참여하여 영국식 길이 단위인 1인치를 정하는 데도 참여하였습니다.

이처럼 영은 많은 분야에서 매우 활동적인 삶을 살다가 1829년 56세의 나이로 세상을 떠납니다. 그는 많은 활동을 하였지만, 무엇보다도 중요한 것은 그의 빛에 대한 간섭 실험이 뉴턴의 입자설을 누르고 파동설이 지배적으로 되는 데 있어 결정적 역할을 한 것이라 할 것입니다.

# 12. 제임스 와트(1736~1819)

산업혁명이라는 용어는 19세기 후반 역사학자 아놀드 토인비의 "18세기 영국 산업혁명 강의"가 출간되면서 널리 사용되기 시작하였습니다. 산업혁명은 18세기 중엽부터 19세기 중엽까지 약 100년간 영국을 중심으로 발생했던 기술적, 경제적, 사회적 변화를 말하는 용어입니다. 기술적으로는 도구에서 기계로의 전환이 이루어졌고, 조직적으로는 기존의 가내 수공업제를 대신하여 공장제가 정착되었습니다. 경제적으로는 국내 시장과 해외 식민지를 바탕으로 광범위한 자본축적이 이루어졌으며, 사회적으로는 산업자본가와 임금

노동자를 중심으로 한 계급사회가 형성되었습니다. 산업혁명을 통하여 자본주의의 발전에 필요한 물적 토대를 구축하게 되었으며 농업 사회에서 공업 사회로 변화되기 시작하였습니다.

증기기관은 산업혁명의 상징이라고 할 수 있을 것입니다. 우리는 흔히 제임스 와트(J. Watt)가 증기기관을 처음 발명한 것으로 알고 있지만, 와트 이전에도 증기기관은 있었습니다. 와트의 중요한 역할은 기존의 증기기관을 획기적으로 개선하고 그 용도를 확대한 데 있습니다.

와트는 1736년 영국 스코틀랜드의 그리녹에서 태어났습니다. 그의 아버지는 선박에서부터 가구에 이르기까지 무엇이든 잘 만드는 목수이자 기술자였습니다. 할아버지는 수학교사였고, 삼촌은 측량기사였다고 합니다. 이러한 집안 환경 속에서 와트는 어릴 때부터 과학과 기술에 대해 관심이 많았습니다.

와트는 어린 시절 편두통이 심해 학교에 다니기가 곤란했다고 합니다. 따라서 그는 학교에 가는 대신 집에서 부모로부터 교육을 받았습니다. 어머니는 그에게 책읽기와 글쓰기를 가르쳤고, 아버지는 산수를 가르쳤다고 합니다. 한번은 아버지가 목공 세트를 사주었는데 그는 작은 톱과 여러 공구로 자신의 장남감을 분해하고 다시 조립하는 재능을 보이기도 했습니다.

와트는 나이가 들면서 편두통이 치료되었고 11살 때 그리녹 문법학교에 입학합니다. 그는 손재주가 특별나고 수학에 뛰어난 학생이었다고 전해집니다. 하지만 와트는 학교보다도 그의 아버지의 작업장을 더 좋아했다고 합니다. 그는 아버지의 작업장에 자신의 공구와 작업대를 갖추고 각종 기구와 모형을 제작하는 일에 몰두했습니다.

그는 17살이 되던 해 도구 제작가가 되기로 결심하고 외가가 있는 글래스고로 갔습니다. 거기서 그는 글래스고 대학의 자연철학 교수이자 의사인 로버트 딕을 만납니다. 딕은 와트에게 과학기구를 빌려주기도 하고 임시 직장을 마련해 주기도 하였습니다. 1755년 와트는 런던으로 갑니다. 그는 시계 길드에서 도제 훈련을 받고 싶었습니다. 와트는 우여곡절 끝에 존 모건이라는 길드 조합원의 제자가 될 수 있었습니다. 와트는 놋쇠를 이용하여 컴퍼스와 사분의를 만드는 일을 익혔습니다. 그는 최선을 다해 일했고, 1년 만에 장인과 대등한 실력을 갖추게 됩니다. 당시 도제 훈련기간은 보통 7년인데 와트는 이것을 1년 만에 끝냈으니 그의 재능과 성실함을 알 수 있을 것입니다.

와트는 20살이 되던 해인 1756년 다시 글래스고로 갑니다. 그러나 그는 글래스고에서 정착하는 데 어려움이 있었습니다. 당시 글래스고의 길드는 7년 이상의 도제 기간을 거쳐야 한다는 규정이 있었고, 다른 지역의 출신들을 배척하고 있었습니다. 이때 자메이카에서 활동하던 무역상이자 수학자인 알렉산더 맥팔레인이 자신의 소장품을 글래스고 대학에 기증합니다. 그리고 와트는 딕 교수의 도움으로 맥팔레인의 소장품을 수리하는 일을 맡을 수 있었습니다. 와트가 도구를 다루는 데 상당한 실력을 보이자 대학 당국은 학내에 도구제작 상점을 차릴 수 있도록 허락합니다. 와트는 글래스고 대학에서 도구 제작자로 일하면서 많은 과학자들과 교류할 수 있었습니다. 특히 수학을 전공한 존 로빈슨과 화학 교수였던 조셉 블랙번과 친하게 지냈습니다.

와트가 새로운 증기기관을 발명하게 된 계기는 존 앤더슨 덕분이었습니다. 앤더슨은 딕의 후임으로 자연철학 교수가 된 사람으로 와트에게 호감을 가지고 있었습니다. 당시에 앤더슨은 자연철학 수업에서 뉴커먼 기관의 모형을 사용하여 증기기관의 작동원리를 설명하곤 했습니다. 그런데 그 모형이 망가지면서 와트에게 그것을 고쳐달라고 부탁하였던 것입니다.

뉴커먼 기관은 1712년 영국의 뉴커먼이 개발한 증기기관입니다. 뉴커먼은 군사 기술자인 세이버리가 1693년 발명한 양수 펌프를 개선하여 실용화시켰습니다. 뉴커먼 기관은 보일러 위에 증기로 가득 채우는 실린더를 두었으며, 실린더에 부착된 피스톤에 저울과 같은 막대의 한쪽 끝을 연결시키고 있었습니다. 뉴커먼 기관은 탄광용 펌프로 널리 사용되었는데 실린더 내에 증기를 가득 채웠다가 수축시켜 피스톤을 상하로 운동시키고 그 운동을 펌프에 전달하여 물을 끌어 올렸습니다. 뉴커먼 기관의 경우에는 지한 100피트의 깊이에서 2.5톤의 물을 끌어올리는 데 약 28kg의 석탄이 필요했다고 합니다.

와트는 뉴커먼 기관을 분석하면서 그것이 증기를 크게 낭비하고 있다는 사실을 알아냈습니다. 이어 와트는 뉴커먼 기관의 구체적인 결함이 무엇인가를 밝혀 내는데 집중하였습니다. 뉴커먼 기관은 증기의 동력을 사용한 후 냉각시킬 때 실린더 속에 냉수를 넣는 방법을 사용하고 있었습니다. 이때 냉수는 증기를 냉각시키는 동시에 실린더도 냉각시키게 되며 이에 따라 다시 실린더를 가열하려면 그만큼 많은 석탄이 사용되었습니다. 와트는 만일 실린더를 냉각시키지 않아도 된다면 실린더의 열을 그대로 보존하면서 다음 작업을 수행할 수 있게 되고 따라서 석탄 사용량이 크게 줄어들게 될 것으로 생각하였습니다.

와트의 이러한 생각은 분리 응축기를 고안할 수 있게 되었습니다. 예전같이 수증기를 실린더 안에서 직접 냉각시키는 것이 아니라 실린더로부터 분리된 응축기를 별도로 만들어서 실린더 안의 수증기를 관을 통해 뽑아낸 후 실린더 바깥쪽에서 냉각시키는 것이었습니다. 와트는 분리 응축기를 사용하면 증기기관의 효율이 이전보다 2~4배 향상될 수 있을 것이라고 생각하였습니다. 그는 1765년부터 분리응축기가 설치된 증기기관의 모형을 설계하고 개선하는 작업을 계속해서 추진하였습니다. 그리고 1769년 1월 와트는 "화력 기관에서 증기와 연료의 소모를 줄이는 새롭게 고안된 방법"으로 특허를 얻었습니다.

또한, 와트는 분리 응축기를 발명한 것에 그치지 않고 증기기관의 성능을 더욱 향상시키는 작업을 추진하였습니다. 그는 보일러를 잘 만들면 증기의 힘을 크게 할 수 있다는 것을 생각하였습니다. 만일, 강력한 보일러에서 나오는 증기력을 이용한다면 광산의 양수 펌프뿐만 아니라 수많은 기계를 움직일 수도 있을 것으로 생각했습니다. 그러한 증기기관을 만들기 위해서는 막대한 자금과 기계 제작 기술이 필요했습니다. 하지만 그에게는 충분한 재정이 없었고, 실린더 내면을 가공할 수 있는 기술도 개발되지 않았던 상태였습니다. 이로 인해 증기 기관을 개량하는 작업은 늦추어질 수밖에 없었습니다. 와트는 1766년부터 8년 동안 스코틀랜드에 건설되는 운하의 경로를 작성하는 일을 했습니다.

그러던 중 와트에게 좋은 기회가 찾아옵니다. 와트는 1768년부터 제임스 로벅과 동업자 관계를 유지하고 있었습니다. 그런데 로벅이 1772년에 도산하면서 와트의 특허권은 당시 유명한 기술자이자 사업가인 매튜 볼턴에게로 넘어갑니다. 증기기관의 상업적 가치를 알게 된 볼턴은 1774년 와트에게 증기기관을 완성할 기회를 제공합니다. 당시 볼턴은 버밍업 북부에서 금속세공품과 도자기를 생산하는 공장을 운영하고 있었습니다. 볼턴은 와트에게 자금을 제공하는 것은 물론 어려운 일이 있을 때마다 와트를 격려하고 해결책도 제안하곤 하였습니다. 아마 와트가 볼턴을 만나지 못했다면 그의 재능을 살리지 못했을 것입니다.

볼턴은 새로운 기술을 받아들이고 개선하는 것을 좋아하는 사람이었습니다. 그의 저택도 당시의 기술로는 가장 진보된 것이었습니다. 그의 집에 설치된 중앙난방장치는 집안 구석구석까지 뜨거운 공기를 보낼 수 있는 당시로서는 획기적인 시설이었습니다.

와트는 볼턴의 제안을 받고 버밍엄으로 이사하여 바로 상업용 증기기관을 개발하는 데 몰입합니다. 마침 존 윌킨스가 내면굴착용 선반을 발명했는데 이 선반을 이용하면 완전한 원통형 실린더를 제작할 수 있었습니다. 1775년에는 '볼턴 앤 와트(Boulton & Watt)'라는 새로운 기업이 설립되어 증기기관에 대한 사업을 본격적으로 전개할 준비를 마칩니다. 윌킨스는 볼턴의 사업에 흔쾌히 합류하였고, 그 후 20년 동안 와트의 증기기관에 대해 필요한 실린더를 단독으로 공급합니다.

상업용 증기기관의 개발이 눈앞에 다가오자 영국 의회가 나서기 시작합니다. 당시 영국의 특허권은 14년 동안 유지될 수 있었기에 와트의 특허는 1783년에 만료될 예정이었습니다. 그런데 영국 의회가 와트의 증기기관에 대한 특허권을 1800년까지 연장해 주는 유래없는 조치를 취합니다. 영국은 국가적인 차원에서 증기기관이 아주 중요한 발견이라는 것을 인정하고 이를 적극적으로 지원하였던 것입니다.

드디어 1776년 3월 8일 와트가 개발한 새로운 증기기관이 블룸필드의 탄광에서 시운전되었습니다. 피스톤이 실린더 내부에서 움직이기 시작하자 탄갱의 지하수가 파이프를 통해 계속 지상으로 쏟아져 나왔습니다. 구경하던 많은 사람들이 일제히 탄성을 질렀고 우레와 같은 박수를 보냈습니다. 와트는 증기기관을 탄광용 펌프에만 국한시키지 않았습니다. 그는 제분소, 방직 공장, 제철소 등에도 널리 사용될 수 있도록 회전식 증기기관을 만들어 가기 시작했습니다. 이를 위해 왕복운동을 회전운동으로 바꿀 수 있는 장치가 필요했는데, 와트는 윌리암 머독의 도움으로 1781년 유성식 기어를 고안하여 이 문제를 해결합니다. 이것은 맞물린 한 쌍의 톱니바퀴 중에서 한쪽을 고정시키고 다른 쪽이 고정된 톱니바퀴를 도는 장치였습니다. 이 장치 덕분에 와트의 증기기관은 방직기와 같이 상하, 좌우, 회전 운동을 모두 필요로 하는 기계를 움직일 수 있었습니다.

와트는 1782년 실린더의 양 끝을 응축기와 보일러에 밸브 장치로 연결함으로써 피스톤의 상하운동을 모두 동력으로 활용할 수 있는 복동식 증기기관을 개발합니다. 피스톤의 하강운동뿐만 아니라 상승운동에서도 증기압을 이용할 수 있게 된 것입니다. 이후에도 와트는 보다 완벽한 증기기관을 만들기 위해 계속적인 노력을 기울입니다. 1789년에는 증기기관의 속도를 자동적으로 조절하는 원심조속기가 사용되었고, 1790년에는 성능이 아주 뛰어난 압력계를 개발하였습니다.

1790년을 전후로 와트의 증기기관은 본격적으로 생산되기 시작합니다. 와트의 새로운 증기기관은 용도에 제한을 받지 않는 동력원으로 엄청난 각광을 받았습니다. 1790년 에드문트 카트라이트는 역직기의 동력원으로 와트의 증기기관을 채택합니다. 또한 1804년 리차드 트레비식은 증기 기관차를 제작함으로써 증기기관이 교통수단에도 적용되기 시작하였습니다. 와트의 증기 기관을 통한 기술 혁신은 수도 없이 이어져 산업 혁명의 핵심 역할을 하게 됩니다.

와트의 관심사는 증기기관에 국한되지는 않았습니다. 그는 볼턴과 더불어 과학의 진보를 원하는 모임인 루나협회의 핵심 멤버였습니다. 당시 루나 협회의 회원으로는 당시 유명했던 화학자 프리스틀리와 영국의 토목공학의 아버지라 불리는 존 스미트, 찰스 다윈의 할아버지인 에라스무스 다윈, 영국의 도자기 산업을 일구어 낸 조시아 웨지우드, 그리고 당대 최고 천문학자였던 윌리엄 허셜도 있었습니다.

루나협회를 매개로 버밍엄 지역의 과학자, 제조업자, 의사, 법률가 등이 모여 과학과 기술을 비롯한 당대의 많은 문제를 보고하고 토론하였습니다. 이를 통해 루나 협회는 런던 중심의 귀족 사회와는 다른 독자적인 신흥 중간 계층의 문화를 형성하였습니다. 이와 더불어 루나협회와 같은 새로운 과학단체들은 오랫동안 개인적으로 활동해 왔던 과학자와 기술자의 인적 연결이 이루어질 수 있는 매개체로 작용하였습니다.

와트는 다양한 과학 실험을 하면서 루나협회에 발표하였습니다. 그가 다룬 주제는 화학 반응, 재료의 강도, 에너지 변환 등이었습니다. 특히 와트는 100파운드의 무게를 1분간에 100미터의 높이로 들어 올리는 데 사용되는 에너지의 크기를 1마력으로 정의하였습니다. 에너지 효율의 단위인 1마력은 아직도 사용되고 있습니다. 또한 와트는 염산으로 직물을 표백할 수 있다는 점도 알아냈습니다.

와트는 1785년 볼턴과 함께 영국 왕립학회의 회원으로 선출되었고, 1806년에는 글래스고 대학에서 명예 박사학위를 받습니다. 그는 나이가 들어서도 발명에 대한 자신의 꿈을 이어갑니다.

와트는 1819년 83세의 나이로 세상을 떠납니다. 영국 정부는 와트의 공적을 기리기 위해 웨스트 민스터 사원에 그의 기념비를 세웠습니다. 그 기념비에는 다음과 같은 문구나 있습니다. “독창적 천재성의 힘을 발휘하여 증기기관을 개선해 조국의 자산을 확장시키고 인간의 힘을 향상시켰으며, 가장 영광스러운 과학의 꽃들 가운데에서도 탁월한 위치에 올랐다. 그는 세상을 진정으로 이롭게 했다.”

와트의 사소했던 아이디어는 증기기관으로 완성되었고 이는 산업혁명의 상징이 되었습니다. 이후 산업혁명은 인류의 삶을 전 분야에서 대대적으로 바꾸어 놓는 엄청난 일을 감당하게 됩니다.

# 13. 에드워드 제너(1749~1823)

역사상 인류에게 가장 무서웠던 전염병 중의 하나는 바로 천연두였습니다. 천연두에 걸리면 대부분은 사망하였고 살아남는다 해도 얼굴에 짙은 흉터가 남아 평생 따라다녔습니다. 더군다나 천연두는 전염성이 너무 강해 한번 유행하면 그 지역의 수천 또는 수만 명의 목숨을 앗아가곤 했습니다.

인류의 이러한 질병의 공포로부터 해방시킨 사람이 바로 에드워드 제너입니다. 영국의 의사였던 그는 18세기 말 소의 천연두인 우두를 접종한다는 종두법을 발견하여 이 무서운 질병으로부터 수많은 사람들의 목숨을 구할 수 있었습니다.

제너는 1749년 영국의 버클리에서 태어나 어려서부터 동식물을 관찰하는 것을 좋아했습니다. 그는 13살에 루들로라는 의사 밑에서 수습 생활을 하며 의사의 꿈을 키웠습니다. 당시에는 의사가 되기 위해서는 경험이 풍부한 의사 밑에서 수습생활을 한 다음 의과대학에 진학하여 공부를 하는 것이 보통이었습니다.

제너가 수습 생활을 하는 도중 병원에 농장에서 소젖을 짜는 한 여자가 찾아왔는데 천연두 이야기가 나오자 그녀는 본인은 절대 천연두에 걸리지 않는다고 했습니다. 그 원인이 궁금해서 물어보니 자기 주위에서 우두에 걸렸던 사람은 천연두에 걸리지 않고 자신도 한번 우두에 걸린 적이 있어 천연두에 절대 걸리지 않을 것이라 이야기를 했습니다. 제너는 우두는 암소의 유방에 생기는 병으로 그 병에 걸린 소의 젖을 짜는 사람에게 우두가 옮겨지고 우두에 걸린 사람은 몸에 종기나 부스럼이 돋아났다가 시간이 지나면 다시 사라지는데 그러고 나면 그 사람은 평생 천연두에 걸리지 않는다는 놀라운 사실을 알게 됩니다. 당시 15살이었던 제너는 그 여인이 한 말을 항상 기억하고 있었습니다.

21살 때 제너는 런던에 있는 성 조지 병원으로 가서 본격적인 의학 공부를 하였습니다. 그의 선생은 당시의 유명한 의사로서 많은 수술 도구를 개발하고 있었던 존 헌터였는데, 그는 모든 생물학적 현상에 대해 끊임없이 연구하고 냉철하게 탐구하였으며 그러한 모습은 젊은 제너에게 많은 영향을 미쳤습니다. 특히 그는 헌터로부터 무엇보다도 실험을 하는 것이 중요하다는 것을 배웠습니다.

제너는 런던에서 의대를 졸업하고 1775년에 의사 자격을 얻고 고향으로 돌아왔습니다. 제너는 고향에서 병원을 개업하였습니다. 제너가 병원을 열자마자 제너는 유능하고 친절한 의사로 명성을 얻었습니다.

제너는 의사를 하면서 천연두에 대한 본격적인 연구를 하게 됩니다. 당시에 알려진 천연두 예방법은 인두법이었습니다. 고대로부터 아시아 지역에서는 천연두가 걸린 사람의 부스럼에서 나온 액체로 예방접종을 하는 방법이 간헐적으로 사용되었습니다. 인두법은 1717년 영국의 터키 주재 대사의 아내인 메리 몬터규에 의해 유럽으로 도입되었습니다. 그녀는 자신의 아들과 딸에게 인두 접종을 실시했습니다. 귀국 직후인 1721년에 영국에서 천연두가 유행하자 왕실에 접근하여 인두법을 적극적으로 권유합니다. 영국 정부는 우선 범죄자와 빈민을 대상으로 인두법을 실시합니다. 효과가 좋은 것으로 나타나자 왕손들에게도 인두를 접종하였습니다. 그러나 인두법은 몇 달 동안이나 사회로부터 격리되어 시술되어야 했고, 예방을 위해 실시한 인두 접종 때문에 천연두에 걸려 죽는 경우도 흔히 나타났습니다.

제너는 15살 때의 대화를 상기하면서 인근 농장을 찾아가 소젖을 짜는 사람들이 천연두에 걸리지 않는다는 사실을 다시 확인하였습니다. 그런 다음 가축의 가벼운 질병이 인간의 무서운 질병을 예방해 주는 효과가 있을 것이라는 가설을 세웠고 이를 입증하겠다는 마음을 먹습니다. 하지만 임상 실험을 자처하는 사람을 찾는 것은 아주 어려운 일이었습니다. 임상 실험에 참여하였다가 잘못하면 무서운 천연두에 걸릴 수도 있기 때문입니다. 제너는 실험의 안정성을 강조하면서 많은 사람들에게 실험에 응해 줄 것을 요청하지만 소용이 없었습니다. 그러던 중 제너의 정원사가 자신의 아들이 실험의 대상이 되는 것을 허락하였습니다. 그 아이의 이름은 제임스 핍스로 당시 8살이었습니다.

1796년 5월 4일 제너는 손가락을 가시에 찔린 뒤에 소젖을 짜다가 우두에 걸린 한 농부의 딸 사라의 손가락에 있는 우두의 부스럼에서 약간의 액을 채취하였습니다. 그리고 나서 깨끗한 침을 사용하여 핍스의 왼쪽 팔에 만든 두 개의 조그마한 상처로 옮겼습니다. 처음에 핍스는 미열 증상을 나타냈지만, 소젖 짜는 여자들의 경우와 마찬가지로 며칠 후에 회복었습니다. 그로부터 한 달이 지난 뒤인 7월 1일 제너는 약간의 천연두를 포함한 액을 취하여 핍스에게 주사하였습니다. 예상과 같이 핍스는 전혀 천연두 증세를 보이지 않았습니다. 핍스의 몸에는 천연두에 대한 면역이 생긴 것입니다. 이렇게 하여 제너의 임상실험은 성공을 거두게 되었습니다.

제너는 종두법에 대한 논문을 작성한 뒤 왕립학회에 보냈습니다. 하지만 왕립학회는 제너의 논문에 대해 부정적인 반응을 보입니다. 그들이 보기에는 동물의 질병을 이용하는 방법으로 천연두를 예방하는 것을 믿을 수 없었기 때문이었습니다. 게다가 그와 같이 대담한 가설이 단 1회의 실험으로 지지된다는 것을 믿기도 어려웠기 때문입니다.

이에 제너는 접종실험을 더욱 확대해 보기로 마음먹습니다. 그는 두 명의 소년에게 우두를 접종했습니다. 우두가 나타나자 제너는 천연두 액을 주입했고, 다시 다섯 명을 더 접종시켰습니다. 핍스의 경우처럼 접종 대상자들은 며칠 동안 부분적인 반응을 보였지만, 천연두의 증상은 나타나지 않았습니다. 그러나 그중 한 명이 회복되는 듯 했으나 곧바로 사망하고 맙니다. 그 한 명은 빈민 수용소에서 다른 전염성 열병이 있었던 것으로 전해지기도 합니다.

이런 사고에도 불구하고 제너는 포기하지 않았습니다. 그는 계속된 실험을 통해 23명을 대상으로 우두 접종을 하였고 종두법을 효과적으로 시행하기 위한 방법을 찾았습니다. 특히 제너는 우두의 특정한 형태만이 천연두를 방지할 수 있으며 유효한 형태의 우두도 특정한 시기에 접종하지 않으면 효과가 없다는 사실을 알아냈습니다.

그는 이러한 연구 결과를 바탕으로 1789년 〈바이올라 바키내의 원인과 효과에 대한 탐구〉라는 논문을 출간합니다. 바이올라 바키내는 소의 천연두를 의미하는 라틴어입니다. 바키내는 후에 백신이라는 용어로 바뀌게 됩니다. 그러나 우두를 통해 천연두를 예방할 수 있다는 제너의 주장에 대해 영국의 많은 의사들과 지식인들은 많은 의문점을 제기합니다. 예를 들어, 소가 앓는 우두와 사람이 앓는 천연두는 전혀 다른 병인데 제너가 바이올라 바키내란 용어를 쓴 것은 잘못이라는 의견, 제너가 종두를 접종하여 걸리게 되는 우두는 천연두와 다름없이 더럽고 혐오스러운 병이라는 의견, 인간의 피 속에 짐승의 균을 넣는 것은 구토가 날 만큼 불쾌한 일이며 정상적인 자연의 질서를 무너뜨리는 행위는 신의 섭리에 대항하는 불순한 것이라는 의견 등 다양하였습니다.

또한 제너의 종두법을 비아냥하는 만화도 그려졌습니다. 종두를 맞은 후 머리에 뿔이 생긴 사람, 머리는 사람이고 몸은 소인 생명체, 사람들이 암소를 예배하는 모습 등은 그런 대표적인 예였습니다. 심지어 한 아이가 우두를 맞고 나서 황소처럼 네 발로 기어갔다라는 유언비어 같은 것도 퍼졌습니다. 이러한 비난은 인간이 소와 비교될 수 없는 고등동물인데 인간의 질병을 짐승을 통해 치료하는 것에 대한 반론일 것입니다. 제너를 비난하는 사람들은 짐승과 인간을 동일선상에 놓고 논의하는 것 자체를 싫어했던 것입니다.

이러한 비난에 대해 제너를 지지하는 세력 또한 반박합니다. 인간은 지난 몇천 년 동안 소고기나 양고기를 먹어왔고, 셀 수 없을 만큼 많은 세대에 걸쳐 우유를 마셨고, 온갖 동물의 고기를 먹어왔지만 지금까지 어느 누구도 짐승이 된 일이 없으며, 소처럼 네 발로 기어다니지도 않는다는 의견으로 논쟁을 벌입니다.

이러한 논쟁이 계속되고 있는 동안 유럽 전역에 천연두가 유행하기 시작합니다. 제너는 자신의 친구인 존 클러치와 조카인 조지 제너의 도움으로 가난한 사람들에게 무료로 우두 접종을 실시합니다. 제너의 종두법의 효과는 금방 나타났습니다. 우두 접종을 한 사람은 천연두에 걸리지 않았던 것입니다. 하지만 우두를 접종하지 않은 사람은 천연두에 걸려 수많은 사람들이 죽어나갔습니다.

이렇듯 종두법의 효과가 입증되자 영국 정부는 1802년 제너에게 많은 재정을 지원하기 시작합니다. 그리고 1803년에는 제너협회가 발족되었고, 1808년에는 국립 종두 연구소가 설립됩니다. 제너는 제너협회의 초대 회장과, 연구소의 초대 소장을 맡게 됩니다.

종두법이 급속히 보급되면서 제너는 세계적으로 유명한 인사가 되었습니다. 1807년에는 독일의 바이에른 주가 종두를 세계 최초로 의무화했습니다. 그후 다른 지역과 국가도 이를 따라갑니다. 우리나라는 1879년에 지석영에 의해 종두법이 처음으로 실시되었습니다.

나폴레옹도 제너의 종두법에 매우 호의적인 태도를 보였습니다. 나폴레옹은 종두법이 프랑스 국민에게 커다란 가치가 있을 것이라 생각하였습니다. 그는 자신의 어린 자식들에게 종두를 실시하여 국민의 신뢰를 확보한 뒤 1809년에 종두를 의무화하게 했습니다. 이에 제너의 명성은 영국과 프랑스의 적대적인 감정을 완화하는 데에도 큰 기여를 합니다. 한번은 제너가 나폴레옹에게 영국인 포로를 석방해 달라고 요청합니다. 이에 나폴레옹은 다른 사람도 아닌 제너의 부탁을 들어주지 않을 수 없다고 하여 포로를 석방해줍니다.

또한 당시 미국 대통령이었던 토마스 제퍼슨은 제너에게 편지를 보냅니다. 그 편지에서 제퍼슨 대통령은 "당신은 인류에게 고통의 목록중에서 가장 큰 것 하나를 없앴습니다. 우리는 당신과 함께 세상을 살았다는 것을 결코 잊을 수 없을 것입니다. 우리의 미래 세대는 천연두가 존재했었다는 것을 과거의 역사로만 알게 될 것입니다."

제퍼슨 대통령의 말은 현실이 되었습니다. 종두법이 널리 보급되면서 천연두는 급격히 줄어들었고, 세계 보건 기구는 1967년부터 천연두 근절 계획을 수립하여 노력하였습니다. 그 결과 세계 보건 기구는 1977년에 천연두가 지구 상에서 완전히 소멸되었다고 발표합니다.

지금까지 천연두는 인류의 노력으로 완전히 사라지게 된 유일한 질병입니다. 제너는 1821년 국왕 조지 4세의 특별 의사로 임명되는 영예를 누렸고, 그의 고향 버클리에서는 시장과 치안 판사을 역임하기도 하였습니다. 그는 1823년 갑작스런 뇌졸중으로 73세의 나이에 세상을 떠납니다. 비록 그는 죽었지만 그의 노력은 인류에게 엄청난 혜택을 남겨주었습니다. 제너의 연구는 인류를 천연두의 공포로부터 해방시키게 되었고, 수많은 사람의 생명을 구할 수 있었습니다. 또한 이를 바탕으로 전염병의 예방접종이라는 의술이 탄생하게 된 것입니다.

# 14. 루이 파스퇴르(1822~1895)

루이 파스퇴르는 프랑스가 낳은 가장 뛰어난 과학자라고 할 것입니다. 그는 1822년 프랑스 동부지역에서 태어났습니다. 그는 비록 가난했지만, 어릴 때부터 과학에 대해 관심이 많았고 과학자가 되리라고 마음먹었습니다. 파스퇴르는 학창시절에 그리 두각을 나타내지는 못했다고 합니다. 파리의 고등사범학교인 에콜 노르말을 졸업할 때에도 그의 성적은 중간 정도였습니다. 처음에 그는 화학으로 그의 과학자로서의 인생을 시작합니다. 그는 1848년 타르타르산과 라세미산의 결정을 조사하는데 이것은 입체화학의 시초가 되었던 위대한 발견으로 이어집니다. 타르타르산의 반면상은 모두 같은 방향인데 비해 라세미산의 경우에는 어떤 것은 오른쪽에 어떤 것은 왼쪽에 반면상이 나타났고, 좌선성 물질과 우선성 물질을 같은 비율로 혼합하면 편광 현상이 나타나지 않았습니다. 그때까지 라세미산은 편광성이 없는 것으로 알려졌으나 파스퇴르는 라세미산이 좌선성 물질과 우선성 물질로 이루어져 있음을 밝혀낸 것입니다. 이것은 분자의 물성이 구성성분 뿐만 아니라 구조에 의해서도 영향을 받는다는 것을 의미합니다.

박사학위를 받은 파스퇴르는 에콜 노르말의 실험 조교에 임명이 됩니다. 여기서 그는 화학 물질의 결정 형태와 구조에 관한 연구에 몰두하였습니다. 1848년 혁명이 터지자, 그는 자유 수호를 위한 재단에 가입하여 군주제 폐지 운동에 참여하기도 하였습니다. 1849년에 그는 장 밥티스트 비오의 추천으로 스트라스부르 대학의 화학과 교수로 임용됩니다. 이때 그는 라세미산을 분해하는 새로운 방법을 발견하였습니다. 이전에는 기계적인 방법이나 용해도 차이로 라세미산을 분리했으나 파스퇴르는 곰팡이를 이용하는 방법을 알아냅니다.

파스퇴르는 1854년 릴 대학의 교수가 되면서부터는 미생물학에 관심을 가지게 됩니다. 이 즈음 한 양조업자가 파스퇴르를 찾아옵니다. 그는 사탕무에서 만든 알코올에 결함이 생기는 이유를 물었습니다. 같은 맥아즙에서 두 가지 시료를 채취하여 따로따로 발효시키면 때때로 전혀 다른 생성물이 생긴다는 것은 예전부터 알려져 있던 것입니다. 파스퇴르는 현미경으로 발효액을 관찰하여 작은 효모균이 존재하는 것을 밝혔고 효모의 품종이 다르면 생성물도 달라지는 것을 발견합니다.

1857년에 파스퇴르는 자신의 모교인 에콜 노르말로 자리를 옮겼는데 그곳에서 그는 평생을 보냈습니다. 처음에 파스퇴르가 에콜 노르말에서 본격적으로 연구한 주제는 자연발생설에 대한 것이었습니다. 당시 생물학에서 가장 중요한 논제는 생명의 시작에 관한 것으로 생물속생설과 자연발생설의 대립이 있었습니다. 당시의 많은 과학자들은 생명체가 생명이 없는 물질에서 자연적으로 발생한다고 믿었습니다. 이에 반해 파스퇴르는 부패나 발효에 관련된 미생물이 썩고 있는 물질에서 저절로 생기는 것이 아니라 공기 등을 통해 다른 곳에서 온다고 생각하였습니다. 1860년에 프랑스 과학아카데미는 자연발생설에 대한 훌륭한 실험을 한 사람에게 현상금을 주겠다고 발표하였습니다.

이에 파스퇴르는 20개의 플라스크를 아르브와 지방에서 공기에 노출시키고, 20개의 다른 플라스크는 몽블랑 산꼭대기의 차가운 공기에 노출시킨 다음, 플라스크를 모두 밀봉해 연구실로 가져와 배양하였습니다. 그 결과 아르브와에서 노출시킨 20개의 플라스크 중의 8개에서 미생물이 번식했고, 몽블랑 산꼭대기에서 노출시킨 것에서는 1개만이 미생물이 번식하였습니다. 그러나 몇몇 사람들은 파스퇴르의 실험에 대하여 공기 중에 떠다니는 것은 생명체가 있는 것이 아니라 공기 중에 생명을 일으키는 구성요소가 있을 것이라고 반박합니다. 그들은 플라스크를 가열하면 플라스크 안에 있던 공기가 가진 생명력이 사라진다고 생각하였습니다.

파스퇴르는 미생물이 배양 배지에서 저절로 생기는 것이 아니라 기존에 존재하던 미생물의 번식으로 생긴다는 것을 증명하기 위해 가늘고 길게 구부러진 관을 단 플라스크를 사용하였습니다. 그 플라스크는 독특한 형태로 설계되었는데, 공기는 들어갈 수 있으나 먼지 입자는 플라스크의 아랫부분까지 도달할 수 없었습니다. 파스퇴르는 이미 존재하고 있던 모든 미생물이 죽도록 플라스크와 그 안에 든 액체를 충분히 가열한 후 비판자들이 생각하는 것처럼 배양이 일어나도록 플라스크를 방치하였습니다. 그러나 플라스크에 안에서는 파스퇴르의 생각대로 미생물의 성장이 나타나지 않았습니다. 이어 파스퇴르는 플라스크를 기울여 멸균된 고기 수프가 플라스크의 구부러진 부분에 닿게 하였는데, 이때 미생물의 성장이 바로 일어났습니다.

이런 방법으로 파스퇴르는 미생물을 이용하여 이를 직접 실험하여 생물속생설이 맞는다는 것을 증명할 수 있었습니다. 이로써 그는 자연발생설의 논쟁에 있어 종지부를 찍게 되었고 일약 세계적으로 유명한 과학자의 반열에 들어가게 됩니다.

파스퇴르는 또한 포도주의 발효에 대해 연구도 하였습니다. 당시의 프랑스의 양조산업은 포도주가 시어지는 현상으로 많은 재정적인 손해를 보고 있었습니다. 변질된 포도주를 세밀히 조사한 결과 그는 발효액에 있는 세균이 알코올을 젖산으로 변하게 한다는 것을 알아낼 수 있었습니다. 그는 포도주의 질은 손상 시키지 않고 세균만 죽이는 방법에 대하여 연구하였습니다. 파스퇴르는 온도를 달리하여 포도주를 가열하는 실험을 하면서 포도주를 섭씨 55도로 가열하면 포도주의 질은 보존되면서 세균의 독성은 파괴되는 것을 발견하였습니다. 이것이 바로 오늘날 광범위하게 사용되는 저온살균법입니다. 이 방법은 포도주뿐만 아니라 우유나 크림과 같은 부패성 식품에 널리 적용되었습니다.

1864년 파스퇴르는 정부의 농업부와 과학 아카데미의 위촉을 받고 누에의 병을 연구하게 됩니다. 누에가 원인모를 병으로 죽어감에 따라 프랑스의 생사업계는 몰락의 위기에 직면하고 있었습니다. 그는 누에의 병을 연구하는 도중 많은 어려움을 겪게 됩니다. 파스퇴르는 농민들의 비아냥거리는 것을 참아야 했고, 셋째 아이의 죽음을 지켜보아야 했으며, 자신 또한 마비성 뇌졸중으로 쓰러지기도 했습니다. 하지만 이러한 어려움을 극복하고 그는 누에병의 원인이 되는 두 가지 세균을 분리하는 데 성공합니다. 파스퇴르의 처방은 널리 이용되어 많은 성과를 거두었고, 농민들은 파스퇴르의 동상을 세워 감사의 뜻을 전하기도 하였습니다.

1870년 독일군이 프랑스에 침공하는 사건이 일어납니다. 파스퇴르는 그의 나이 48세에도 불구하고 전쟁에 자원하게 됩니다. 하지만 그의 마비증세 때문에 실격을 당합니다. 그는 조국 프랑스를 사랑하는 진정한 애국자였던 것입니다. 보불전쟁은 프랑스의 패배로 끝나게 됩니다. 파스퇴르는 우수한 과학연구체계를 가지고 있는 독일이 승리하고 과학정책이 빈곤한 프랑스가 패배한 것은 당연한 것이라 생각합니다. 그는 1871년 〈프랑스 과학에 대한 성찰〉이라는 책자를 만듭니다. 여기서 그는 프랑스의 과학 연구가 얼마나 열악한 환경에서 수행되고 있는지를 폭로한 후 이에 대한 해결책으로 과학 연구에대한 지원의 강화, 젊은 연구자의 육성, 지방 대학의 발전등을 제시합니다.

전쟁이 끝나고 파스퇴르는 포도주의 발효와 누에 전염병을 연구하면서 한 가지 중요한 원칙을 발견합니다. 각종 질병은 해로운 미생물 혹은 세균 때문에 발생된다는 것입니다. 1873년 그는 이러한 원칙을 확인하게 됩니다. 당시 양계장에서 콜레라가 유행하여 닭의 90퍼센트가 죽는 일이 발생합니다. 파스퇴르는 병에 걸린 병아리의 피에서 닭 콜레라균을 채취하여 인공적으로 배양함으로써 그 병의 원인을 알아냅니다.

얼마 후 파스퇴르는 비슷한 실험을 하였는데 이번에는 따로 콜레라균을 배양하지 않고 먼저 쓰다 남은 것을 사용하였습니다. 그러나 암탉이 죽으리라는 예상과는 달리 암탉은 약간 아픈 듯 하더니 곧 원래의 상태로 회복되었습니다. 이에 그는 제너의 종두법의 원리가 다른 감염에도 적용된다고 생각한 후 이를 확인하기 위한 실험에 착수합니다. 며칠 사이를 두고 배양균을 암탉에게 주입한 결과 배양균이 오래될수록 죽는 암탉의 수는 점점 줄어들고 마지막에는 암탉이 가벼운 병에만 걸린 후 곧 회복되었습니다. 또 다른 실험에서 그는 닭 콜레라 면역의 가능성을 타진합니다. 그는 암탉에게 오래된 배양균을 주입하여 면역을 얻게 한 다음 새로 만든 맹독균을 주입하였습니다. 그의 예상대로 암탉은 죽지 않고 살아남았습니다.

그는 계속하여 미생물을 연구합니다. 그는 제너의 종두법에 관심을 기울여 병의 원인의 대부분은 세균인데 이는 미생물로서 제너의 종두법을 응용하여 이러한 세균의 조그마한 양을 인간에게 접종하면 인간에게 이에 대한 면역이 생겨 이러한 병으로부터 자유로워질 것으로 생각하여 연구에 몰입합니다. 파스퇴르는 가벼운 병을 일으키고 면역을 얻게 하는 배양균을 백신이라고 불렀습니다. 제너가 천연두라는 하나의 병을 막는 백신을 발견했다면 파스퇴르는 백신의 원리를 일반화하고 다른 전염병의 예방으로 확장하였던 것입니다.

파스퇴르는 1873년부터 1881년까지 탄저병을 연구하였습니다. 당시 프랑스에는 탄저병이 유행하여 많은 양과 소들이 떼죽음을 당했습니다. 그는 탄저병의 원인이 되는 세균은 실제로 탄저병의 원인이었음을 밝혔고, 탄저병을 예방할 수 있는 백신을 개발하였습니다. 파스퇴르는 대규모로 그 백신의 유용성을 검증하는 공개 실험을 하였습니다. 그 결과 백신을 접종한 동물들은 모두 건강했지만, 그렇지 않은 동물들은 발열 상태를 보이거나 죽었습니다.

파스퇴르는 탄저병에 대한 대책을 세우기 위해 농촌으로 나가 현장 연구를 하지는 않았습니다. 파스퇴르가 한 일은 소들이 자유롭게 풀을 뜯는 들판에서 탄저병을 적절한 방식으로 채집하여 잘 통제된 자신의 실험실로 들여오는 것에서 시작되었습니다. 그리고 다양한 분석기법을 통해 탄저병의 특징을 추출해냄으로써 병을 통제 가능한 상태, 즉 백신의 형태로 만들 수 있는 방법을 알아냈습니다. 그런 다음에 파스퇴르는 다시 소들과 축산업자들에게 돌아갔는데, 이때 파스퇴르는 자신이 만든 통제된 탄저병을 플라스크에 안전하게 담아 프랑스 전역에 퍼뜨릴 수 있었던 것입니다.

파스퇴르는 자신의 이론과 방식이 제대로 작동하기 위해서는 프랑스의 농촌을 자신의 잘 통제된 실험실과 비슷해지도록 변화시켜야 한다는 것을 알고 있었던 것입니다. 놀라운 기능을 수행하는 인공물일수록 그것이 제 기능을 하기 위해서는 상대적으로 까다로운 작동 환경을 보장해 주어야 한다고 생각했던 것입니다. 이와 함께 파스퇴르는 프랑스 농촌의 변화를 실현시키기 위해 인상적인 행사와 정치적인 수완을 발휘하여 수많은 이해집단을 적극적으로 설득해 나갔습니다. 이와 같이 파스퇴르는 탄저균과 축산업자를 비롯한 다양한 행위자들을 동원하면서 과학적 지식이 적절히 작동할 수 있는 시스템을 만들어냈던 것입니다.

파스퇴르는 탄저병 이후 광견병에 대해서도 연구를 시작합니다. 파스퇴르는 수많은 실험 끝에 광견병에 감염되는 것은 그 병에 걸린 짐승에게 물릴 때 침을 통해 전염되기 때문이고 상처를 통해 들어온 광견병이 환자의 뇌를 공격한다는 것을 알아냈습니다. 파스퇴르는 광견병에 걸린 짐승의 뇌를 건조시킨 뒤 그것을 가루로 만들어 용액에 녹인 후 용액 속의 병원체를 약화시켜 개에게 주사하였습니다. 이러한 시도는 개에게 효력이 있는 광견병 백신을 개발하는 것으로 이어졌습니다.

광견병을 연구하던 도중 파스퇴르는 극적인 사건을 경험하기도 합니다. 그는 미친 개의 침을 건강한 토끼의 몸에 접종하는 실험을 하였는데, 한번은 몸집이 큰 불도그가 사납게 으르렁거릴 뿐 토끼를 물려고 하지 않았습니다. 그러자 그는 개를 탁자에 단단히 맨 후 스스로 입 가까이로 몸을 굽혔습니다. 파스퇴르는 죽음의 위험에 직면하고 있다는 것도 잊은 채 아주 침착하게 개의 침을 짜서 시험관에 받아냈습니다.

이와 같은 실험을 한 후 두 달이 지나자 다른 사건이 일어납니다. 1885년 7월 조셉 메스테르라는 소년이 미친 개에게 물렸는데 그의 어머니가 파스퇴르에게 치료를 부탁했습니다. 파스퇴르는 처음에는 주저합니다. 자신의 치료법이 성공하리라는 보장이 없었기 때문입니다. 개에게는 효력이 있지만, 인간에게도 효력이 있는지를 확신할 수 없었습니다. 파스퇴르는 용기를 내서 그 소년에게 백신을 접종합니다. 그리고 한 달이 지난 후 그 소년의 병이 재발하지 않았습니다.

1888년 프랑스 파리에 파스퇴르 연구소가 문을 엽니다. 파스퇴르는 비록 나이가 많았지만 이 연구소의 소장직을 맡아 죽을 때까지 이곳에서 연구를 계속합니다. 파스퇴르는 1895년 전신마비로 세상을 떠납니다. 그의 나이 73세였습니다. 프랑스 정부는 그의 장례식을 베르사유 궁전에서 성대하게 치러줍니다. 그리고 그의 시신은 파스퇴르 연구소에 묻혔습니다. 파스퇴르 연구소는 이후 세계적인 연구소로 발전합니다. 세계 곳곳에 100여 개의 지역 연구소를 보유하였고, 수많은 노벨상 수상자를 배출하였습니다.

파스퇴르는 화학뿐만 아니라 미생물학을 개척하면서 수많은 연구 업적을 쌓았습니다. 무엇보다 중요한 것은 파스퇴르의 끊임없는 연구를 통해 인류는 수많은 병으로부터 생명을 구할 수 있게 되었습니다.

# 15. 그레고어 멘델(1822~1884)

20세기 생명과학에서 가장 중요한 분야 중의 하나가 유전학입니다. 인류 사회는 오랫동안 유전을 그저 당연한 것으로 생각해 왔고, 유전에 대해 사람이 할 수 있는 일은 아무것도 없을 것이라 생각했습니다. 그러나 19세기 오스트리아의 수도사였던 그레고어 멘델은 유전은 당연한 것이 아닌 유전인자에 의해 결정되는 과학적 현상이라는 것을 알아냈습니다. 그는 유전 인자의 존재를 확신했고 이를 실험으로 수행하여 유전 현상을 과학적으로 밝혀냈습니다. 멘델은 완두콩을 재료로 삼아 수많은 실험을 한 끝에 우열의 법칙, 분리의 법칙, 독립의 법칙으로 구성되어 있는 유전의 법칙을 정립하게 됩니다.

멘델의 유전법칙은 1865년 발표되었지만 그 가치는 멘델이 죽은 지 16년이 지난 1900년에야 인정을 받았습니다. 이는 멘델은 은둔생활을 한 수도사였기 때문에 공식적인 과학자 사회에 널리 알려지지 않았기 때문입니다. 또한, 멘델이 당시 생물학자들의 일반적인 방식과는 다른 통계학적인 방법을 사용했다는 점도 중요한 이유로 작용하였습니다. 비록 멘델은 공식적인 과학자 사회에 뿌리를 내리지는 못했지만, 오히려 이로 인해 아주 혁신적인 연구를 수행할 수 있었던 것으로 보입니다.

그레고어 멘델은 1822년에 현재 체코의 슐레지엔 지방에서 태어났습니다. 그의 아버지는 일주일에 사흘은 영주를 위해 일하는 농부였고, 그의 어머니는 정원사 집안의 딸이었습니다. 멘델의 고향 슐레지엔은 당시 오스트리아 합스부르크 왕조의 통치를 받고 있었습니다. 이 지역은 아름다운 식물로 가득한 곳으로 유명합니다. 멘델은 어린 시절 교구 사제로부터 박물학과 농업 기술을 배웠고, 그의 추천으로 김나지움에 다녔습니다. 하지만 멘델이 16세가 되던 해 아버지가 사고로 크게 다치는 바람에 생계가 막막해집니다. 이때부터 멘델은 가정교사로 일하면서 생활비를 벌어야 했습니다. 그는 제대로 먹지도 못해 영양실조로 앓아누웠던 적도 있었다고 합니다. 그는 대학에 가고 싶었지만 그의 가정형편으로는 엄두를 낼 수도 없었습니다. 공부를 계속할 수 있는 길은 성직자가 되는 길 뿐이었습니다.

멘델은 1843년 브륀 지방의 아우구스티누스 수도원에 들어가 수도사가 되었습니다. 수도원은 커다란 식물원을 운영하고 있었고 수도사들은 매일 저녁에 모여 신학뿐만 아니라 과학에서 정치학에 이르는 다양한 주제에 대해 토론을 하였습니다. 멘델은 1848년까지 신학, 농학, 식물학 등을 공부한 다음 성직을 받았습니다. 1850년 멘델은 두 번에 걸쳐 과학교사 국가 자격 시험에 응시하지만 실패합니다.

1851년 멘델은 세실 나프(C. Napp) 수도원장의 추천으로 빈 대학에서 공부를 할 수 있었습니다. 멘델은 빈 대학에서 주로 자연과학 과목을 수강하였는데 자연사나 식물학, 물리학과 수학을 열심히 공부하였습니다. 그는 물리학적 방법을 식물학 연구에도 사용할 수 있다고 생각했습니다.

멘델은 1854년 수도원으로 돌아와서 식물학 연구를 본격적으로 시작합니다. 또한 그는 수도원 부설 중학교에서 학생들을 가르쳤습니다. 그의 강의는 학생들 사이에서 인기가 높았다고 합니다. 그는 수도원과 식물원에서 기르고 있었던 각종 생물들의 우스꽝스러운 몸짓에 대해 재미있게 얘기했으며, 꿀벌, 새, 생쥐들이 사는 모습을 직접 눈으로 보고 배울 수 있도록 학생들을 지도하였습니다. 또한 시험에 실패하여 겪었던 자신의 고통을 생각하면서, 모든 학생들이 그러한 고통을 받지 않게 하려고 많은 노력을 했다고 전해집니다. 성적이 떨어지는 학생들은 식물원으로 불러서 추가적인 수업료를 받지 않고 특별 수업을 진행하기도 했습니다. 멘델의 강의는 그가 나프 후임으로 수도원장이 될 때까지인 1869년까지 계속됩니다.

멘델은 1856년부터 1863년까지의 오랜 기간동안 식용 완두를 가지고 계속적인 실험을 수행하였습니다. 그의 연구 결과는 1865년 브륀에서 열린 자연학 학회에서 "식물 잡종에 관한 실험"이라는 제목으로 두 번의 강연을 통해 발표되었습니다. 첫 번째 강연에서는 식물을 교배하고 그 결과를 검사하는 방법을 설명한 후 완두의 형질이 세대를 거듭하면서 어떻게 전달되는 것인지에 관해 규명하였습니다. 두 번째 강연에서는 잡종 세포의 형성을 생리학적으로 설명함으로써 유전의 매커니즘을 밝히려 하였습니다. 멘델의 강연은 학회에서 상당한 호평을 받았습니다.

사실 멘델은 잡종 실험을 통해 유전 현상을 이해하려 했던 최초의 과학자는 아니었습니다. 독일의 식물학자 조셉 개르트너는 1849년 출간한 논문에서 멘델이 실험한 현상들을 거의 언급하고 있습니다. 사실 멘델도 개르트너의 논문을 가지고 있었으며 그 논문의 여백에 노트를 해 가면서 자세히 공부하기도 했습니다. 하지만 개르트너를 비롯한 이전의 과학자들은 하나의 개체에서 드러나는 여러 형질을 세부적으로 나누어 취급하지 않았습니다. 다만 그 개체의 특성을 전체적으로 관찰했을 뿐입니다.

멘델은 이와 달리 여러 형질들을 독립적으로 다루고 이를 수량으로 분석하였습니다. 특히 그는 관찰 대상을 늘릴수록 우연에 의한 효과가 줄어들어 보다 정확한 결과를 얻을 수 있다고 생각했습니다. 그는 약 29,000포기의 완두를 사용하였고, 그 가운데 12,000포기는 면밀하게 조사하여 실험 데이터로 활용하였습니다. 이러한 점에서 멘델은 생물학 연구에 통계적 방법을 처음으로 도입한 사람이라 할 것입니다.

멘델도 자신의 실험이 매우 단조롭고 지루하다는 것을 알고 있었습니다. 하지만 그의 신념과 끈기가 아니었다면 인류가 유전 현상을 이해하는 데에 더 많은 세월이 필요했을지 모릅니다.

멘델은 완두의 대립 형질로 씨의 모양이 둥근 것과 주름진 것, 씨의 색깔이 황색인 것과 녹색인 것, 꽃의 색깔이 붉은 것과 흰 것, 완두의 키가 큰 것과 작은 것 등을 고려하였습니다. 그는 둥근 형태의 완두(AA)를 주름진 형태의 완두(aa)와 교배시켜 잡종 1세대를 얻었는데 그것은 모두 둥근 형태(AA)를 띠었습니다. 잡종 1세대를 길러 다시 교배시킨 결과, 잡종 2세대에서는 둥근 형태의 완두와 주름진 형태의 완두의 비율이 3:1이었습니다. 멘델은 둥근 형태의 유전자를 우성 인자, 주름진 형태의 유전자를 열성 인자로 칭하면서 우성 인자를 A, 열성 인자를 a로 표시하였습니다. 그는 잡종 1세대에서 우성의 형질만 출현하는 것을 우열의 법칙이라 불렀습니다. 그는 잡종 1세대에서 표현상으로는 우성의 형질만 나타나지만, 열성의 형질이 없어지는 것은 아니며 그것이 잠재한다고 간주하였습니다. 즉 잡종 2세대에서 우성과 열성이 3:1의 비율로 발현되는 것이다. 멘델은 이를 분리의 법칙이라 명명했습니다.

멘델은 두 쌍의 대립 유전자에서도 같은 법칙이 나타난다는 점을 보이려고 했습니다. 이를 위하여 그는 둥근 것과 주름진 것, 그리고 황색인 것과 녹색인 것을 두 가지 대립 형질로 삼아 실험을 했습니다. 그 결과 잡종 2세대에서는 둥글고 황색인 것, 둥글고 녹색인 것, 주름지고 황색인 것, 주름지고 녹색인 것이 각각 9:3:3:1로 나타나서 둥근 것과 주름진 것, 황색인 것과 녹색인 것은 각각 12:4 즉 3:1

의 비율을 보였습니다. 이처럼 대립 형질이 각각 독립적으로 유전된다는 것이 독립의 법칙입니다.

멘델은 또한 잡종의 종자와 꽃가루 세포의 구성에 초점을 맞추었습니다. 당시에는 식물의 수정 및 배아의 형성에 대한 문제를 둘러싸고 사변적인 차원의 논의가 전개되고는 있었지만, 이에 관한 실험적 증거는 부족한 상태였습니다. 멘델은 수많은 인공 수정 실험을 통해 수술에서 나온 꽃가루 세포 하나와 암술의 씨방 세포 하나가 결합하여 새로운 개체가 형성된다고 주장하였습니다. 멘델의 실험은 잡종 세포가 형성되는 메커니즘을 최초로 규명한 것으로서 그로부터 약 20년 뒤에 현미경을 통한 관찰에서 증명됩니다.

사실 멘델의 논문에는 아직 유전자(gene)라는 용어는 사용되지 않았습니다. 그는 한 세대에서 다음 세대로 전달되는 형질 결정 인자를 잠재적 형성 인자로 불렀습니다. 유전자라는 용어는 탄생시킨다는 의미를 가진 그리스어에서 비롯되었으며, 1900년에 덴마크의 생물학자인 요한슨(W. Johannsen)에 의해 명명되었습니다. 멘델은 유전자의 존재를 물리적으로 보여줄 수도 없었고 유전자 발현의 메커니즘도 전혀 몰랐지만, 유전자의 존재를 확신하고 그것이 발현되는 현상을 통계학적인 방법을 통해 규명했던 것입니다. 이것이 생명과학의 분야에서 아주 중요한 유전학의 시작인 것입니다.

멘델의 유전 법칙은 그가 살아있는 동안에는 과학자들 사이에서 그다지 크게 주목받지는 못했습니다. 우선 멘델은 당시의 과학자들과 별다른 교류 없이 고립된 연구를 했던 수도사였습니다. 그는 과학교사가 되기 위해 두 번이나 국가자격시험을 보았지만 합격하지 못했고, 수도원 정원에서 생물학을 연구했지만, 그 분야의 전문가라고 인정을 받지는 못했습니다. 멘델이 브륀이라는 소도시에서 별로 읽히지 않는 지방 학회지에 논문을 기고했던 것도 그의 연구 결과가 널리 알려지는 데 있어 걸림돌로 작용했습니다. 멘델이 당시로서는 생소했던 통계적인 방법을 사용한 것도 학문적인 주목을 받지 못한 하나의 요인이 되었습니다. 사실상 멘델은 정원사들의 인위선택법에 대한 이론적 근거를 제시하기 위해 논문을 작성했으며, 이에 다라 그의 논문은 주로 농산물 육종 분야에서 인용되는 경향을 보였습니다.

하지만 멘델은 다른 사람이 자신을 알아주지 못하는 것에 대해 별다른 신경을 쓰지는 않았습니다. 그 대신에 그는 후속 실험을 통해 완두 이외의 식물에서도 동일한 결과가 나타난다는 것을 확인하려고 하였습니다. 그러나 멘델이 다음 실험 재료로 선택한 조팝나물은 완두와 달리 인공 수정이 쉽지가 않아 원하던 실험 결과가 나오지는 않았습니다.

멘델의 실험은 그가 1868년에 수도원장이 되면서 사실 중단되었습니다. 당시의 복잡한 정치적, 종교적 상황은 멘델을 가만두지 않았습니다. 반봉건적인 성향을 가지고 있었던 멘델은 종종 보수적인 관례나 정책에 저항하였고, 이로 인해 그는 연구에 몰두할 시간이 없었습니다. 특히 1847년 오스트리아 의회가 교회에 세금을 징수한다는 법안을 통과시키자 멘델은 세금대신에 기부금을 내는 방식으로 저항하였습니다. 세금 징수에 대한 문제는 점점 복잡한 논쟁으로 발전하였고 무려 9년 동안 멘델을 피곤하게 만들었습니다. 멘델이 과학과 관련해서 할 수 있는 일은 틈틈이 새로운 꽃이나 유실수의 품종 개량에 대해 관심을 기울이거나 양봉, 기상, 천문 등에 대한 과학 서적을 읽는 것 정도였습니다.

수도원장으로서 멘델은 다른 사람에게 호의를 베푸는 것을 좋아했습니다. 그는 늘 주머니를 털어서 수도원의 동료들을 환대하였고 축제날에는 마을 사람들에게 재미있는 의식을 준비하였다고 합니다. 멘델은 1884년 신장염으로 61세의 나이에 세상을 떠납니다. 수많은 사람들이 그의 죽음을 애도하였습니다. 그러나 그가 유전학의 시작을 알린 위대한 과학자라는 것을 알고 있었던 사람은 그리 많지 않았습니다.

멘델의 업적은 1900년 네덜란드의 위고 드브리스와 독일의 칼 코렌스, 그리고 오스트리아의 에리히 체르마크와 같은 생물학자들에 의해 알려지게 됩니다. 드브리스는 달맞이꽃, 양귀비, 옥수수 등에 대한 일련의 교배 실험으로 멘델의 유전 법칙과 같은 결과를 얻은 후 〈독일식물학회보〉에 '교배의 분리 규칙에 관하여'라는 제목으로 논문을 게재합니다. 드브리스는 이미 멘델의 논문을 읽은 상태였지만, 자신이 연구를 모두 마친 후에 우연히 멘델의 논문을 접하게 되었다고 말합니다.

당시에 옥수수와 완두콩을 가지고 비슷한 연구를 했던 코렌스는 드브리스의 논문을 읽고 그의 의도를 간파합니다. 코렌스는 자신의 연구를 잠시 중단한 후 〈잡종교배 행위에 관한 멘델의 법칙〉이라는 논문을 작성하여 독일 식물학회에 보냅니다. 이 논문에서 코렌스는 '멘델의 법칙'이라는 용어를 사용함으로써 멘델의 공헌을 알립니다.

체르마크는 완두콩에 대한 실험을 하던 중에 멘델의 논문을 접하게 됩니다. 체르마크는 멘델의 실험 결과와 이에 대한 해석이 자신보다 훨씬 뛰어나다는 데 놀랍니다. 체르마크는 〈완두콩의 인공 교배〉라는 논문을 써서 자신이 강의하던 대학의 출판사에 인쇄를 의뢰합니다. 그러던 중 체르마크는 드브리스와 코렌스의 논문을 받았고, 급하게 자신의 논문을 인쇄해서 드브리스와 코렌스에게 보냅니다. 결국 코렌스와 체르마크가 멘델을 지지하고 드브리스가 이를 수용함으로써 멘델이 유전 법칙을 최초로 발견한 사람으로 인정됩니다.

멘델은 유전학의 아버지로 불리지만 유전학이라는 용어는 그가 죽은 이후에 만들어집니다. 유전학이라는 용어는 영국의 생물학자 윌리암 베이트슨이 1905년에 처음 사용하였습니다. 그는 1909년에 〈멘델의 유전 원리〉라는 책을 발간하여 멘델의 업적과 그 의미를 널리 알리기도 하였습니다. 사실 멘델이 재발견될 수 있었던 것도 베이트슨 덕분이었습니다. 베이트슨은 1900년에 멘델의 논문을 영어로 번역하였는데 그 과정에서 명료하지 않은 부분들을 손질하여 원문을 개선하였습니다. 이에 따라 당시의 과학자들은 매우 탁월하게 보이는 멘델을 접할 수 있었고, 그를 유전학의 아버지로 받들 수 있었던 것입니다.

# 16. 로베르트 코흐(1843~1910)

100여 년 전만 해도 인간의 평균 수명은 현재의 절반도 되지 않았습니다. 평균 수명이 짧았던 가장 중요한 이유는 전염병에 의한 사망률이 높았기 때문이었습니다. 지난 100년 사이에 인류의 수명이 2배 정도 증가한 원인은 전염병의 실체가 밝혀지고 그것을 치료할 수 있는 방법이 개발되었다는 점에서 찾을 수 있습니다. 여기에는 세균학의 아버지라 불리는 로베르트 코흐의 역할이 가장 컸습니다.

로베르트 코흐는 1843년 독일의 클라우슈탈에서 태어났습니다. 코흐의 형제는 모두 13명이었는데 그중 7명 만이 성인이 될 때까지 살아

남았다고 합니다. 코흐의 아버지는 광산 기술자였고, 그의 할아버지와 삼촌은 아마추어 지질학자였습니다. 이 때문에 코흐는 어린 시절 광석, 곤충, 이끼 등을 수집하면서 과학에 대해 흥미를 느꼈습니다.

코흐는 19살이 되던 해인 1862년 괴팅겐 대학에 입학하였습니다. 처음에는 자연과학을 공부하다가 나중엔 의학을 공부합니다. 괴팅겐 대학에서 그는 당시 독일의 유명한 병리학자였던 야콥 헨레의 지도를 받았습니다. 헨레는 파스퇴르보다 20년 먼저 세균에 의한 전염에 대해 생각했던 사람이었습니다. 또한 헨레는 1840년 〈장기성 및 접촉성 성병〉이라는 논문에서 코흐의 공리와 비슷한 이론을 주장하기도 했습니다.

코흐는 의과대학을 졸업하고 잠시 함부르크에 있는 종합병원의 정신과에서 근무했지만 정신과에는 별 흥미를 느끼지 못했습니다. 그는 여가가 생기면 함부르크 항구의 방파제를 산책하면서 어릴 적 소원이었던 항해사나 탐험가가 되어 세계를 돌아다니는 생각에 잠기곤 했습니다. 함부르크에 있는 동안 그는 학창 시절부터 좋아했던 에미 프란츠에게 청혼을 합니다. 에미는 코흐가 탐험이나 모험에 대한 꿈을 접고 병원일에 집중하는 의사가 된다면 결혼하겠다고 합니다. 이에 코흐는 그녀의 조건을 수락하였고 그들은 1866년에 결혼합니다.

하지만 코흐는 몇 년 동안 안정적인 직장을 잡지 못합니다. 그는 여러 병원과 보건소를 전전하며 자리를 구했고, 그것으로 겨우 생계를 유지할 수 있었습니다. 결혼 후 3년이 지나서야 코흐는 지금의 폴란드 볼슈타인에 정착합니다. 그곳에서 코흐는 병원을 열어 환자들을 진료하면서 정부에 소속된 의료 담당 관리로도 일했습니다. 1870년 프랑스와 프로이센 사이에 전쟁이 벌어져 군의관으로도 활동했습니다. 코흐는 볼슈타인에서 개업의로서 바쁘게 지내며 돈도 벌었습니다. 에미는 당시의 생활에 만족해 했습니다.

하지만 코흐는 당시의 생활에 만족하지 못했습니다. 그는 진료가 끝나면 피곤한 상태에서 천장을 보며 무언가 골똘히 생각하곤 하였습니다. 탐험과 모험에 대한 미련을 버리지 못했던 것입니다. 이에 에미는 코흐를 위로하기 위해 코흐의 생일에 현미경을 선물합니다. 당시 현미경은 엄청나게 비쌌던 것으로 알려지고 있습니다. 코흐는 환자를 돌보면서 현미경을 가지고 여가 시간에 틈틈이 미생물을 연구하면서 세균의 배양법, 고정법, 염색법, 현미경 사진 촬영법등을 배워나갔습니다.

코흐가 처음 연구 주제로 삼았던 것은 탄저병이었습니다. 탄저병은 흙 속에 사는 탄저균에 노출되어 발생하는 급성 감염질환으로 주로 초식 동물에서 발생하는 질병이지만, 사람이 감염된 동물을 다루는 과정에서 피부나 호흡기를 통해 감염될 수 있으며 감염된 동물을 날로 먹는 과정에서도 감염될 수 있습니다. 당시 유럽에는 탄저병이 크게 유행하여 양과 소는 물론 사람이 죽는 사태도 발생하였습니다.

폴란드의 한 수의사는 탄저병으로 죽은 동물의 혈액에 아주 작은 막대 모양의 세균이 많이 들어 있다는 사실을 알아냈습니다. 그러나 그것이 탄저병의 원인인지 결과인지는 알 수가 없었습니다. 이에 흥미를 느낀 코흐는 탄저병에 걸린 동물의 혈액을 쥐에게 주사해 보았는데, 쥐가 다음 날 죽어 버렸습니다. 쥐의 혈액을 현미경으로 관찰하였더니 간상체가 다수 발견되었습니다. 이어서 그는 탄저균을 직접 배양하여 그것을 다른 동물에 주입해 자신이 예상했던 대로 탄저병을 일으킬 수 있었습니다.

또한 그는 두 번째 동물에서 채취한 혈액을 세 번째 동물에게 주입해도 역시 탄저병이 발생하며 발병의 속도가 더 빨라진다는 사실을 발견했습니다. 이러한 과정이 거듭될수록 탄저균은 더욱 강해져 나중에는 탄저균이 혈액 속에 있는 다른 세균들을 거의 다 죽여버린다는 사실을 알게 되었습니다. 코흐는 몇백 번의 반복된 실험으로 탄저병의 원인이 "바실루스 안트라시스"라는 특정 세균이라는 점을 밝혀냈습니다.

코흐는 탄저병에 대한 그의 연구 결과를 정리하여 1876년에 "세균에 관한 조사"라는 논문으로 발표하였습니다. 그 논문에서 코흐는 오늘날 세균학의 가장 기초가 되는 원리인 "코흐의 공리"를 발표했습니다. 이는 특정한 세균이 특정한 질병을 일으킨다는 사실을 증명하기 위해서는 다음 네 가지의 단계가 필요하다는 것이었습니다. 첫째로 문제 되는 질병의 모든 경우에 세균이 발견되어야 하고, 둘째로 실험실에서 그 세균을 배양할 수 있어야 하며, 셋째로 배양한 그 세균을 실험동물에 투입했을 때 똑같은 질병이 생겨야 하고, 넷째로 그 병에 걸린 실험동물에서 다시 그 세균을 분리할 수 있어야 한다는 것입니다.

코흐의 논문은 큰 반응을 일으켰지만 몇몇 생물학자들은 전염병의 원인이 세균에게 있다는 코흐의 주장을 수용하는데 인색하였습니다. 또한 코흐가 과학계에 전혀 알려지지 않았던 데다가 시골에 묻혀 살았기 때문인지도 모릅니다. 하지만 코흐는 이에 굴하지 않고 병에 걸린 동물로부터 세균을 분리하는 방법과 특정 종류의 병원균만을 순수하게 배양하는 방법을 더욱 자세하게 연구해 갔습니다. 그리고 코흐는 1878년에 포도상 구균과 연쇄상 구균을 분리해 내는 데 성공하게 되었습니다.

코흐는 환자를 돌보는 시간이 부족했습니다. 왜냐하면 각종 병원균을 연구하는 데 몰입하였기 때문입니다. 에미는 코흐가 개업의사에 집중하길 바랐지만 코흐는 그러지 못했습니다. 그는 환자보다 연구가 더 좋았던 것입니다. 이에 에미는 절망한 나머지 하나뿐인 딸과 함께 코흐의 곁을 떠나고 말았습니다.

코흐의 연구는 많은 의학자들에게 훌륭한 지침으로 작용하였으며, 탄저균은 탄저병만을 일으킬 뿐이지 다른 병은 일으키지 않는다는 것을 알게 되었습니다. 이로 인해 각각의 전염병에도 각기 다른 원인균이 있다는 점을 쉽게 짐작할 수 있었습니다. 이에 따라 다양한 병원균의 발견이 계속되었고, 독일 정부도 코흐의 가치와 재능을 점점 인정하게 되었습니다. 그리고 코흐는 1880년부터 베를린에 있는 제국위생국의 자문역으로 활동하게 되었습니다.

코흐의 지휘 아래 세계 각국의 연구자들이 코흐의 밑으로 모였으며 완벽한 시설과 지원 속에서 세균학의 시대가 본격적으로 열리게 되었습니다. 코흐의 연구방법을 활용하여 1880년대 디프테리아균, 폐렴균, 파상풍균, 뇌척수막염균, 이질균 등이 발견되었습니다. 코흐는 이를 토대로 전염병의 특징과 전파 방법도 밝혀 나갔으며, 또한 전염병의 예방법에 대해서도 연구하였습니다.

코흐의 업적 가운데 단연 중요한 것은 결핵균의 발견이라고 할 수 있습니다. 오랜 기간동안 많은 학자들이 결핵에 대해 연구했지만 좋은 결과를 얻어내진 못하였습니다. 코흐는 치밀한 실험을 하였고 그 결과 1882년에 결핵균을 발견하였습니다. 그는 결핵을 앓는 사람과 동물에서 분리한 세균을 자신이 독특한 방법으로 배양하였습니다. 이어 배양 세균을 토끼를 비롯한 실험용 동물에 주입해 결핵을 일으키는데 성공하였습니다. 마지막으로 코흐는 결핵에 걸린 실험동물의 조직에서 결핵균을 분리하는 데 성공하였습니다. 이로써 코흐는 결핵균이 결핵이라는 특정 질병의 원인이라는 점을 확실하게 증명할 수 있었습니다.

1882년 3월 베를린에서 개최된 병리학 학술 대회에서 코흐는 그동안 수행했던 자신의 연구 결과를 발효합니다. 그는 사람에게서 분리한 결핵균을 토끼에게 접종하면 토끼가 결핵에 걸린다는 사실과 결핵균은 허파뿐만 아니라 위장관과 뼈에도 침범한다는 사실을 밝혔습니다. 그때까지 결핵은 만성 영양실조가 원인이라고 생각했었습니다. 코흐의 발표는 당시 학술회의장을 흥분의 도가니로 만들었습니다. 왜냐하면 결핵의 치료 가능성을 보였기 때문입니다.

결핵균을 발견한 후 코흐는 콜레라균을 연구했습니다. 콜레라는 19세기에 들어와 세 번에 걸쳐 유럽에 대유행하였는데, 1883년에는 이집트의 알렉산드리아에 콜레라가 퍼져 유럽에 전파될 가능성이 매우 높았습니다. 이에 코흐는 제자 한 명과 함께 직접 알렉산드리아로 가서 병원체를 탐구하였습니다. 베를린에 돌아온 코흐는 알렉산드리에서 채취해 온 가검물을 면밀히 연구하여 콜레라균을 발견하였고 콜레라균의 전파 과정도 규명하였습니다.

1885년 코흐는 베를린 대학의 위생학 교수로 임용된 뒤 주로 결핵의 치료법을 알아내는 데 몰두하였습니다. 5년 뒤인 1890년 코흐는 결핵균의 배양액으로부터 추출한 투베르쿨린이 결핵의 특효약이라고 발표합니다. 하지만 많은 학자들이 기대를 가지고 임상 실험을 했지만 그 결과는 부정적이었습니다. 투베르쿨린 주사액이 결핵의 진전을 막는 것이 아니라 오히려 증상을 악화시켰던 것입니다. 사람들은 투베르쿨린을 '코흐의 독'이라고 이름을 붙였습니다. 투베르쿨린은 오늘날 결핵 감명의 여부를 검사하는 데 사용되고 있으며, 결핵 백신은 코흐가 죽은 뒤인 1924년에 발견됩니다.

투베르쿨린 사건 이후 코흐는 크게 절망합니다. 그는 베를린 전염병 연구소 소장으로 부임했지만 별다른 연구 업적을 내지는 못합니다. 이때 코흐에게 삶의 용기를 불어넣어 준 사람이 바로 젊은 여인 헤드비히 프라이베르크였습니다. 코흐와 프라이베르크는 1893년 결혼합니다. 나이는 어리지만 사려 깊은 아내의 배려로 코흐는 오랜만에 행복과 평안을 누리게 됩니다.

또한 그는 1896년에 아프리카에서 우역에 대한 치료법을 연구하여 성공합니다. 이어 그는 1897년은 인도에서 1898년 이후에는 아프리카에서 말라리아, 수면병, 흑수열, 페스트 등에 대하여 연구를 계속하였습니다. 코흐는 1904년 베를린 전염병 연구소에서 은퇴합니다. 그리고 다음 해인 1905년 결핵균을 발견한 공로로 노벨 생리의학상을 수상하게 됩니다. 코흐의 끊임없는 노력과 연구는 세균으로부터 수많은 인간의 생명을 구할 수 있었습니다.

# 17. 알렉산드로 볼타(1745~1827)

만약 오늘 하루 전기가 들어오지 않는다면 우리의 생활은 어떻게 될까요? 지하철은 운행이 중단되고, 엘리베이트를 이용할 수도 없으며, 컴퓨터를 비롯한 모든 전기 기구들도 사용할 수 없고, 전기밥솥 등 주방용품도 작동되지 않아 식사를 하지 못하게 될지도 모릅니다. 인류는 이제 전기 없이 살아간다는 것을 상상조차 하지 못합니다.

인류는 19세기말부터 전기를 실생활에 사용하기 시작하였습니다. 1879년 에디슨이 전등을 상업화했던 것이 직접적인 계기가 됩니다.

하지만 이와 같은 전기의 시대도 18세기 후반부터 본격적으로 시작된 전기현상에 대한 체계적인 탐구가 없었더라면 불가능했을 것입니다. 이러한 전기학 분야에서 가장 뛰어난 업적을 이룬 사람이 바로 알렉산드로 볼타입니다.

알레산드로 볼타는 전지, 기전기, 전위계 등을 발명함으로써 전기학 발전의 길을 열었습니다. 이로 인해 후손들은 그를 '전기학의 아버지'라고 부릅니다. 볼타는 이탈리아의 북쪽 코모에서 1745년 태어났습니다. 그의 아버지는 11년 동안 예수회 수사를 지낸 뒤 신앙심이 깊은 귀족 집안의 여성과 결혼하였습니다. 볼타의 삼촌 중에 3명이 성직에 종사하였고, 볼타의 9명의 형제 중에도 교회와 관련된 사람도 5명이었습니다.

볼타의 집안은 경건하면서도 명랑한 삶을 즐기는 분위기였습니다. 볼타는 집안의 분위기에 비하면 약간 별종이었습니다. 그는 경건에는 관심이 없었고, 즐거운 것에만 관심이 많았습니다. 그는 다른 가족들에 비해 세속적인 것을 즐기는 편이었습니다.

볼타는 예수회 교육을 받으면서 성장했습니다. 라틴어를 비롯한 언어와 시와 같은 문학을 주로 배웠습니다. 그가 어떤 계기로 과학에 흥미를 가지게 되었는지는 알려진 것이 없습니다. 다만 추측해 볼 수 있는 것은 그가 청년 시절이던 시기가 전기 현상에 대한 관심이 폭발적으로 증가했던 것을 감안하면 자연스럽게 볼타가 전기에 대해 흥미를 느끼지 않았을까 합니다.

18세기에는 전문적인 과학자은 물론 많은 아마추어들이 전기 현상에 대해 활발하게 논의하고, 전기에 대한 공개 실험이 유행하여 많은 사람들이 관람료를 내고 이를 즐기곤 하였습니다.

볼타는 20대에 전기에 대한 책을 많이 읽었다고 전해집니다. 특히 그는 영국의 신학자이자 과학자인 프리스틀리가 쓴 "전기학의 역사와 현황"이란 책을 읽은 후 꾸준한 노력을 통해 전기학의 길을 개척해 나갔습니다. 사실 그는 공식적인 과학 교육을 받지 않았음에도 불구하고 자신의 노력으로 전기량이나 전기용량 같은 개념을 정확하게 이해하였습니다. 또한 그는 스스로 실험실을 차리고 실험 장치를 만든 후 전기에 대한 연구를 하기 시작했습니다. 이러한 과정에서 볼타는 당대의 뛰어난 전기학자였던 지암바티스타 베카리아와 편지를 주고 받았는데 베카리아는 전기에 대한 이론적 연구보다는 실험에 더욱 매진하라고 볼타에게 충고하곤 하였습니다.

당시의 전기실험에서는 라이덴병이 많이 사용되고 있었습니다. 라이덴병은 원래 병 속에 있는 물에 전기를 저장하는 장치로 1845년 독일의 클라이스트와 네덜란드의 뮈스헨브루크에 의해 독자적으로 발명되었습니다. 당시 라이덴 대학에 있었던 뮈스헨브루크가 그 장치를 널리 사용하고 설명도 잘했기 때문에 '라이덴병'이라고 불려졌습니다.

이후 많은 과학자들은 유리로 된 병의 안과 밖에 주석판과 같은 얇은 금속판을 붙여서 일상적인 공간에서도 전기를 저장할 수 있는 장치로 개량하였습니다. 하지만 라이덴병은 순간적으로 발생하는 전기만 저장하는 단점을 가지고 있었습니다.

볼타는 1775년에 '전기쟁반'이라는 정전기 발생 장치를 발명하여 문제를 해결하였습니다. 이것은 에보나이트를 입힌 금속판과 절연

된 손잡이가 있는 다른 금속판으로 이루어진 장치였습니다. 에보나이트를 마른 천에 문지르면 음전기가 발생한다는 사실은 이미 예전부터 알려져 있었습니다. 에보나이트를 입힌 판을 마찰하여 대전시키고 그 위에 다른 금속판을 올려놓으면, 에보나이트의 음전기가 금속판 밑면의 양전하를 끌어당겨서 윗면을 음전하로 만듭니다. 이때 금속판의 윗면을 도선을 통하여 땅과 연결시키면 양전하는 에보나이트의 음전기에 붙잡혀 있고 음전하는 땅으로 흘러 들어가 금속판은 모두 양전하로 바뀌게 되는 것입니다. 이러한 방법으로 볼타는 계속해서 많은 양전하를 축적할 수 있게 되었습니다. 볼타의 전기쟁반은 전하를 저장하는 가장 좋은 장치로 알려졌습니다.

볼타는 전기쟁반을 발명하면서 일약 스타로 떠올랐습니다. 그는 코모의 여러 학교에서 물리교사나 강사로 활동하였습니다. 볼타의 명성은 이탈리아 밖으로도 퍼져나갔고, 취리히 물리학회는 그를 회원으로 선출하기도 했습니다.

전기쟁반을 발명하면서 전기량을 정량적으로 측정할 필요성을 느낀 볼타는 전위의 차이를 반복적으로 측정할 수 있는 전위계도 고안하였습니다. 그리고 그는 전위계의 기준 눈금을 정했는데, 그 값은 오늘날 전압의 측정 단위인 볼트의 13,350배에 해당합니다.

볼타는 화학 분야에서도 안목이 있는 사람이었습니다. 1778년에 어떤 늪지대에서 거품이 나는 것을 관찰한 볼타는 거품의 원인을 규명하는 과정에서 메탄가스를 세계 최초로 발견하였습니다. 그는 이 연구결과를 취리히 물리학회에 발표하여 좋은 반응을 얻었습니다. 또한 그는 화학과 전기에 대한 흥미를 결합해서 밀폐된 공기 안에서 전기 불꽃을 일으켜 가스를 태우는 장치를 만들기도 하였습니다.

1791년 볼타는 이탈리아 볼로냐대학 해부학 교수였던 갈바니의 논문을 읽고 그의 가장 위대한 업적으로 평가받는 연구를 시작하게 됩니다. 1780년에 갈바니는 개구리의 다리에 있는 신경과 근육에 관한 실험을 하였는데, 한번은 죽은 지 얼마 되지 않은 개구리의 뒷다리 근육에 외과용 메스를 대 보았더니 놀랍게도 개구리의 다리가 순간적으로 반응을 하였습니다. 이에 갈바니는 개구리의 다른 곳도 찔러 보았는데, 결과는 마찬가지였습니다. 이후에 많은 연구를 거쳐 갈바니는 1791년에 죽은 개구리의 뒷다리가 움직인 것은 동물의 몸 안에 있는 전기 때문이라는 내용의 논문을 발표하였습니다. 갈바니의 이론은 당대 과학계의 중요한 관심사가 되었고, 방법을 달리한 실험들이 여러 번 반복되었습니다.

볼타는 개구리 다리가 전기가 있다는 것을 검출해 주는 검전기에 불과하며, 다른 곳에서 전기가 흘러 들어오는 것이 아닐까 하고 생각하였습니다. 볼타는 자신이 직접 개구리를 가지고 수많은 실험을 하기 시작했습니다.

이를 통해 그는 여러 종류의 금속을 개구리 다리에 접촉시켜 보면서 금속의 종류에 따라 반응의 정도가 달리진다는 점을 확인할 수 있었습니다. 또한 한 종류의 금속만 닿으면 개구리의 근육이 잘 움직이지 않으며, 두 종류의 금속을 사용해야 개구리 다리의 반응이 커진다는 점을 알아낼 수 있었습니다. 이러한 실험을 통해 그는 개구리의 근육이 잘 움직이는 경우에는 서로 접촉시킨 두 종류의 다른 금속이 전위차가 있을 것이라고 생각하였습니다. 또한, 서로 다른 두 가지 금속조각을 겹친 다음 그 사이에 액체로 젖은 천을 놓으면 다른 동물이 없어도 전기를 만들어낼 수 있을 것이라고 생각하였습니다.

이러한 볼타의 주장에 대해 동물전기를 지지하는 사람들은 반대 입장을 밝혔습니다. 이후 금속전기와 동물 전기 옹호자들 사이에는 열띤 논쟁일 벌어졌습니다. 이 과정에서 매우 황당한 실험들이 수행되기도 하였습니다. 갈바니의 조카인 지오바니 알디니는 동물전기 현상을 이용해 죽은 시체에 생명을 불어넣을 수 있다고 믿으면서 배터리를 이용해 죽은 생명체를 살리는 실험을 하기도 하였습니다. 이를 위해 그는 동물의 사체는 물론 사형수의 시체까지도 사용하였습니다. 이 실험은 상당한 반향을 불러 일으켰고, 영국의 왕립 익사사고 구조회는 알디니의 방법이 사망한 사람들을 살리는 응급수단으로 활용될 수 있을 것이라 생각했습니다.

볼타는 금속 전기의 문제를 더욱 깊이 연구하면서 두 종류의 금속을 짝지어 연결한 것을 여러 개 겹치면 전위차가 더 커질 것이라는 점에 주목했습니다. 이와 함께 금속 중에서도 전위차가 큰 금속을 선택하면 더욱 탁월한 효과가 있을 것으로 생각했습니다. 볼타는 거의 10년에 이르는 노력을 바탕으로 1799년 아연 금속판, 소금물로 적신 헝겊, 구리 금속판을 차례대로 여러 번 쌓아 놓은 장치를 개발하는데 성공하였습니다. 이것이 바로 '볼타전지'입니다. 여기서 아연과 구리는 오늘날 자주 등장하는 금속이며, 헝겊에 적신 물질은 전해질의 역할을 하였습니다.

볼타는 자신의 전지를 대중 앞에 선보이면서 동물전기 옹호자들과의 논쟁에서 승리할 수 있었습니다. 볼타전지는 과학적 연구의 측면에서도 중요한 의미를 가지고 있었습니다. 그것은 축전된 전기를 한꺼번에 방전해 버리는 라이덴병과는 달리, 역사상 최초로 안정된 전류를 공급해 주었습니다. 사실상 볼타의 발명 이전에 전기 연구는 기본적으로 정전기의 탐구에 국한되어 있었습니다. 그러나 볼타전기가 발명된 이후에 과학자들은 마음대로 켰다 껐다 할 수 있는 전류를 이용하여 연구할 수 있었고, 전지에 판을 추가하거나 제거하여 전류의 강도를 조절할 수도 있었습니다. 볼타전지는 전류를 얻는 화학적인 방법을 세계 최초로 제공한 것으로서 이후에 나타난 모든 전지의 조상이자 지금도 전지를 만드는 토대로 작용하고 있습니다.

1800년에 볼타는 〈종류가 다른 전도성 물질의 단순한 접촉에 의해서 생긴 전기에 대해서〉라는 논문을 영국 왕립학회로 보냅니다. 당시 왕립학회 회장이었던 뱅크스는 볼타의 논문을 보고 깜짝 놀랍니다. 원래 볼타의 논문은 프랑스어로 적혀 있었는데 뱅크스는 번역도 하지 않고 제목만 영어로 붙인 채 급하게 〈철학 회보〉에 실었습니다. 프랑스의 천재 과학자라 일컬어졌던 아라고는 그 논문을 읽은 뒤 인류가 지금까지 발명한 가장 경이로운 장치라고 격찬을 합니다.

볼타가 전지를 만들 때에는 전기를 측정하는 장치가 없었습니다. 그렇다면 볼타는 어떻게 전지의 효과를 감지하고 측정을 했을까요? 당시에는 자신의 몸에 충격을 주는 것이 가장 보편적인 방법이었습니다. 사실상 볼타의 1800년 논문은 20층 되는 전지를 만들어 한 손으로 바닥을 만지고 다른 손으로 꼭대기를 만짐으로써 손에 상당한 충격을 받았다고 보고하고 있습니다. 이와 함께 바닥과 3~4층 정도만 연결해도 충격을 느낄 수 있었고, 점점 더 높은 층과 연결할수록 충격이 더욱 심해졌다는 것도 언급되어 있었습니다.

볼파는 1801년 파리로 가서 나폴레옹이 참석한 가운데 프랑스 과학 아카데미에서 자신의 전지를 선보입니다. 볼타는 여기서 엄청난 갈채를 받았고, 나폴레옹은 볼타에게 남작의 작위와 레지옹 드뇌르 훈장을 수여합니다. 또한 롬바르디아 왕국에서도 볼타를 백작 겸 상원의원으로 추대합니다. 이와 같이 볼타는 여러 권력자들로부터 후한 대접을 받았지만, 정치에는 관심을 보이지 않고 오직 연구에만 몰두합니다.

볼타는 주로 혼자 연구하느 스타일이었기 때문에 학파를 만들지는 못합니다. 여기에는 그가 과학에 대한 정규교육을 받지 않았기 때문에 다른 과학자들과 적극적으로 교류하기 어려웠던 점도 크게 작용한 것으로 보입니다. 하지만 볼타가 전지를 발명한 이후에 전기에 관한 연구는 세계 각국의 과학자들을 통하여 크게 발전하게 됩니다.

영국의 윌리암 니콜슨과 안토니 칼라일은 물이 수소와 산소로 분해된다는 점을 밝혔고, 영국의 데이비는 처음으로 금속 나트륨을 얻었으며 덴마크의 외르스테드는 전류의 자기 효과를 알아냈습니다. 볼타전지를 통하여 전기화학이나 전자기학과 같은 분야들이 모습을 드러내기 시작한 것입니다.

볼타는 1827년 82세의 나이에 세상을 떠납니다. 그의 업적은 1881년 국제전기학회가 전압의 단위를 볼트로 정함으로써 역사에 영원히 기록됩니다.

# 18. 드미트리 멘델레예프(1834~1907)

화학에서 가장 중요한 것은 아마도 새로운 물질의 발견과 이 물질의 성질 그리고 이러한 물질들끼리의 화학작용일 것입니다. 18세기부터 인류에게 새로운 물질 즉 원소들이 하나씩 알려지게 되었습니다. 물질의 기본적인 구성단위인 원소는 지금까지 약 117개가 발견되었습니다. 이렇게 많은 원소들을 어떤 기준에 의해 분류할 수 있다면 물질세계의 규칙성을 알 수 있을 뿐만 아니라 새로운 물질의 성질도 예측할 수 있을 것입니다. 이러한 점 때문에 과학자들은 원소를 분류하려는 시도를 해 왔던 것입니다. 그러한 시도는 화학적 성질이 비슷한 원소가 주기적으로 나타나는 현상, 즉 주기율이 발견되면서 체계화되었습니다. 많은 화학자들이 이러한 새로운 물질들의 규칙성을 찾고 이러한 물질들의 관계로 연구하였는데 이러한 과정을 통해 탄생한 것이 주기율표이며 이를 완성한 사람이 바로 러시아의 멘델레예프입니다. 주기율표의 완성은 현대화학의 기초가 되었으며, 아마 화학의 역사에서 가장 위대한 발견이라 할 수 있을 것입니다.

드미트리 멘델레예프는 시베리아의 동쪽 토볼스크라는 마을에서 태어났습니다. 그는 14명의 형제 중 막내로 태어났습니다. 그의 아버지는 덕망이 높았던 교장선생님이었다고 합니다. 그의 어머니는 비교적 부유한 유리공장의 딸이었습니다. 특히 그의 어머니는 당시 러시아에서는 보기 드문 현명한 여성이었다고 전해집니다. 그녀는 여자에게 교육을 시키지 않는 풍습을 통탄하면서 그녀의 오빠가 공부하는 것을 어깨 너머로 보고 배웠다고 합니다.

멘델레예프의 아버지는 그가 태어난지 얼마되지 않아 두 눈 모두 실명하면서 교직에서 물러나게 됩니다. 어머니는 가계를 꾸리기 위해 친정에서 하던 유리공장을 인수합니다. 그의 어머니는 회사와 가정을 동시에 책임져야 하는 어려운 여건 속에서도 자녀들을 개성에 따라 자랄 수 있도록 최선을 다해 뒷바라지를 했다고 합니다. 하지만 멘델레예프가 15살이 되던 해 그의 아버지가 사망합니다. 게다가 어머니의 공장은 불이 나는 바람에 가세가 급격히 기울기 시작합니다.

멘델레예프도 이즈음 학교에 흥미를 잃어 학교 성적도 나빠졌습니다. 수학과 과학은 그저 평범했고, 라틴어는 최하점을 기록했다고 전해집니다. 특히 라틴어 시간이 너무 싫어 고등학교를 졸업하는 날, 학교 뒷산에 올라가 라틴어 교과서를 불태웠을 정도였다고 합니다.

멘델레예프의 어머니는 아들을 위해 커다란 결단을 내립니다. 공장과 집을 정리하여 아들의 교육을 위해 고향을 떠나 모스크바로 갑니다. 하지만 고등학교 성적이 나쁜 멘델레예프를 받아주는 학교는 없었습니다. 어머니는 포기하지 않고 페테르부르크로 갑니다. 그곳에는 남편의모교인 페테르부르크 대학 부속 사범학교가 있었습니다. 다행히도 그 학교의 학장이 멘델레예프 아버지의 친구라서 멘델레예프에게 입학허가를 내줍니다. 경제적으로는 많이 힘들었지만, 그의 어머니가 희생과 헌신으로 멘델레예프를 위해 모든 것을 쏟아부은 결과였습니다.

멘델레예프는 대학에 입학하자마자 그의 생애에서 가장 큰 슬픔을 경험합니다. 오직 자신을 위해 정성과 사랑을 아끼지 않았던 그의 어머니가 세상을 떠나게 됩니다. 어머니를 잃은 멘델레예프는 어머니의 묘 앞에서 엎드려 흐느껴 울었다고 합니다. 멘델레예프는 그의 어머니 장례식을 치르면서 어머니의 희생을 헛되게 하지 않게 하기 위해서는 자신은 학문에 모든 에너지를 쏟아부어 훌륭한 과학자가 되는 것이 어머니를 위한 것으로 생각하고 평생을 과학연구에 정진하게 됩니다. 고등학교 때 열등생이었던 멘델레예프는 대학을 수석으로 졸업합니다.

1885년 대학을 졸업한 멘델레예프는 시골인 크리미아 지방으로 가서 김나지움 교사로 근무합니다. 그리고 1857년 다시 페테르부르크로 돌아와 지내다가 1859년에 2년간 외국에서 공부할 수 있는 관비 유학생으로 선발됩니다. 멘델레예프는 프랑스로 가서 화학을 공부한 후 다음 해에는 독일의 하이델베르크에 가서 공부합니다. 독일에서 그는 유명한 화학자인 로버트 분젠과 구스타브 키르히호프에게 지도를 받았습니다. 이때 그는 분광기를 활용하여 원소들을 색깔로 검출하는 실험을 합니다. 1860년에는 그는 독일 카를스루에에서 원자량 측정법을 주제로 한 국제 화학자 회의에 참석해 원소의 화학적 특성에 대한 관심을 가지게 됩니다.

멘델레예프는 1861년 러시아로 돌아와 페테르부르크 공업대학에서 공업화학 교수가 됩니다. 같은 해 그는 〈유기화학〉이라는 책을 발간하여 러시아 정부가 수여하는 도미도프 상을 수상합니다. 1862년 그는 분광학에 대한 연구를 계속하였고, 1865년에는 알코올과 물의 결합에 대한 논문으로 박사학위를 취득합니다. 같은 해 멘델레예프는 모교인 페테르대학의 교수로 임용되었습니다. 그는 교수 생활을 하며 〈화학의 원리〉라는 책을 쓰게 됩니다. 당시 이 책은 러시아에서 화학분야의 대표적인 교과서로 사용됩니다. 또한 멘델레예프는 1887년 〈수용액의 연구〉라는 책을 출간합니다. 그는 이 책을 돌아가신 어머니에게 바칩니다.

멘델레예프는 러시아화학회를 설립하고 운영하는 데에 크게 기여하였습니다. 1861년 제1차 세계화학자회의가 개최된 후 러시아 화학자들은 자기 나라에도 독자적인 학회를 구성하는 것이 필요하다는 데 의견을 모았습니다. 특히 1866년 이후 멘델레예프를 중심으로 젊은 화학자들이 모여 러시아학회를 설립하는 일을 주도합니다. 1868년 10월 러시아화학회가 정식으로 발족됩니다. 러시아화학회의 회장은 페테르부르크 대학의 유기화학자였던 니콜라이 지닌이었지만, 실질적인 리더는 멘델레예프였습니다.

멘델레예프는 〈화학의 원리〉를 쓰기 위해 여러 가지 자료를 모아 연구하던 중 화학원소의 성질 사이에 비슷한 양상이 존재한다는 점에 확신을 갖게 되었습니다. 그는 1868년을 전후로 이에 관한 연구를 본격적으로 추진하였습니다. 물론 이러한 생각을 한 것은 멘델레예프가 처음은 아니었습니다. 이미 1789년에 라부아지에는 당시에 알려진 33개의 원소를 탐색하는 차원에서 분류한 바 있었습니다. 또한 1815년에는 프루스트가 모든 원소는 무게로 따져서 수소의 정수배가 된다는 가설을 발표하기도 하였습니다. 1862년에는 프랑스의 알렉산드르 상쿠르투아가 원소를 나선형으로 배열하면 비슷한 성질의 원소가 수직으로 나열된다고 주장하기도 했습니다. 1864년에는 영국의 화학자 뉴랜즈가 음표를 써서 원소를 배열하면 8개를 주기로 비슷한 원소들이 나타난다는 '옥타브의 법칙'을 발표했습니다.

멘델레예프는 당시에 알려진 63개의 원소를 카드로 만들어서 원소의 이름과 성질을 기록하였습니다. 이어 그 카드를 실험실의 벽에 꽂아 놓고 그가 모은 자료를 다시 검토했습니다. 그랬더니 원소의 성질이 놀랄 만큼 원자량과 관련되어 있다는 것을 알아내게 되었습니다. 멘델레예프는 같은 성질을 갖는 원소가 주기적으로 나타난다는 점을 확인한 후 원소의 성질이 원자량의 주기적인 함수라고 가정하였습니다. 그는 그것을 근거로 원소들을 원자량의 순서대로 배열하여 이를 표로 정리하게 되었고 이로 인해 주기율표가 탄생하게 됩니다.

멘델레예프는 위대한 발견에 가까이 다가가고 있다는 것을 느끼고 있었지만, 그것을 정확하게 집어내는 데에는 많은 어려움이 있었습니다. 그는 자신의 머릿속에는 모두 정리되어 있지만 그것을 표현할 수 없다고 불평하면서 깊은 우울증에 빠지기도 하였습니다. 그러던 중 1869년 어느 날, 멘델레예프는 카드로 어질러져 있던 자신의 책상에서 연구를 하다가 깜빡 잠이 들었고 꿈속에서 그토록 갈망하던 주기율표를 보았다고 합니다. 당시 상황에 대해 그는 다음과 같이 회고합니다. “나는 꿈속에서 모든 원소들이 정확히 있어야 할 위치에 자리 잡고 있는 표를 보았다. 꿈에서 깨어나자마자 나는 즉시 종이에 그것을 기록했다.” 케쿨레가 벤젠의 구조를 밝힌 것과 비슷한 일이 일어났던 것입니다.

멘델레예프는 1869년 3월 러시아 화학회에서 “원소의 구성체계에 대한 제안”이라는 논문을 발표하였습니다. 그 논문은 원자량의 순으로 배열한 원소의 성질이 주기적으로 변한다는 가설을 바탕으로 당시 알려져 있던 원소들 사이의 관계를 설명하였습니다. 뿐만 아니라 그가 작성한 주기율표는 비록 빈칸과 의문 부호가 많긴 했지만, 아직 발견되지 않은 원소에 대해서도 예언하는 특성을 가지고 있었습니다.

멘델레예프와 비슷한 시기에 독일의 화학자 줄리어스 마이어도 화학원소의 주기율을 주장하였습니다. 마이어는 멘델레예프와 독립적으로 주기율표를 이용해 원소를 분류하였습니다. 누가 먼저 주기율표를 작성했는지는 의견이 분분하지만, 주기율표에 대한 논문을 먼저 발표한 사람은 멘델레예프였습니다. 마이어는 1868년부터 주기율표를 준비하고 있었는데, 멘델레예프의 업적이 알려지자 서둘러 논문을 작성하여 1870년에 논문을 발표하였습니다. 마이어의 주기율표는 멘델레예프의 것과는 달리 발견 가능한 원소의 조성과 성질을 예언하지는 못했습니다. 물론 멘델레예프가 예언한 것이 모두 입증되지는 않았지만, 그는 다른 사람과 달리 주기율표의 응용에 대한 확고한 전망을 가지고 있었습니다.

멘델레예프의 주기율표는 당시까지의 모든 원소에 대한 분류법으로는 가장 포괄적이고 합리적인 것이어서 많은 화학자들로부터 찬사를 받았습니다. 사실상 러시아어로 작성된 논문이 학문의 중심지인 서유럽 과학자의 손에 들어올 때까지는 많은 세월이 걸리는 것이 보통이었습니다. 하지만 멘델레예프의 논문은 바로 독일어로 번역되었고 급속히 세계 각지로 퍼져 나갔습니다.

그의 주기율표는 당시의 화학자들에게 나침반과 같은 역할을 하였습니다. 실제로 갈륨, 스칸듐, 게르마늄 등과 같은 새로운 원소들이 속속 발견되어 주기율표의 빈자리를 메워 나갔습니다.

멘델레예프의 주기율표에는 비활성 기체에 대한 재미있는 일화가 있습니다. 그가 처음 주기율표를 만들었을 때 요즘 주기율표의 제일 오른쪽 세로줄에 있는 비활성 기체에 대한 것은 없었습니다. 그러던 중 1894년 아르곤이 발견되자 멘델레예프는 매우 당황스러워했다고 합니다. 처음에 그는 자신의 주기율표에 들어설 자리가 없는 아르곤이 원자가 아니라 질소원자 3개가 모여 이루어진 분자일 것이라고 말했습니다. 하지만 그후 제논이나 라돈과 같은 새로운 비활성 기체들이 발견되자 멘델레예프는 마음을 고쳐 먹었습니다. 그는 자신의 주기율표에 새로운 세로 줄을 하나 더 만들어 비활성 기체를 수용하였습니다.

이후 멘델레예프는 세계적으로 유명한 과학자가 됩니다. 모스크바 대학원은 그를 명예교수로 추대하였고, 영국의 왕립학회는 데이비 메달을, 영국 화학회는 패러데이 메달을 수여합니다. 그는 1906년 노벨 화학상 후보에 올랐지만, 수상의 영예는 누리지 못합니다. 한 표 차이로 프랑스의 화학자인 앙리 무아상에게 그해 노벨상은 수여됩니다. 무아상은 불소를 순수하게 정제한 공로로 노벨상을 받습니다. 그는 다이아몬드의 인공 합성을 입증하기도 했습니다.

1913년 영국의 헨리 모즐리는 X선 분석 실험을 통해 원자량이 아닌 원자번호에 입각한 새로운 주기율표를 만들기도 하였습니다.

멘델레예프는 화학에 대한 열정뿐만 아니라 과학으로 세상사에 얽힌 문제를 해결하는 데에도 관심을 기울였습니다. 그는 농작물의 품질과 생산성을 높이려는 실험을 하였고, 러시아의 소다산업과 석유산업을 현대화하는 계획도 세웠습니다. 그는 미국의 석유산업이 생산량을 늘리는 데만 국한되어 있지 석유의 질과 산업의 효율성에는 관심을 두지 않는다고 말하기도 했습니다. 러시아의 석유자원이 외국 자본에 의해 착취되고 있으며 러시아는 자국의 이익을 위해 석유자원을 개발해야 한다고 주장하였습니다.

멘델레예프는 위대한 과학자였을 뿐만 아니라 평등주의자이며 자유주의자이기도 했습니다. 그는 재정 러시아 귀족들의 횡포를 증오

하였고, 농민에게 부과되는 과중한 세금을 경감해 줄 것을 주장하기도 했습니다. 또한 그는 러시아 정부의 학생에 대한 탄압을 비난하는 바람에 1890년 교수에서 해임되기도 합니다. 그는 여행을 할 때는 꼭 3등 열차만 이용했다고 합니다.

멘델레예프는 1893년 러시아 도량형국의 책임자로 러시아에 미터법을 도입하는 데 있어 마지막 생애를 보내다가 1907년 73세의 나이에 세상을 떠납니다. 그의 장례식은 러시아 국장으로 성대하게 치러집니다. 그의 장례 행렬 맨 앞에는 두 명의 학생이 멘델레예프 주기율표를 들고 있었다고 합니다. 그는 평생 가장 그리워했던 어머니 곁에 묻힙니다.

주기율표는 멘델레예프가 발견한 이후 100년 동안 여러번의 수정과 재배열을 거쳐 왔습니다. 주기율표가 포함하고 있는 원소의 수는 배로 늘어났고, 완전히 새로운 군도 생겨났습니다. 하지만 오늘날의 주기율표도 멘델레예프가 고안한 구조에 바탕을 두고 있습니다. 세계의 과학자들은 그의 업적을 기리기 위하여 1955년에 발견된 101번째 원소를 멘델레븀이라고 이름지었습니다. 러시아 화학회는 2년마다 세계에서 우수한 화학자에게 멘델레예프 메달을 수여하기도 합니다.

멘델레예프의 주기율표 발견은 화학의 발전에 있어서 아주 획기적인 것으로 이 주기율표를 통해 인류는 아직 발견되지 않았던 원소도 발견하게 되었고 화학의 비약적인 발전의 계기를 마련하게 되었습니다.

# 19. 알렉산더 플레밍(1881~1955)

페니실린은 우리에게 잘 알려져 있는 인류 최초의 항생제입니다. 페니실린은 폐렴이나 패혈증 등과 같은 병에 특효가 있습니다. 또한 심한 상처를 입은 환자나 악성 종기가 생긴 환자의 혈관에 페니실린을 주사하면 놀랄 만큼의 효과를 보입니다.

19세기 말에는 특정한 원인이 특정한 병을 일으킨다는 이론이 규명되었고, 따라서 특정한 병균을 제거할 수 있는 약품을 만드는 것이 중요한 과제가 되었습니다. 그 첫 번째 예가 페니실린이었는데 이는 영국의 의사인 알렉산더 플레밍이 처음으로 발견한 것이었습니다.

알렉산더 플레밍은 1881년 영국 스코틀랜드 로흐필드라는 곳에서 태어났습니다. 그는 9남매 중 8번째 였습니다. 그의 아버지는 가난한 농부였습니다. 식구가 많아 집안 살림은 어려웠지만 집안 분위기는 화목했다고 합니다. 플레밍은 어릴 적 자연을 가까이에서 접할 수 있었고, 자연에 대한 예리한 관찰력을 가지고 있었습니다.

플레밍은 1889년 집 가까이 있는 초등학교에 입학합니다. 그는 초등학교에 입학하자마자 2주 만에 2년의 교육과정을 뛰어 넘을 정도로 촉명했다고 합니다. 플레밍의 아버지는 플레밍이 농부가 되기를 원했지만, 주위에 있는 다른 모든 사람들은 플레밍을 도시로 보내 공부를 시켜야 한다고 의견을 모았습니다. 이에 플레밍은 13살에 런던으로 갑니다. 런던에서 일단 상업학교를 다녔고 16살에 선박회사에 취직을 합니다. 그는 20살이 되던 해 큰아버지의 유산을 나누어 받았습니다. 큰아버지는 평생을 독신으로 살았기 때문에 자녀가 없었습니다.

플레밍은 형의 권유로 의사의 길을 가기로 마음을 먹습니다. 1906년 플레밍은 런던대학교 세인트 메리 의과대학에 입학하였고 백신 치료법의 선구자였던 라이트(Almorth Wright) 교수 밑에서 공부하여 1909년 석사학위를 받았습니다. 1914년 제1차 세계대전이 일어나자 플레밍은 국군 의료 부대로 지원하여 죽어가는 많은 군인을 치료하였습니다. 그는 이 시기에 감염으로 인해 죽어가는 많은 군인을 직접 목격합니다. 당시 소독제로 사용되고 있었던 것은 석탄산이었는데 그것은 세균과 싸우는 백혈구를 파괴하는 효과도 가지고 있어서 총상환자의 치료에 큰 도움이 되지 못했습니다. 플레밍은 일련의 실험을 통해 죽은 조직을 제거하고 상처를 무균 식염수로 씻어내면 감염을 최소화하는 동시에 백혈구를 대량으로 생성시킬 수 있다는 것을 알아냅니다. 영국 육군의 강한 반대에도 불구하고 라이트가 플레밍의 시도를 지지함으로써 플레밍은 수천 명의 목숨과 몸을 구할 수 있었습니다. 제1차 세계 대전을 이렇듯 직접 경험한 플레밍은 전쟁이 끝나면 세균에 의한 감염으로부터 인간을 지켜낼 방법을 알아내기로 마음을 먹습니다.

플레밍은 전쟁에서 돌아온 후 세균을 죽일 수 있는 항생제를 찾기 위해 모든 노력을 기울입니다. 그의 연구 습관은 아주 독특했습니다. 미생물을 연구하는 사람은 누구나 실험한 배양접시를 즉시 닦는 것을 규칙으로 삼고 있었으나, 플레밍은 배양 접시를 2~3주간 방치한 후 이상 현상이 벌어지지 않는지를 확인하곤 하였습니다. 이러한 습관 덕분에 플레밍은 다른 사람들에게 아주 게으르고 지저분한 학자로 보였습니다.

1921년 플레밍은 눈물, 콧물, 침을 박테리아와 함께 배양하면서 이러한 분비물 주변에 있는 박테리아가 죽어버린다는 것을 발견하였습니다. 그는 일련의 실험을 통해서 계란의 흰자에도 박테리아를 녹여버리는 성분이 있다는 사실을 알아냈습니다. 그는 이러한 효소를 '리소자임'이라고 불렀습니다. 이후 그는 리소자임의 작용 메커니즘을 알아내려고 하였으나 별다른 성과를 거두지는 못했습니다.

플레밍은 1928년 런던대학교 세인트 메리 의과대학 교수가 됩니다. 그는 이 시기에 포도상 구균에 대한 연구에 몰두하고 있었습니다다. 플레밍은 몇 종류의 균주를 배양하여 실험을 하다가 배양접시를 그대로 실험대 구석에 놓아둔 채 휴가를 떠났습니다. 휴가에서 돌아온 후 플레밍은 배양접시를 세척하려고 하다가 접시 주위의 세균의 일부분이 녹은 것처럼 없어진 것을 발견하였습니다. 그는 이러한 일이 일어난 것은 아래층에서 실험하던 푸른곰팡이가 우연히 플레밍 연구실 창문을 넘어와 일어난 현상이란 걸 알아내고 푸른곰팡이의 효과에 대해 연구를 하기 시작합니다.

플레밍은 접시 속에 한천을 놓고 그 위에 푸른 곰팡이의 포자를 두었더니 얼마 지나지 않아 털 같은 곰팡이가 피어났습니다. 플레밍은 다른 접시에서 배양하고 있던 포도상 구균을 한천의 푸른곰팡이 위에 놓자 이 구균이 모두 죽어버리는 것을 발견하였습니다. 플레밍은 푸른 곰팡이가 포도당구균을 죽이는 약으로 사용될 수 있다고 확신하였습니다. 플레밍은 이어 푸른 곰팡이가 어떤 종류인지 알아보았습니다. 이 푸른곰팡이는 바로 페니실리움 노타툼(Penicillium notatum)이었습니다. 그는 이 물질을 페니실린이란 이름을 붙이고 이 물질이 여러 가지의 세균에 대해 항균 작용을 한다는 사실을 입증하였습니다. 이것이 바로 인류가 최초로 항생제를 발견하는 순간이었습니다.

플레밍은 페니실린이 폐렴균, 수막염균, 디프테리아균, 탄저균 등 인간과 가축에게 무서운 전염병을 일으키는 병원균에 효과가 크다는 것을 알아냈습니다. 플레밍의 페니실린에 대한 연구 결과는 1929년 영국실험병리학회지에 〈B-인플루엔자 분리에 이용된 페니실륨 곰팡이의 항세균 작용에 대하여〉라는 제목으로 발표되었고, 이를 바탕으로 항생제가 만들어져 인류가 세균으로부터 해방되는 계기가 되었습니다.

생각해 보면 왜 플레밍의 배양접시에 그 많은 곰팡이 중에 페니실리움 노타툼이 떨어졌는지, 플레밍이 배양 실험을 하고 있었던 세균이 하필이면 페니실린의 작용을 받는 세균이었는지, 그리고 다른 사람도 아닌 플레밍에게 이러한 사건이 일어났는지 등은 알 수 없는 우연이라고 할 것입니다.

훗날 플레밍은 우연이라는 것은 준비된 자에게 하늘이 주는 행운이라고 말합니다. 그만큼 최선을 다해 살아가다 보면 좋은 일이 생긴다는 뜻일 것입니다. 흔히 플레밍의 발견을 '세렌디피티(serendipity)'라고 합니다. 이는 사전적으로 행운을 우연히 발견하는 능력이라고 정의됩니다. 과학에서는 이를 우연으로 얻어지는 위대한 발견이라고도 합니다. 사실 과학적 발견은 언제나 합리적 추론의 결과로 얻어지지는 않습니다. 하지만 완전한 우연에 의해 과학적 세렌디피티가 이루어지는 경우도 없습니다.

만약 플레밍이 돈을 벌기 위해 개업의사만 평생 했다면 그는 페니실린을 발견하지 못했을 것이고, 우리는 플레밍이라는 사람을 알지도 못했을 것입니다. 그는 자신이 가야 할 길을 연구에서 찾았고, 자신의 모든 것을 세균을 죽일 수 있는 물질을 찾는 데 바쳤습니다. 그 결과 그에게 '세렌디피티'가 주어졌던 것입니다. 이러한 운명적 우연을 만나기 위해서는 준비되고 열린 마음이 전제되어야 할 것입니다.

과학사에서 보면 이러한 우연에 의해 위대한 발견이 많이 존재합니다. 예를 들어, 노벨의 다이나마이트 발명, 케쿨레의 벤젠의 구조

발견, 뢴트겐의 X선 발견 등이 대표적인 예라 할 것입니다. 중요한 것은 그들 모두 자신의 모든 것을 쏟아부어 오래도록 최선을 다해 연구해 왔었다는 사실입니다.

페니실린이 발견된 이후 이를 약으로 만들기 위해서는 더 많은 실험이 필요했습니다. 푸른 곰팡이가 아무리 병원균을 잘 죽인다 하더라도 동물이나 사람의 몸에 넣었을 때 다른 커다란 부작용이 없어야 하기 때문입니다. 만약 큰 부작용이 생긴다면 그것은 약으로서 가치가 없을 것입니다.

일련의 실험을 통해 플레밍은 페니실린이 다른 약물들과는 달리 백혈구에 전혀 해를 끼치지 않는다는 점과 생쥐에 주사를 해도 부작용이 거의 없다는 것을 확인하였습니다. 그러나 플레밍이 사용한 페니실린의 용액은 순도가 떨어졌기 때문에 상처 부위까지 완전히 침투하지 못하고 지나치게 빨리 항균력이 떨어지는 단점이 있었습니다.

페니실린을 본격적인 치료약으로 개발하는 과정에서 결정적인 역할을 한 사람은 옥스퍼드 대학의 병리학자 하워드 플로리와 생화학자인 어니스트 체인이었습니다. 그들은 이전에 플레밍과 교류한 적이 없었지만 학문적으로는 여러 면에서 플레밍을 계승하였습니다. 플로리는 1935년 옥스퍼드 대학의 병리학 교수로 발령을 받으면서 체인을 실험강사로 채용했습니다. 그들은 눈물이나 침과 같은 점액에 들어있다는 리소자임에 관한 플레밍의 논문에 관심을 가졌습니다. 플로리와 체인은 1937년 리소자임을 정제하는 데 성공합니다. 그리고 1940년에는 이 효소의 작용을 받는 기질의 구조를 알아내기도 하였습니다.

그들은 리소자임을 연구하는 동안 항균 물질에 대한 많은 자료를 섭렵했는데 그중에는 페니실린에 관한 플레밍의 논문도 포함되어 있었습니다. 플로리와 체인은 1939년 록펠러 재단에서 연구비를 받아 페니실린을 배양하고 추출, 정제하는 작업에 착수하였습니다. 유능한 생화학자인 노만 히틀리의 도움을 바탕으로 1940년 5월에 정제된 페니실린 분말을 얻는 데 성공하였습니다. 이것은 플레밍의 곰팡이 분비물보다 천 배이상 강했습니다. 이어서 플로리와 체인은 생체를 대상으로 정제된 페니실린을 실험해 보았습니다. 치명적인 연쇄구균을 주사한 8마리의 쥐 가운데 4마리에게 페니실린을 투약했습니다. 그 결과 페니실린을 투약하지 않은 쥐 4마린는 모두 죽었으나 페니실린을 투약한 나머지 4마리는 아무런 문제가 없었습니다.

플로리와 체인은 1940년 8월 〈페니실린에 대한 추가적 관찰〉이라는 논문을 영국의 의학저널인 〈랜싯(The Lancet)〉에 발표했습니다. 플레밍은 이 논문을 읽고 옥스퍼드에 있는 플로리와 체인을 방문하여 커다란 일을 해냈다고 격찬합니다.

1941년 2월 플로리와 체인은 패혈증으로 회복 가능성이 거의 없는 환자에게 페니실린을 투여하여 환자의 병이 빠른 속도로 회복되는 결과를 얻게 됩니다. 하지만 당시 충분한 양의 정제된 페니실린이 확보되지 않아 그 환자는 불행하게 사망하고 맙니다. 이에 플로리와 체인은 대량의 정제된 페니실린을 만들어내기 위해 노력합니다. 그들은 영국과 미국의 제약업체들에게 지원을 호소합니다. 당시는 제2차 세계대전이 한참 치열하게 벌어지고 있었습니다. 전쟁터에서 수많은 병사들이 죽어가는 상황이었고 페니실린은 수많은 사람들의 목숨을 구할 수 있을 것으로 기대되었습니다.

미국의 몇몇 기업이 플로리에게 지원하겠다는 의사를 표현하자 플로리는 히틀리와 함께 미국으로 건너갑니다. 당시 영국의 기업들은 전쟁 물자를 생산하는 데 여념이 없어서 신약 개발을 지원하는 것을 엄두도 내지 못했습니다.

플로리와 히틀리는 옥수수에서 얻은 배양액으로 실험을 시작하였습니다. 마침내 플레밍의 최초 여과액보다 백만 배나 강한 페니실린을 만들 수 있었습니다. 플로리 팀은 페니실린이 전 세계에서 자유롭게 쓰여져야 한다고 믿었기 때문에 특허 출원을 포기합니다. 플레밍도 페니실린이란 단어가 상표권으로 쓰이는 일이 없도록 하기 위해 노력합니다. 1944년 6월 경 드디어 모든 연합군 부상자들을 치료할 수 있을 정도 양의 페니실린이 만들어집니다. 의사들은 새로 만들어진 페니실린으로 병사들을 치료했습니다.

2차 대전이 끝난 1945년 노벨상 위원회는 페니실린을 개발하고 이를 개발한 플레밍, 플로리, 체인에게 노벨 생리의학상을 수여합니다. 플레밍은 1943년 영국 왕립학회 회원이 되었고, 1944년 기사 작위를 받았습니다. 그는 또한 1946년 런던 대학교의 세균학 교실의 책임자가 되었고, 1948년에는 라이트-플레밍 연구소 소장이 되었습니다. 1951~1954년에는 에든버러 대학의 학장을 역임합니다. 안타깝게도 플레밍은 1955년 심장마비로 사망합니다.

세계 2차 대전이 끝난 후 페니실린은 민간에서도 수많은 감염증 환자들의 생명을 구할 수 있었습니다. 1940년만 해도 미국에서는 1만

명의 산모 가운데 60~70명이 아기를 낳다가 감염증 때문에 사망했습니다. 하지만 페니실린이 널리 사용되면서 감염증으로 인한 사망자는 급격하기 줄어듭니다. 1960년에는 미국에서 아기를 낳다 감염증으로 죽은 산모는 1만 명당 4명이었습니다. 의학의 역사에서 산모의 감염증은 19세기 중엽에 제멜바이스의 소독법 덕분에 1/20로 감소한 뒤 20세기 중엽 페니실린으로 인해 다시 1/20로 줄어든 것입니다.

페니실린이 만들어진 후 20세기 후반에는 수많은 항생제가 잇달아 개발되었습니다. 그러한 항생제들은 수많은 환자들의 생명을 구했지만 동시에 슈퍼 병균을 등장시키는 결과를 만들기도 했습니다. 특정한 항생제에 내성을 가진 병균들이 등장하고 그것을 없애기 위해 또 다른 새로운 항생제를 만들어야 하는 악순환이 계속되고 있는 것입니다. 하지만 페니실린의 발견은 분명 인류를 세균의 공포로부터 자유롭게 해주었을 뿐만 아니라 실제로 수천 만명의 목숨을 구한 것은 분명합니다. 플레밍이라는 한 명의 과학자의 노력이 인류에게 엄청난 도움을 주었던 것입니다.

## 20. 빌헬름 뢴트겐(1845~1923)

1890년대에는 현대물리학에서 아주 중요한 발견들이 많이 있었습니다. 1895년 독일의 과학자 뢴트겐이 X선이라는 새로운 종류의 광선을 발견합니다. 어어 1896년에는 프랑스의 베크렐이 방사선을 발견하였고, 1897년에는 영국의 톰슨이 전자를 발견했습니다. 이어 1898년에는 퀴리부부가 라듐을 발견하였습니다. X선의 발견은 X선의 본성에 대한 논쟁으로 이어집니다. 이는 빛의 정체성에 대한 것으로서 빛은 입자와 파동의 이중성을 가지고 있다는 결론에 이르게 됩니다. 이는 양자역학으로 이어져 실질적인 현대물리학의 시작을 알리게 됩니다. 이렇듯 X선의 발견은 현대 과학의 문을 열어주는 계기가 되었습니다.

X선은 눈에 보이는 빛보다 파장이 수천분의 1 정도로 아주 짧은 전자기파입니다. 전자기파를 파장이 긴 것부터 나열해 보면, 라디오파, 적외선, 가시광선, 자외선, X선, 감마선 등이 있습니다. X선은 감마선과 함께 파장이 매우 짧은 전자기파에 해당됩니다.

X선은 X선관이라는 일종의 진공방전관을 사용하여 고전압 하에서 가속한 전자를 금속판에 충돌시킬 때 발생합니다. X선의 중요한 특징은 물체를 투과하는 힘이 크다는 데 있습니다. 그래서 X선은 인간의 건강 상태를 진단하는 데 뿐만 아니라, 공항에서 짐을 검사하거나 건축물의 구조상 결함을 알아내는 데 사용됩니다. X선은 과학 연구에서 없어서는 안 될 중요한 존재입니다. 물질의 미세 구조를 알아내기 위해서나, 단백질이나 효소의 움직임에 대한 연구도 X선이 유용하게 사용됩니다.

이 X선을 발견한 사람이 바로 빌헬름 뢴트겐(W. Roetgen)입니다. 뢴트겐은 1845년 독일 프로이센 지역의 렌네프라는 작은 마을에서 태어났습니다. 그의 아버지는 직물 생산 및 판매업을 하였고, 뢴트겐이 태어난 지 3년 후에 온 가족은 네덜란드의 아펠도른으로 이사를 합니다. 뢴트겐은 어머니에게 글을 배운 뒤 아펠도른에 있는 사립학교에서 기초 교육을 받았습니다. 그는 어린 시절 그리 두각을 나타내지는 못했지만, 자연 속을 거닐고 기계를 만지는 것을 좋아했다고 합니다.

뢴트겐은 1861년에 우트레히트 기술학교에 진학하였습니다. 3학년 때 그는 수업 개선을 요구 조건으로 내걸고 학교 측과 교섭을 한 적이 있습니다. 교사의 존엄이 절대로 침범할 수 없는 것으로 여겨지던 시대였기 때문에 이 사건은 큰 문제가 되었습니다. 뢴트겐은 선의로 이러한 일을 벌였지만 학교와 교사를 비판했다는 이유로 퇴학 처분을 받았습니다.

뢴트겐은 대학을 가고자 했으나 정식 졸업장이 없어 대학에 진학할 수 없는 처지가 되었습니다. 다행히도 취리히에 있는 연방공과대학은 소정의 실력을 갖춘 학생들에게 대학의 문을 개방하고 있었습니다.

뢴트겐은 독학으로 입학시험에 합격한 뒤 1865년 취리히 연방공과대학의 기계공학과에 등록하였습니다. 그 대학에서 뢴트겐은 당대의 유명한 물리학자였던 클라우지우스와 쿤트의 강의를 들으면서 기계공학보다는 물리학에 깊은 관심을 가지게 되었습니다. 특히 쿤트는 뢴트겐이 한 가지 일에 집중하면 놀랄 만한 탐구력을 발휘한다는 점을 알게 되면서 그를 성실하게 지도하였습니다.

뢴트겐은 1868년 취리히 연방 공과대학을 졸업하고 이후 취리히 대학에서 물리학 박사학위를 받았습니다. 그는 쿤트의 조교가 되어 뷔르츠부르크대학과 슈트라스부르크 대학으로 옮겨 다녔습니다. 그 후 그는 1874년 국가교수자격을 취득하였습니다. 1875년부터 슈트라스부르크 대학, 호엔하임 대학, 기센 대학, 뷔르츠부르크 대학 등에서 물리학 교수를 역임하였습니다.

뢴트겐은 X선을 발견하기 전까지 48편의 논문을 출간했는데, 그의 연구 주제는 기체의 비열, 결정의 열전도, 석영의 전자기적 성질,

액체의 압축률, 유전체에서 발생하는 전류등 많은 분야를 포괄하고 있었습니다.

1895년에 뢴트겐은 뷔르츠부르크 대학의 물리학과 주임교수로 일하고 있었는데, 당시에 많은 과학자들은 전기를 진공에서 방전시켰을 때 발생하는 특이한 현상에 주목하고 있었습니다. 1879년에 영국의 크룩스(W. Crooks)는 방전 실험에 사용할 수 있는 고진공관인 크룩스관을 발명했는데, 그 관은 긴 원통 모양의 유리관에 두 개의 전극을 넣어 밀폐한 것이었습니다. 그는 저압의 기체를 넣은 관에 고압의 전류를 흘리면 알 수 없는 선이 음극으로부터 방사되는 것을 관찰하였습니다. 그는 이 선을 음극에서 나오는 극히 작은 대전된 입자의 흐름이라고 생각하여 음극선이라 명명하였습니다. 하지만 독일의 과학자들은 음극선이 빛과 비슷한 것이라고 주장하였습니다. 음극선을 집중적으로 연구한 독일의 과학자는 헤르츠의 제자였던 레나르트였습니다. 그는 크룩스관의 한쪽 끝에 얇은 알루미늄판을 대고 여기에 음극선을 쏜 다음 그 판을 통과한 광선의 성질을 자세하게 관찰하였습니다. 이 실험에서 그는 음극선에 관한 중요한 성질을 관찰했지만, 그의 스승인 헤르츠의 견해를 받아들여 음극선을 빛과 유사한 것으로 보았습니다. 음극선이 전자의 흐름이라는 사실은 1897년 영국의 과학자인 톰슨에 의해 밝혀지게 되었습니다.

1894년에 뢴트겐은 음극선을 금속 박판에 쏘기 위한 실험 장치에 대하여 레나르트에게 문의하였고, 뢴트겐은 레나르트의 도움을 받아 실험을 반복할 수 있었습니다. 이 실험을 하던 중 뢴트겐은 뷔르츠부르크 대학의 학장으로 선출되는 바람에 1년 뒤에야 음극선 실험을 본격적으로 할 수 있었습니다.

1895년 11월 8일 뢴트겐은 암실에서 크룩스관을 두꺼운 검은 마분지로 싸서 어떤 강력한 빛도 통과할 수 없도록 만들었습니다. 그가 유도 코일에 스위치를 넣자 이상하게도 몇 미터 떨어진 책상 위에 있는 형광 스크린이 밝게 빛나고 있었습니다. 크룩스관은 검은 종이로 싸서 음극선이 새어 나갈 이유가 없는데도 불구하고 어떠한 알지 못하는 빛이 관으로부터 스크린 쪽으로 직진해 나갔던 것입니다. 뢴트겐은 관에서 형광을 발하는 새로운 종류의 선이 방출된다는 것을 생각하면서 이 선이 다른 물질도 통과할 수 있을 것이라고 생각하였습니다. 그는 관과 스크린 사이에 나무판자, 헝겊, 금속판 등을 대고 실험을 해보았는데, 그 선이 나무와 섬유 등은 통과하지만 금속은 통과하지 못한다는 사실을 알아낼 수 있었습니다.

여기서 뢴트겐은 간단하지만 중요한 아이디어를 생각해 내었습니다. 그는 광선이 사진 건판에 작용하므로 아마 이 특이한 선도 사진 건판에 감광될 것으로 생각하였습니다. 뢴트겐은 이러한 가설을 검증하기 위하여 그 선이 통과하는 길에 사진 건판을 놓고 아내에게 손을 관과 건판 사이에 넣어보라고 하였습니다. 스위치를 넣고 건판을 현상해 보니 아내의 뼈가 뚜렷하게 나타났고 뼈 부근의 근육도 희미하게 그려져 있었습니다. 이것이 바로 역사상 처음으로 살아있는 사람의 뼈를 사진으로 찍은 것입니다.

뢴트겐은 이 광선에 'X선'이라고 이름을 붙였습니다. 이 선에 대해서 아무것도 알지 못하므로, 수학에서 미지수를 나타내는 X라는 문자를 사용했던 것입니다. 뢴트겐은 X선에 대한 이 연구 결과를 〈새로운 종류의 광선에 대하여〉라는 논문으로 1895년 “뷔르츠부르크 물리 의학 학회지”에 제출하였습니다. 그의 논문 초고를 읽어 본 과학자들은 손을 찍은 X선 사진을 보고 흥분을 감추지 못했습니다. 마침 1896년 1월 초에 독일 물리학회의 창립 50주년을 기념하는 행사가 있었고 이를 통해 뢴트겐의 연구는 곧바로 유럽의 수많은 과학자들에게 알려졌습니다. 뢴트겐의 연구는 이전까지 거의 주목을 받지 못했는데 X선에 대한 논문 한 편으로 일약 세계적인 과학자로 우뚝 서게 됩니다.

또한 뢴트겐은 전 세계로부터 수많은 강연 초대를 받았습니다. 특히 독일 황제의 초대까지 받아 뢴트겐은 카이저 빌헬름 2세가 있는 궁전에서 X선에 대한 시범과 강연을 하였고, 황제와 만찬까지 함께 하였습니다. 빌헬름 2세는 뢴트겐에게 훈장을 수여합니다.

사실 X선의 발견은 뢴트겐이 아닌 다른 과학자도 할 수 있었습니다. 특히 크룩스나 레나르트는 가능성이 매우 컸습니다. 크룩스는 음극선 주변에서 사진 건판이 흐려지는 것을 불평하곤 했고, 레나르트는 크룩스관 부근에서 발생하는 발광현상을 목격하기도 했습니다. 그러나 그들은 음극선의 성질을 연구하는 데 관심을 집중했기 때문에 위대한 발견의 기회를 놓쳐 버린 것으로 생각됩니다. 또한 그들은 실험 장치에서 이상한 광선이 발생하면 그것을 깊이 탐구한 것이 아니라 실험 장치에 문제가 있는 것으로 판단하여 실험 장치를 만든 사람에게 항의하곤 하였습니다. 나중에 레나르트는 자신이 X선을 발견하지 못한 것을 매우 애석하게 생각했습니다.

레나르트도 음극선 연구에 기여한 공로로 1905년 노벨 물리학상을 수상합니다. 그의 발견 가운데 하나는 음극선으로 외부에 있는 과녁을 맞히는 방법이었습니다. 레나르트는 과학자로서는 뛰어났지만, 편협한 민족주의적 감정을 가지고 있었습니다. 그는 음극선 연구에서 영국의 톰슨과 경쟁 관계에 있었는데 톰슨이 비열하게 자신의 이론을 도용해서 논문을 썼다고 생각했습니다. 이때부터 레나르트는 영국 과학자들이 부정확하고 불충분한 데이터로 남의 업적을 빼앗아 논문을 쓰는 데만 급급한 사람들이라도 생각했습니다.

그는 세계 1차 대전을 공공선을 추구하는 독일인과 사리사욕에 빠져 있는 영국인 간의 전쟁이라고 말합니다. 전쟁이 독일의 패배로 끝나자 그는 충격을 받습니다. 1919년 에딩턴이 이끄는 영국의 탐험대가 아인슈타인의 일반상대론을 입증하는 개기 일식을 관측했다는 뉴스가 나오자 레나르트는 크게 노하여 그 뉴스는 영국인의 전형적인 사기 기법이라고 생각했습니다. 또한 아인슈타인이 유태인이라는 이유로 레나르트는 영국을 넘어 유태인을 반대하는 것으로까지 발전하게 됩니다. 심지어 바이마르 시대의 통화 팽창으로 자신이 보유하고 있던 채권이 쓸데없어지자 그는 유태인들이 사기를 쳐서 자신의 전 재산을 잃어버렸다고 말합니다.

레나르트는 요한 슈타르크와 더불어 독일 물리학을 구축하는 데 앞장섭니다. 그들은 상대성이론과 같은 유태인의 과학은 도그마적인 과학인 반면에 독일의 과학을 실험 위주의 실제적인 과학이라고 주장하였습니다. 그들은 독일 과학의 우수성에 대한 것이라면 어떠한 논쟁도 마다하지 않았다고 합니다. 그들은 자신들의 견해에 반대하는 사람들을 끝까지 괴롭혔습니다. 흥미로운 것은 레나르트의 스승인 헤르츠가 절반은 유태인이라는 사실입니다. 이에 대해 레나르트는 헤르츠의 실험적 재능은 순전히 아리아인 어머니 때문이고, 헤르츠가 범한 실수는 유태인 아버지의 탓이라고도 말했습니다.

당시에 세계 각국의 언론들은 X선의 발견을 대서특필하였습니다. 뢴트겐의 발견 이후 수많은 과학자들이 X선을 연구하는데 달려들었습니다. 1896년 한 해만 해도 X선에 관한 논문이 1,000편 이상 출간될 정도였습니다. 이후 X선은 특히 외과 의사들에 의해 의학에 응용되었습니다. 1896년 1월 베를린의 어떤 의사는 손가락에 꽂힌 유리 파편을 X선으로 찾아냈고, 리버풀의 의사는 X선으로 환자의 머리에 박힌 탄환을 확인하였습니다. 이처럼 X선은 외과 분야에서 효과적인 진단 방법으로 사용되었고 수많은 환자의 고통을 덜어주는 데 크게 공헌하였습니다. 지금도 우리는 병원에 가면 너무나 쉽게 X선으로 진단하는 것을 볼 수 있습니다.

전자를 발견한 톰슨은 X선이 효과적인 진단 방법을 외과 의사에게 제공한 것 이상으로 물리학이 인류의 고통을 구하는 데 공헌한 적은 없다고 말했습니다. X선의 정체는 1912년 막스 라우에에 의해 밝혀졌습니다. X선은 빛과 마찬가지로 전자기파의 일종이지만 파장과 진동수에 차이가 있을 뿐이라는 것입니다. 영국의 브래그 부자와 미국의 쿨리지는 X선이 본격적으로 활용될 수 있는 기반을 닦았습니다.

브래그 부자는 1913년에 X선을 이용하여 분자의 결정구조를 밝혀내는 X선 결정학을 정립합니다. 쿨리지는 1927년에 X선의 양과 투과력을 늘리거나 줄일 수 있는 쿨리지관을 발명하였습니다. 그 후 X선은 원자의 비밀과 생물분자의 구조를 규명하고 철을 비롯한 공업

재료의 조직에 포함된 균열을 검출하는 데에 널리 사용됩니다. 최근에는 투과되지 않은 액체를 사용함으로써 위와 내장에 대한 사진도 찍을수 있습니다. 이와 같이 X선의 물리적 성질과 효과가 밝혀지면서 X가 지칭하는 미지의 의미는 사라졌습니다.

뢴트겐은 X선을 발견하여 인류에게 커다란 혜택을 제공한 공로로 1901년 제1회 노벨 물리학상을 수상합니다. 그러나 그는 X선에 의해 생겨나는 어떤 특허도 단호히 거절하였습니다. X선을 제대로 활용하기 위해서는 어느 특정인이 소유해서는 곤란하며 모든 인류가 공유해야 한다는 것이 그의 생각이었습니다.

뢴트겐에게 왜 많은 돈을 벌 수 있는 특허라는 기회를 이용하지 않느냐는 질문에 뢴트겐은 학문은 인류의 것이라고 대답합니다. 뢴트겐은 1900년부터 뮌헨 대학의 물리학과 주임교수이자 실험물리학 연구소 소장으로 활동합니다. X선을 발견한 이후 뢴트겐은 X선에 대한 논문 2편을 비롯하여 9편의 논문을 남겼습니다. 그는 1906년 과학 박물관의 건설을 제안한 후 최초의 X선 장치를 기증하기도 합니다. 뢴트겐은 1914년 독일의 군국주의와 독일 과학자들의 연대성을 표방한 성명서에 서명합니다. 하지만 그는 말년에 이에 대해 후회하였다고 전해집니다.

뢴트겐은 1919년에 모든 공직에서 은퇴하였습니다. 말년에는 모아둔 재산도 없었고, 전재으로 인한 인플레이션으로 인해 재정적으로 크게 고생하였습니다. 그는 1923년 뮌헨에서 78세의 나이로 세상을 떠납니다. 하지만 그가 인류에게 남겨준 유산인 X선은 아마 영원히 우리 곁에 있을 것입니다.

# 21. 토마스 에디슨(1847~1931)

오늘날의 기술 시스템을 촉진시킨 많은 발명품들은 19세기 후반에서 20세기 초반에 나왔습니다. 철강, 인공염료, 전기, 전신, 전화, 자동차 등이 그 대표적인 예라 할 것입니다. 이러한 기술의 혁신은 기존의 산업을 크게 변화시키거나 다른 새로운 산업을 창출함으로써 당대의 산업 발전과 경제 성장에 커다란 영향을 미쳤습니다. 이러한 변화는 1760~1830년에 발생한 영국의 산업 혁명에 대비하여 '제2차 산업혁명'으로 불리기도 합니다. 제2차 산업 혁명을 시작으로 대기업이 기술혁신의 핵심 주체로 부상하였습니다. 기술의 주도권은 영국에서 독일로, 다시 미국으로 이동하였습니다. 특히 영국의 산업 혁명에서는 기술혁신이 직접적인 영향력을 주었다고 말하기는 어렵지만, 제2차 산업 혁명은 새로운 기술혁신에서 비롯되었다고 할 수 있을 것입니다. 이와 같은 제2차 산업 혁명에 있어서 가장 중심에 서 있는 인물이 바로 토마스 에디슨입니다. 그는 "천재는 99퍼센트의 노력과 1%의 영감을 이루어진다."라는 유명한 말을 남기기도 했습니다.

에디슨은 미국에서 1,093개의 특허를 받았습니다. 다른 나라에서 받은 것은 1,239개입니다. 그는 역사상 가장 많은 특허를 받은 사람으로 알려져 있습니다. 에디슨을 '발명왕'이라고 하는 이유가 여기에 있습니다. 그는 양적인 뿐만이 아니라 질적인 면에서도 타의 추종을 불허할 정도입니다. 에디슨의 대표적인 발명품은 백열등, 축음기, 영화 등 오늘날 과학기술 문명을 열어주는 중요한 역할을 하였습니다.

토마스 에디슨(Thomas Edison)은 1847년 미국 오하이오주 밀란에서 태어났습니다. 그의 아버지는 목수였고, 그의 어머니는 교사였습니다. 어린 시절 에디슨은 상상력이 매우 풍부하고 기발한 호기심을 가졌던 것으로 알려져 있습니다. 달걀을 품어 병아리를 만들려고 했다는 것은 누구나 다 아는 일화일 것입니다. 한번은 에디슨이 곡물 창고에 들어가 그 구조를 유심히 관찰하던 중 스위치를 잘못 눌러 곡물에 깔려 죽을 뻔한 적이 있다고 합니다. 에디슨은 하늘을 날 수 있는 알약을 만들어 친구에게 먹였으나, 그 친구가 하늘을 날기는커녕 며칠 동안 배앓이로 고생을 했다고 합니다.

이런 에디슨에게 틀에 박힌 학교 교육은 별다른 의미가 없었습니다. 그는 수업 시간에 선생님의 말씀은 듣지 않고 갖가지 공상의 나래를 펴면서 노트에다 이상한 그림을 그리곤 했습니다. 에디슨의 학교 성적은 하위권이었고, 그에게는 말썽꾸러기 또는 문제아라는 낙인이 찍혔습니다. 에디슨의 학교 출석률은 점점 낮아졌고, 결국 그는 5년간 초등학교를 다니다 학교를 그만두고 말았습니다. 실제 에디슨이 초등학교에 출석한 기간은 5년이 아닌 3개월에 불과하다고 합니다.

이처럼 정규 교육을 받지 못한 에디슨에게 가정교육이 매우 중요한 역할을 하였습니다. 에디슨의 어머니는 에디슨이 흥미를 느끼는 분야를 중심으로 공부를 시키면서 점차 그 범위를 확장시켜 나갔습니다. 에디슨은 9살 때 파커의 "자연, 실험, 철학"이라는 청소년용 과학 도서를 읽으면서 과학에 깊은 관심을 가지게 되었고, 10살 때에는 집 지하에 실험실을 만들어 그 책에 소개되어 있는 실험을 스스로 해 보기도 하였습니다.

에디슨은 12살 때부터 실험 비용을 마련하기 위해 철도 급사로 일을 하였습니다. 그는 객차를 오고 가면서 신문과 음식을 팔았습니다. 에디슨은 차장의 허락을 얻은 뒤 열차 뒤편에 실험실을 만들어 틈틈이 실험을 하였습니다. 1861년부터 미국에서 남북전쟁이 진행되면서 전쟁의 소식을 담은 신문이 불티나게 팔리자 에디슨은 헌 인쇄기를 구입한 후 신문을 스스로 제작하여 큰 수입을 올리기도 했습니다. 에디슨의 신문이 인기가 점점 좋아지고 있을 때 에디슨의 열차 실험실에서 화재가 발생합니다. 비록 불은 꺼졌지만, 차장은 에디슨의 실험용 기기와 약품을 모두 밖으로 던져 버렸다고 합니다. 게다가 당시 차장이 에디슨의 따귀를 심하게 때리는 바람에 에디슨에게 청각 장애가 생겼다고 합니다. 에디슨은 선천적으로 반고리관 장애가 있었습니다. 이런 이유로 에디슨은 점점 귀가 들리지 않게 되었다고 합니다.

1862년 어느 날, 에디슨은 탈선한 열차에 치일 뻔했던 한 남자 아이를 구해주었습니다. 그 일로 에디슨에게 좋은 인상을 갖게 된 그의 아버지는 에디슨에게 5개월 동안 전신 기술을 가르쳐 주었습니다. 이로 인해 에디슨은 1863년부터 미국의 남부 및 중서부 지역을 돌아다니며 전신 분야의 견습 기술자로 활동했습니다.

에디슨은 당시의 과학과 기술에 대한 서적은 물론 정치사상이나 경제사상에 대한 책도 열심히 읽어 나갔습니다. 당시 그가 읽었던 과학과 기술에 관한 서적은 〈화학분석의 기초〉, 〈정량화학의 분석〉, 〈전기학 실험연구〉, 〈전신〉 등이 있었습니다.

에디슨은 1868년 보스턴에 정착하였습니다. 그 해에 에디슨은 자신의 최초의 발명품인 전기 투표 기록기를 발명했는데 그것은 투표자가 찬성 혹은 반대의 버튼을 누르면 투표 결과가 자동으로 기록되는 기계였습니다. 하지만 의회의 직원들은 사용할 필요를 느끼지 못했기 때문에 에디슨의 전기 투표 기록기는 실패하게 됩니다. 여기서 에디슨은 사람들이 필요로 하지 않는 발명은 하지 않겠다는 교훈을 배우게 됩니다.

에디슨은 1869년 전업 발명가가 되겠다고 선언합니다. 그리고 1870년 전신 장비를 만드는 공장을 차렸습니다. 그는 웨스턴 유니온 전신을 비롯한 여러 기업의 의뢰를 받아 전신기의 발명이나 개량에 집중했는데, 그가 발명한 전신기에는 인쇄전신기, 자동전신기,

사중전신기 등이 있었습니다.

1871년 에디슨은 자신을 그토록 아껴주었던 어머니를 잃게 됩니다. 하지만 그해 말 그는 당시 겨우 16살인 메리 스틸웰과 결혼합니다. 에디슨과 메리는 연애 기간 열렬히 사랑했지만, 결혼 생활은 그리 만족스럽지 못했습니다. 에디슨은 대부분의 시간을 발명하느라 작업장에서 보냈고, 새벽까지 일하는 경우도 많았습니다. 외로움에 빠진 메리는 과소비로 마음을 달래기도 했지만, 그것도 한계가 있었습니다. 두 사람의 결혼 생활은 행복하지 않았고, 에디슨은 더욱 자신의 일에 파묻히면서 그 문제를 외면하였습니다.

에디슨은 1876년에 멘로 파크에 자신의 연구소를 차리면서 생애 최대의 전성기를 맞이하였습니다. 그는 연구소에 우수한 인력과 최신 장비를 결집시키는 데 많은 노력을 기울였습니다. 기계공, 도구제작자, 수학자 등 20여 명의 전문 인력을 직접 고용하였고, 발명기구, 화학물질, 증기기관은 물론 도서실까지 구비했습니다.

에디슨은 멘로 파크 연구소를 통해 개인 차원이 아닌 조직 차원의 발명을 시도하였습니다. 그는 풀어야 할 문제에 대한 전체적인 개념을 규정하였고, 그의 직원들은 에디슨이 할당한 문제를 바탕으로 각종 실험과 계산을 담당하였습니다. 그러나 멘로 파크 연구소를 오늘날과 같은 산업적 연구의 출발점으로 보기는 어려울 것입니다. 왜냐하면 멘로 파크 연구소에서는 기술자들이 활동을 주로 했으며 과학자들은 이를 보조하는 데 머물렀기 때문입니다. 에디슨은 멘로 파크 연구소를 설립하면서 "열흘에 한 건씩 발명, 6개월에 한 건씩 굉장한 발명"을 해낼 것이라 마음을 먹었습니다.

1876년에 에디슨은 자동전신에 사용되는 수중 케이블을 시험하던 중에 탄소의 전기저항과 전도성이 압력에 따라 변한다는 사실을 알아낸 후 자석 대신 탄소를 사용하여 전류를 변화시키는 압력 계전지를 고안하였습니다. 1877년에는 탄소송화기를 발명함으로서 1년 전에 벨이 선보인 전화기의 성능을 크게 향상시켰습니다. 같은 해에 에디슨은 전화에서 수신된 사람의 음성으로 바꿀 수 있는 기구를 개발하던 중에 축음기를 발명하였습니다. 특히 축음기의 경우에는 청력을 잃은 사람이 말하는 기계를 발명했다는 점에서 상당한 센세이션을 불러일으켰습니다.

에디슨은 1879년 백열등을 발명함으로써 전기 시대를 열었습니다. 당시의 공장이나 거리에서는 가스등이나 아크등이 사용되었는데, 가스등은 불빛이 약하고 가격이 비쌌으며 아크등은 너무 밝고 폭발의 위험성이 있었습니다. 에디슨은 가정에서도 사용할 수 있는 전등 시스템을 구축한다는 목표를 가지고, 기존의 가스등과 경제적으로 경쟁할 수 있는 전등의 개발에 착수하였습니다.

에디슨은 체계적인 연구를 통하여 전도체에 사용되는 값비싼 구리가 전등 시스템의 개발에서 걸림돌이 된다는 것을 알아낸 후, 전등에 필요한 에너지를 충분히 공급하면서도 전도체의 경제성을 보장하는 것을 핵심적인 문제로 생각하였습니다. 그는 옴의 법칙과 줄의 법칙을 이용하여 전도체의 길이를 줄이고 횡단면적을 적게 하는 방법을 연구하여, 오늘날과 같은 1암페어 100오옴짜리 고저항 필라멘트를 개발하였습니다. 에디슨이 이러한 기존의 낮은 저항 전등 대신 고저항 전등에 주목한 것은 체계적인 비용 분석에서 비롯되었으며,

그러한 과정에서 그는 백열등을 발명하는 것은 물론 1암페어 100옴과 같은 기술 표준을 확립하는 성과를 거두었던 것입니다.

에디슨이 백열등을 개발하는 데에는 수많은 시행착오가 있었습니다. 그가 백열등을 개발하는 과정에는 1,600가지가 넘는 금속선이 사용되었으며, 당시에 작성된 노트는 4만 페이지가 넘었다고 합니다. 에디슨은 숱한 실패를 하면서도 낙담하지 않고 오뚝이처럼 계속 일어섰습니다.

에디슨은 당시 전구를 발명하기 위해 9,999번의 실험을 했지만 잘 되지 않자, 그의 친구가 1만 번씩이나 실패를 할 것이냐 물어보았다고 합니다. 이에 대해 에디슨은 자신은 실패한 것이 아니고 전구가 되지 못하는 9,999가지를 알아냈다고 답했다고 합니다.

에디슨은 백열등만을 발명한 것은 아니었습니다. 그는 발전, 송전, 배전에 필요한 모든 것을 만들었습니다. 거기에는 전기 모터, 발전소, 전선, 소켓, 스위치, 퓨즈, 계량기 등이 포함되어 있었습니다. 에디슨이 발명한 것은 하나의 기술이 아니라 여러 가지 기술이 결합된 시스템이었던 것입니다. 사실 에디슨은 단순한 발명가가 아니라 백열등의 활용에 필요한 거의 모든 것을 개발한 시스템 구축가라 할 것입니다.

에디슨은 1883년 전구에 전극을 추가적으로 삽입하는 실험을 하면서 이후 '에디슨 효과'로 불리는 현상을 발견하기도 합니다. 전구에 도선과 금속판을 투입하고 도선을 전지의 +극에 연결하면, 필라멘트에서 전자가 일부 빠져나와 금속판으로 흘러 들어감으로써 투입한 도선에도 전류가 흐르게 된다는 것이었습니다. 에디슨은 이러한 전구를 전류 측정 장치로 활용할 수 있겠다고 생각했지만, 더 이상 자신의 아이디어를 발전시키지는 않았습니다. 에디슨 효과는 20세기 초에 존 플레밍이 밸브를 발명하고, 리 포리스트가 3극 진공관을 개발하는 것으로 이어집니다.

에디슨은 전등을 시스템적 차원에서 개발했을 뿐만 아니라 전등의 상업화를 위한 활동도 시스템적으로 전개하였습니다. 즉, 전등의 연구 개발을 담당하는 회사, 전력을 공급하는 회사, 발전기를 생산하는 회사, 전선을 생산하는 회사 등을 잇달아 설립하여 전기에 관한 모든 서비스를 제공할 수 있는 '에디슨 시스템'을 구성하였습니다. 에디슨 시스템은 1882년 뉴욕시에 세계 최초로 중앙 발전소를 설립하는 것을 계기로 미국의 전등 및 전력 산업을 석권하기 시작합니다. 에디슨 시스템은 1889년 '에디슨 제너럴 일렉트릭'으로 통합되었습니다.

하지만 에디슨 시스템은 직류 방식을 채택하고 있었기 때문에 발전소를 소비지역과 가까운 곳에 설치해야 하는 약점이 있었습니다. 이에 반해 교류 방식에서는 중앙 발전소에서 생산된 수천 볼트의 전기를 전송하면 각 소비지역에 설치된 전신주의 변압기에서 전압을 내리면 되기 때문에 석탄이나 물의 공급이 용이한 지역에 발전소를 설치할 수 있는 이점이 있었습니다. 이러한 전력 방식의 표준을 어떻게 정할 것인가 하는 것을 놓고 에디슨 시스템과 교류 방식의 대표 기업인 웨스팅하우스 전기회사 간의 '전류 전쟁'이 벌어집니다.

이즈음 프랑스의 구리 판매 기업들은 서로 연합하여 구리 가격을 3배로 인상하는 사건이 벌어집니다. 이것은 전류를 굵은 구리선을 통해 보내고 있었던 직류 방식의 경제성에 대한 의문을 증폭시킵니다. 또한 니콜라 테슬라가 1888년 교류 방식에 사용할 수 있는 유도 전동기를 발명하게 됩니다. 유도 전동기가 발명되기 이전에는 교류로 전기를 생산하는 것이 경제적이라 하더라도 응용 범위가 제한되기 때문에 직류 방식을 대체하기 어려웠습니다. 결국 교류 방식을 사용하는 웨스팅 하우스가 1893년 5월 시카고에서 열린 만국박람회에서 에디슨 회사를 제치고 전기시설 독점권을 따내 전류 전쟁에서 승리하게 됩니다.

전류 전쟁이 한참 진행되고 있었던 1892년 에디슨 제너럴 일렉트릭은 톰슨-휴스턴 회사와 합병되어 '제너럴 일렉트릭'라는 회사로 됩니다. 이 회사는 향후 전 세계적인 회사로 발전하게 됩니다. 전류 전쟁의 승자는 웨스팅 하우스로 보이지만 사실 실제는 꼭 그렇다고 말할 수 없을 것입니다. 왜냐하면 전기를 생산하는 것은 웨스팅 하우스일지 모르나 전기를 공급하는 각종 설비나 장치들은 에디슨 회사가 공급하였기 때문입니다.

에디슨은 그 후에도 축음기나 활동 사진기 등 수많은 발명을 해내게 됩니다. 그는 말년에도 발명에 대한 의욕을 잃지 않고 계속해 나가는 가운데 1931년 10월 18일 84세에 세상을 떠납니다. 그가 사망한 지 3일 후인 1931년 10월 21일 밤, 미국 전체의 전등이 1분 동안 꺼집니다. 전기를 모든 사람에게 공급한 에디슨을 기념하기 위해서였습니다. 이 행사는 당시 미국 대통령이었던 후버대통령의 요청으로 이루어졌습니다. 에디슨의 피나는 노력으로 인류는 지금도 밤을 환하게 밝히며 생활하고 있는 것입니다.

## 22. 마리 퀴리(1867~1934)

과학의 역사에 있어서 가장 위대한 여성 과학자는 마리 퀴리가 아닐까 싶습니다. 그녀는 노벨상을 최초로 받은 여성이었고, 두 개의 노벨상을 최초로 받는 과학자였습니다. 또한 물리학과 화학 두 분야에서 노벨상을 받은 최초의 사람이었습니다. 게다가 그녀는 여성 최초로 소르본느 대학 교수가 되었고, 프랑스 아카데미 최초의 여성 회원이었습니다. 과거뿐 아니라 앞으로도 마리 퀴리같은 여성 과학자가 나오기는 힘들다는 것이 많은 사람들의 의견입니다.

마리 퀴리는 좋은 환경에서 태어나 자란 것도 아니었습니다. 그녀는 러시아 식민지였던 폴란드에서 태어나 자랐고, 당시 폴란드에서는 여성에게 대학 입학을 허락하지도 않았습니다. 그러한 관계로 그녀는 우여곡절 끝에 24살이라는 늦은 나이에 타국인 프랑스에서 대학에 입학합니다. 그녀는 생전에 방사능 연구에 미친 듯이 열심이었고, 결국 방사능으로 인해 백혈병에 걸려 세상을 떠납니다.

마리 퀴리는 1867년 폴란드의 바르샤바에서 태어났습니다. 마리의 아버지는 바르샤바 김나지움에서 수학과 물리학을 가르치는 교사였으나 당시 러시아가 지배하던 폴란드의 교육정책에 반대하다 해임됩니다. 이로 인해 집안의 가세가 급격히 기울어 경제적으로 많은 어려움이 있었습니다. 집안의 경제 사정은 점점 악화되었고, 가족들은 몸이 아파도 제대로 치료를 받지도 못했습니다. 이런 상황에서 마리의 어머니는 결핵에 걸려 세상을 떠납니다. 그녀의 큰 언니는 장티푸스로 죽었습니다. 하지만 이러한 상황에서도 마리는 열심히 공부하였고 학교에서 가장 좋은 성적을 보였습니다.

중학교와 고등학교를 다닐 때에는 상황이 더욱 나빠졌습니다. 러시아 선생들은 폴란들 학생들을 적으로 생각하곤 했습니다. 마리는 1883년 고등학교를 모든 과목에서 수석으로 졸업하였습니다. 딸의 건강을 염려했던 아버지는 마리를 요양차 시골로 보냈습니다. 1년간의 요양 후 고향으로 돌아온 마리는 수많은 서적을 탐독하다가 자신이 과학에 적성이 있음을 발견합니다. 이와 더불어 그녀는 점점 대학에 진학해 공부를 더하고 싶은 마음이 간절해졌습니다. 하지만 당시 폴란드에서는 여성을 입학시켜주는 대학이 없었습니다. 게다가 마리의 집안 형편은 자녀를 대학에 보낼 수가 없었습니다.

마리의 언니 또한 대학을 가기를 원했습니다. 이에 마리는 그녀의 언니와 상의를 하게 됩니다. 폴란드에서 대학을 갈 수가 없으니 프랑스 파리로 가서 대학을 입학하자고 제안합니다. 또한 마리가 가정교사를 해서 언니의 대학 공부를 도와주고, 언니가 대학을 졸업하고 나면 언니가 마리의 대학 공부를 도와주기로 합니다. 마리의 언니는 마리의 제안을 받아들입니다. 이에 마리의 언니는 의학을 공부하기 위해 파리의 소르본느 대학에 진학합니다. 마리는 언니를 위해 5년 동안 가정교사를 합니다. 이때 마리는 가정교사를 하는 집안의 장남과 사랑에 빠집니다. 하지만 그들은 결혼할 수가 없었습니다. 왜냐하면 그 집안의 부인이 가정교사를 자신의 아들과 결혼시킬 수가 없다고 강하게 반대했기 때문입니다. 이에 마리는 심한 마음의 상처를 받게 됩니다. 힘든 시기를 극복하고 5년이라는 세월도 지나 마리의 언니가 대학을 졸업하고 폴란드로 돌아옵니다. 이에 마리는 파리로 갔고 그녀가 마리의 대학 공부를 도와줍니다.

어릴 때부터 천재적인 소질이 있었던 마리 퀴리는 늦은 나이인 25세가 되어서야 프랑스로 유학을 가게 됩니다. 당시 최고 대학이었던 소르본대학에서 4년 동안 마리는 열심히 공부를 하였습니다. 그녀는 언제나 강의실 제일 앞줄에 앉았고, 강의가 끝나면 조용히 사라졌습니다. 4년 동안 마리는 6층 집 다락방에서 지냈습니다. 창문이라고는 작은 환기창밖에 없었으며 겨울에도 난방이 안 되고 수돗물도 나오지 않았습니다. 이런 공간에서 마리는 빵과 홍차로 끼니를 해결했으며 영양 부족으로 갖가지 병을 얻기도 하였습니다. 가난, 굶주림, 병마에도 불구하고 그녀는 누구보다도 열심히 공부했습니다. 워낙 재능이 뛰어났기 때문에 마리는 1893년 물리학으로 수석 졸업을 하고 다음 해에는 수학으로 또 하나의 학위를 얻었습니다.

1894년 마리에게 새로운 사랑이 찾아옵니다. 당시 파리를 방문했던 폴란드 물리학자 조셉 코발스키가 피에르 퀴리를 마리에게 소개시켜 줍니다. 당시 피에르는 35살의 노총각으로 파리 소재 직업학교인 산업물리화학 학교의 교수로 재직하고 있었습니다. 피에르는 마리에게 감동이 넘치는 편지로 구혼했고 마리도 그것을 받아들입니다. 그들은 1895년 7월에 결혼식을 올립니다. 결혼 직전 마리는 박사 학위 자격 시험에 합격했고 결혼 후에는 피에르의 실험실에서 일하게 되었습니다. 당시 유럽 대학 전체를 통틀어 박사 과정을 밟는 여성은 단 두 명이었다고 합니다. 그중에 한 명이 바로 마리 퀴리였습니다.

마리가 박사학위 논문을 준비하던 중 베크렐이 발견한 우라늄의 형광 현상이 중요한 분야라고 생각하여 피에르와 함께 이 분야를 집중적으로 연구하여 박사학위를 받습니다. 당시 베크렐은 형광 현상을 주로 연구하고 있었습니다. 1896년 그는 우라늄 아황산염으로 실험을 하던 중 이 결정에서 나오는 강한 빛은 형광 현상과 무관하며, 우라늄 원소의 자연적인 성질에 의해 생성되는 것임을 알게 되었습니다. 마리는 피에르가 고안한 검전기를 사용하여 우라늄 방사선의 강도는 화합물 속에 들어 있는 우라늄의 양에 비례하고 화합방식에는 무관하다는 베크렐의 발견을 확인하였습니다.

퀴리 부부는 연구 대상을 우라늄에 국한시키지 않고 당시에 알려진 모든 원소를 조사해 본다는 거대한 계획을 세웠습니다. 그들은 곧 토륨도 우라늄에서 나오는 것과 같은 종류의 빛을 낸다는 것을 발견하였습니다. 마리는 이처럼 투과력이 강한 빛을 내는 성질을 '방사능'이라 명명하고, 방사능을 가진 물질에서 나오는 빛을 '방사선'으로 불렀습니다. 또한 그들은 화합물 속에 들어 있는 우라늄이나 토륨의 농도가 짙을수록 방사선의 세기가 증가하지만, 단순히 농도에 비례하지는 않는다는 것을 알아냈습니다. 그것은 방사선 원소가 방출한 방사선들 중 일부가 이미 방사선을 방출한 다른 원소들에 의해 흡수되기 때문이었습니다.

그들이 우라늄이나 토륨의 화합물을 조사하는 도중 퀴리 부부는 이산화우라늄 광석이 같은 양의 순수한 우라늄이나 토륨보다 훨씬 큰 방사능을 가진다는 사실을 알아냈습니다. 그렇다면 이 화합물에는 굉장한 방사능을 가진 원소가 틀림없이 있을 것이라 생각합니다. 그들은 이미 알려져 있는 원소를 조사하였으나 해답을 얻을 수 없었습니다. 결국 그들은 새로운 원소를 찾는 힘든 작업에 착수합니다. 당시에 피에르는 자신의 결정학 연구를 그만두고 마리와 함께 방사능 연구에 매진하기로 합니다.

우선 퀴리부부는 새로운 원소가 이산화우라늄 광석의 1퍼센트도 안 될 것이라고 추정했습니다. 실험을 위해서는 적어도 10톤의 광석이 필요했는데 이 광석은 꽤 비싼 것이어서 퀴리 부부의 재정 형편으로는 광석 1톤도 감당하기 힘들었습니다. 하지만 그들은 곧 문제를 해결합니다. 찾고자 하는 새로운 원소가 이산화우라늄 광석에 들어 있으나 우라늄과는 다른 것이라면 우라늄을 추출해 내고 남은 광석 찌꺼기로부터 그 원소를 분리해 낼 수 있을 것이라고 생각합니다. 결국 그들은 45개월 동안의 실험을 통해 1898년 두 종류의 새로운 방사능 원소를 찾아냅니다. 그중 하나는 폴로늄으로서 마리의 조국 폴란드를 기념하기 위해 붙여진 이름이었고, 다른 원소는 우라늄보다 15,000배 강한 방사능을 가진 라듐이라는 원소였습니다.

퀴리 부부는 상상을 못할 열악한 조건에서 연구를 계속하였습니다. 실험실에는 여분의 공간이 없었기 때문에 실험실 앞 뜰 건너편에 버려진 헛간에다 실험실을 꾸며야 했습니다. 그곳은 여름에는 찌는 듯이 덥고 겨울에는 꽁꽁 얼어붙도록 추웠습니다. 몇 통에 달하는 광석을 낡은 난로에 삽질해서 집어넣으면 그들은 힘이 들어 숨을 헐떡이곤 했습니다. 뿐만 아니라 독한 열기를 뽑아낼 환기 장치가 없어서 항상 독한 연기에 시달리며 실험을 계속하였습니다. 이처럼 다 헐어빠진 건물에서 퀴리 부부는 방사능 연구에 몰두하였습니다.

1900년에 마리는 세브르 소재 고등사범학교의 강사가 되어 직장을 가지게 됩니다. 그녀는 프랑스에서는 거의 처음으로 실습을 강조하는 물리학과 화학 강의를 도입했습니다. 학교에서는 강의를 하고 연구실에서는 피에르와 실험을 했습니다. 그녀는 1903년 박사 학위를 취득합니다.

같은 해에 프랑스 아카데미는 방사능 연구에 대한 공로를 인정하여 베크렐과 피에르를 노벨 물리학상 후보로 추천합니다. 하지만 사실상 가장 중요한 역할을 했던 마리가 제외되었습니다. 이 소식을 접한 피에르는 마리의 열렬한 지지자이자 스웨덴 과학 아카데미의 회원이었던 미타크 레플러에게 편지를 보냅니다. 피에르는 그 편지에서 마리가 방사능 연구에 세운 공로를 자세히 말하면서 마리의 업적이 훨씬 더 크기에 그녀 또한 노벨 물리학상의 후보로 추천되기를 부탁합니다. 여러 가지 우여곡절 끝에 마리는 베크렐, 피에르와 함께 1903년 노벨 물리학상을 수상합니다.

노벨상을 받자 퀴리 부부는 곧 유명해졌습니다. 신문에 커다란 기사가 나고, 수천 통의 축하 편지를 받았습니다. 수많은 곳에서 강연회 초빙을 받기도 했습니다. 그후 퀴리 부부에게는 좋은 일이 연이어 생겼습니다. 1904년에는 둘째 딸 에브가 태어났고, 피에르는 소르본느 대학의 교수가 되었습니다. 1905년에는 피에르가 프랑스 과학 아카데미 회원이 되었고, 1906년에는 피에르에게 프랑스 최고 훈장인 레종 도뇌르가 수여되었습니다. 하지만 커다란 불행이 퀴리 부부에게 찾아옵니다. 1906년 1월 피에르는 퇴근하는 도중 길을 건너다 마차에 치여 사망하고 맙니다. 피에르의 죽음은 마리에게 커다란 충격을 안겨주었습니다.

마리는 피에르를 잃고 삶의 의욕을 잃지만, 슬픔과 고통속에서 다시 일어납니다. 소르본느 대학은 피에르의 후임으로 마리를 결정합니다. 여성이 소르본느 대학의 교수가 된 것은 대학 650년 역사상 처음 있는 일이었습니다. 마리가 처음으로 강의를 하는 날, 강의실은 소르본느 대학의 첫 여성 교수를 구경하려는 사람들로 붐볐습니다. 많은 신문 기자들도 이를 취재하기 위해 몰려들었습니다.

당시 마리는 방사능에 대한 공식적인 표준을 정하는 데 힘을 쏟았습니다. 1906년부터 국제 학회에서 방사능을 측정하는 기준을 정하는 문제가 제기될 때마다 마리는 라듐을 기준 원소로 해야 한다고 주장하였습니다. 결국 1910년에 벨기에 브뤼셀에서 열린 방사능 대표자 회의에서 방사능의 크기를 재는 단위를 '퀴리(Ci)'로 정했는데, 1퀴리는 라듐 1그램이 방출하는 방사능의 크기로 정의되었습니다.

1911년 마리는 노벨상 위원회로부터 그해 노벨 화학상 수상자로 결정되었다는 통지를 받습니다. 퀴리 부부가 처음 발견한 라듐은 화합물이었고, 마리는 남편이 죽은 후 4년 동안의 노력 끝에 순수한 라듐 금속을 분리하는 데 성공했기 때문입니다. 이로써 마리는 역사상 두 개의 노벨상을 받는 최초의 사람이 됩니다. 마리는 그 상을 연구의 범위를 넓히는 계기로 받아들였고, 딸 이렌느와 함께 방사능 물질의 화학적 성질과 그것의 의학적 활용 가능성에 대해 연구합니다.

1914년 제1차 세계 대전이 발발하자 마리는 부상병을 치료하기 위한 기금을 모집하고 X선 치료 부대를 조직하는 데 앞장섰습니다. 프랑스 적십자는 마리를 국방 방사능 부대 대장으로 임명하였고, 전쟁이 끝날 때까지 마리는 딸 이렌느를 포함한 150명의 여성 X선 기술자를 양성하였습니다. X선 부대원들은 프랑스 및 벨기에 전선에서 200개의 이동 진료소를 개설하여 백만 명 이상의 부상병을 치료하였습니다. 마리는 1916년에 운전면허를 따서 X선 장비를 갖춘 앰뷸런스를 직접 운전하였습니다. 전쟁의 경험을 바탕으로 마리는 〈방사능 물질과 전쟁〉이라는 책을 썼고, 1922년에는 전쟁을 반대하는 국제 지식인 연합회 회원으로 활동하기도 하였습니다.

또한 마리는 라듐 연구소를 설립하는 데 많은 노력을 하였습니다. 얼마 되지 않는 모든 재산이 연구소를 세우는 데 사용되었습니다. 1914년에 위원회가 조직되었고, 같은 해 말에 연구소 건물이 완성됩니다. 연구소는 전쟁이 끝난 1918년에 활동을 시작합니다. 1930년대 초반에는 17개국의 연구원들이 모여 왕성한 연구활동을 하였습니다. 라듐 연구소는 파스퇴르 연구소와 협력하여 라듐의 의학적 활용에 관한 연구를 적극적으로 추진하였습니다. 또한 1921년에는 프랑스의 은행과 자선 재단의 도움으로 퀴리 재단이 설립되어 방사능 연구를 적극적으로 지원합니다. 프랑스 의회는 1923년에 마리에게 평생 보조금을 지급하기로 결정합니다. 1932년에는 그녀의 고향인 폴란드 바르샤바에 마리 퀴리 라듐 연구소가 설립됩니다.

마리의 뛰어난 업적 중의 하나는 질병 치료와 방사능 연구를 지원하기 위해 라듐을 축적할 필요성을 이해한 일입니다. 마리는 자신의 노력으로 0.5g의 라듐을 모았지만, 본격적인 연구를 하기에는 너무나 부족한 양이었습니다. 그러던 중 1921년 미국에서 모금운동이 전개되어 라듐을 구입하기 위한 자금이 모아졌습니다. 그리고 그 해 말, 미국의 하딩 대통령은 모금된 자금으로 구입한 라듐을 마리에게 기증하였습니다.

하지만 시간이 갈수록 마리의 건강은 나빠지기 시작합니다. 백내장 수술을 네 번 받았고, 1931년부터는 손가락도 제대로 쓸 수 없게 되었습니다. 백내장은 방사능 병이 생긴 후 나타나는 첫 징조였습니다. 퀴리 부부가 연구를 시작할 때만 해도 방사능의 위험이 알려지지 않았던 상태였습니다. 피에르는 액체 상태의 라듐이 든 시험관을 주머니에 넣고 다니기도 했고 마리는 방사능 물질을 두 사람의 침대 머리맡에 두기도 했습니다. 결국 마리는 1934년 알프스 산맥의 한 요양원에서 세상을 떠납니다. 마리 퀴리의 사망 소식이 전해지자 전 세계의 과학자들이 그녀의 죽음을 슬퍼하였습니다. 역사상 가장 위대한 여성 과학자를 잃어버렸기 때문이었습니다. 비록 그녀는 세상을 떠났지만 그녀가 남긴 방사능 물리학의 결과는 영원히 남아있을 것입니다.

# 23. 막스 플랑크(1858~1947)

양자이론은 상대성이론과 함께 현대물리학의 시대를 연 아주 중요한 이론입니다. 뉴턴의 고전역학은 미시세계에서는 실험과 잘 맞지 않는데 이러한 문제를 해결하여 뉴턴의 물리학을 대체한 것이 바로 양자역학입니다. 이 양자역학의 탄생을 이루어낸 사람이 바로 막스 플랑크입니다. 양자이론은 1900년 막스 플랑크가 빛 에너지가 불연속적인 값을 가진다는 가설을 발표하면서 시작되었습니다. 이것은 에너지가 연속적으로 변한다는 것을 전제로 하는 고전물리학에 혁명을 가져왔습니다. 하지만 플랑크가 고전물리학을 붕괴시키고 새로운 물리학을 세우려 한 것은 아니었습니다. 그는 다만 당시 물리학계에서 문제가 되었던 흑체복사를 설명하려고 했을 뿐입니다.

막스 플랑크는 1858년 독일의 키일에서 태어났습니다. 그의 집안은 법률가, 목사, 학자를 많이 배출했고, 그의 아버지는 당시 유명한 법학 교수로 독일의 민법을 만드는 데 참여하기도 하였습니다. 그의 집안은 모든 일에 정직하고 자신에게 주어진 의무에 충실하며 강인한 정신으로 어려움을 극복하는 것을 중요하게 생각하였습니다. 독일의 전형적인 중산층 가정에서 자란 플랑크는 조국인 독일에 대한 애국심과 독일 문화 및 학문에 대한 긍지를 키워 갔습니다.

플랑크는 학창 시절 두각을 나타내지는 못했지만, 성적은 상위권을 유지하였습니다. 그는 매우 부지런하고 책임감이 강했다고 전해집니다. 어학, 수학, 역사, 음악 등 모든 과목에서 최선을 다하는 학생이었습니다. 특히 그는 음악을 좋아하여 피아노와 바이올린을 연주하는 것이 취미였습니다. 한때는 음악에 일생을 바치기로 마음먹었던 적도 있었다고 합니다.

플랑크는 1874년 막스밀리안 김나지움을 졸업한 후 뮌헨대학에 입학하여 물리학을 전공하였습니다. 그는 뮌헨대학에서 주로 열역학 이론을 열심히 공부하였습니다. 그러나 지도교수였던 필립 욜리 교수는 열역학이 별로 유망하지 않다고 말합니다. 이미 열역학의 기본 원리들이 모두 발표되었고 열역학 이론도 거의 완성 상태이기 때문에 더 이상 연구할 만한 주제가 없다고 하였습니다. 욜리 교수는 플랑크에게 물리학 이외에 다른 전공을 택하는 편이 더 나을것이라고 조언하였습니다. 하지만 플랑크는 자신이 좋아하는 것을 하기로 결정합니다.

그는 1878년 베를린 대학으로 옮겨 당대의 천재라 할 수 있는 헬름홀츠와 키르히호프로부터 사사합니다. 두 교수는 당시 물리학의 대가였고 플랑크의 동급생 중에는 1887년 전자기파의 존재를 실험적으로 증명했던 헤르츠도 있었습니다. 플랑크는 1년 반 정도 열역학에 몰두한 결과 1879년 6월 〈열역학 제2법칙에 관하여〉라는 논문으로 박사학위를 받았습니다. 박사학위를 받은 후 1880년 6월 교수자격시험을 통과한 뒤 뮌헨대학의 강사가 됩니다. 5년 동안 강사를 하고 나서 1885년 자신의 고향인 키일 대학의 수리물리학 교수가 됩니다. 1888년 키르히호프가 세상을 떠나자 플랑크는 키르히호프의 후임으로 베를린 대학 교수가 됩니다. 그는 베를린 대학에서 교수 생활을 하며 당시 가장 큰 문제였던 원자 내에서의 실험적 사실이 고전적인 이론과 잘 맞지 않는 문제를 열역학을 통해 해결하려고 하였습니다.

19세기 말에 전기가 보급되면서 빠르게 성장하고 있었던 독일의 조명산업은 전등의 필라멘트에서 방출되는 스펙트럼에 대한 보다 깊은 지식이 요구되었습니다. 금속 색깔이 온도에 따라 변하는 이유는 무엇이며, 어떤 경우에 가장 최대의 에너지를 낼 수 있는가 하는 문제가 중요한 관심사가 되었습니다.

이러한 산업계의 요구에 부응하여 1887년에 설립된 독일 제국물리기술연구소에서는 물리학자들을 중심으로 복사 현상에 대한 집중적인 실험이 전개되었습니다. 1893년 제국물리기술연구소의 빈(W. Wien)은 세계 최초의 실용적인 복사장치를 개발한 후 그것을 가지고 실험을 하였습니다. 그 장치는 속이 비어 있는 상자에 아주 조그마한 구멍을 뚫은 것으로 모든 빛을 흡수하는 이상적인 흑체와 비슷했습니다. 이 상자에 들어간 빛은 상자 내부에서 이리저리 반사되지만, 빛이 들어온 구멍에서 다시 나올 확률은 아주 낮습니다. 사실상 흡수된 빛이 나오지 못하는 것입니다.

빈은 이러한 흑체를 가지고 여러가지 실험을 수행한 결과, 1896년 물체가 내는 빛의 가장 강한 파장은 그때의 온도에 반비례한다는 법칙을 발표하였습니다. 즉 어떤 온도에서든지 물체는 여러 파장의 빛을 내지만, 전체 색깔은 가장 강한 빛의 파장으로 결정되며 가장 강한 빛의 파장은 물체에 상관없이 온도에 의해 결정된다는 것이었습니다. 오늘날 이것은 빈의 법칙이라고 불립니다. 빈은 복사에 대한 물리적 법칙을 발견한 공로로 1911년 노벨 물리학상을 수상하였습니다.

플랑크는 빈이 흑체복사에 대한 실험을 수행했던 1893년부터 흑체복사의 문제에 본격적으로 관심을 기울였습니다. 그의 접근은 실험적이지 않았고 철저하게 이론적이었습니다. 플랑크의 목표는 흑체복사의 수학적 모델을 찾는 데 있었습니다. 그는 1897년부터 1899년까지 5개의 논문을 발표하면서 자신의 이론을 조금씩 발전시켜 나갑니다. 결국 그는 1899년 5월 베를린 과학아카데미에서 발표한 논문을 통해 열역학 제2법칙과 전자기학의 논의를 결합하여 빈의 법칙을 명확하게 유도하는 데 성공합니다.

그러나 빈의 법칙은 짧은 파장의 빛에는 잘 맞았지만 긴 파장의 빛에는 잘 맞지 않았습니다. 영국의 물리학자인 레일리는 1900년 긴 파장 쪽을 설명하는 식을 제안하였고, 그것은 후에 진스에 의해 더욱 구체화되었습니다. 레일리는 빛이 파동이라는 성질을 이용해 물결 모양 한 개마다 어떤 일정량의 에너지를 갖는다는 가정에서 출발하였습니다. 그런데 레일리의 식은 긴 파장에는 잘 맞았지만, 빈이 설명한 짧은 파장의 빛이 어떻게 분포하는지에 대해서는 설명하지 못했습니다. 특히 빛의 파장이 짧아지면 상자를 채울 수 있는 물결 모양의 개수가 많아져 점점 많은 에너지가 필요하게 되는데 상자 속에 있는 에너지가 무한정 많다고 생각할 수도 없었습니다. 이 문제를 흔히 '자외선 파탄'이라고 합니다.

이러한 상황에서 플랑크는 흑체복사와 관련된 각종 실험 데이터를 가장 잘 설명할 수 있는 방법을 찾으려고 노력하였습니다. 많은 고민 끝에 플랑크는 빛의 에너지가 연속적인 값이 아니라 어떤 단위값의 정수배가 되는 특정한 값만을 가진다는 가정을 세웠습니다. 이러한 가정을 바탕으로 1900년 12월 14일에 개최된 독일물리학회에서 양자가설을 발표하였습니다. 플랑크의 제안은 흑체가 가진 파장의 크기에 관계없이 모든 영역에서 적용될 수 있었습니다. 이는 현대물리학의 양대 산맥이라 할 수 있는 양자역학이 탄생하는 순간이었습니다.

플랑크는 복사 현상을 잘 설명할 수 있는 법칙을 만드는 과정에서 자신의 양자가설을 만들었지만, 당시 에너지가 연속적인 값을 가지지 않는다는 것은 이해하기 어려운 일이었습니다. 빛이 파동인 이상 에너지가 불연속적인 이유를 찾을 수 없었기 때문이었습니다. 불연속이라는 개념이 이상하지 않으려면 빛이 작은 에너지 덩어리의 모임, 즉 입자의 성격을 가진 것으로 간주되어야 했던 것입니다.

플랑크가 제안한 가설의 의미는 1905년 젊은 과학자 아인슈타인이 빛을 입자로 보는 양자 개념을 사용하여 광전효과를 설명함으로써 규명되기 시작하였습니다. 이후 플랑크의 가설은 '양자 가설'이라고 불리게 되었습니다. 하지만 당시의 과학자들은 양자가설에 대해 그리 심각하게 반응하지 않았습니다. 플랑크도 자신의 이론에 함축되어 있는 양자 불연속 개념에 대해 확실한 태도를 보이지는 않았습니다.

그러던 중 제4차 수학자회의가 1908년 로마에서 개최되었습니다. 1902년 노벨 물리학상을 수상한 당시 가장 권위가 있었던 물리학자인 로렌츠는 전자기학 이론에 입각하여 레일리-진스 법칙을 완벽하게 유도한 논문을 발표하였습니다. 이때 로렌츠는 빈-플랑크 식과 레일리-진스 식을 비교하면서 후자가 훨씬 우수하다고 말했습니다. 이에 빈을 비롯한 많은 실험물리학자들은 격렬하게 항의하였고 로렌츠도 자신의 주장을 공식적으로 철회하였습니다. 이를 계기로 플랑크는 자신의 복사이론을 더욱 체계화하면서 양자라는 불연속 개념을 분명하게 주장하기 시작합니다.

플랑크의 양자가설은 1913년 제안된 보어의 원자모형에서도 사용됩니다. 또한 1923년 프랑스의 드 브로이가 물질의 파동성을 주장하면서 빛을 발했습니다. 1926년에 하이젠베르크와 슈뢰딩거가 각각 양자현상을 설명하는 이론적 체계를 발표함으로써 양자역학이 물리학계에서 자리를 잡게 됩니다. 이들은 모두 자신들의 주요한 논의에서 플랑크의 가설을 사용했습니다. 이는 플랑크의 양자가설이 새로운 과학의 세계를 열어준 출발점으로 작용했던 것입니다.

플랑크는 독일 과학계에서 점점 지도적인 위치를 차지하게 됩니다. 그는 1905년부터 1909년까지 독일물리학회의 회장으로 활동합니다. 1912년에는 베를린 아카데미의 상임 서기가 되었고, 1913년에는 베를린 대학의 학장이 됩니다. 플랑크는 1914년 독일 최대 연구기관인 카이저 빌헬름 협회의 물리학 연구소 소장으로 아인슈타인을 추천하여 이를 관철시킵니다. 당시 아인슈타인은 34세의 젊은 과학자에 지나지 않았을 뿐만 아니라 독일의 민족주의에 반감을 가지고 있었습니다. 그런 아인슈타인을 파격적으로 등용한 것을 보면 플랑크가 다른 사람의 실력을 공정하게 평가하는 점을 알 수 있을 것입니다.

이즈음 일어난 제1차 세계대전은 플랑크에게 악몽과 같았습니다. 그의 두 아들이 전쟁에 참여했는데 큰아들은 크게 다쳐 결국 전사합니다. 둘째 아들도 프랑스군의 포로가 됩니다. 게다가 그의 첫째 딸은 출산을 한 후 일주일만에 세상을 떠나게 됩니다. 또한 죽은 언니의 아이를 돌보아 주던 둘째 딸은 형부와 사랑에 빠져버립니다. 두 사람은 결혼을 했지만, 2년 뒤 플랑크의 둘째 딸도 아이를 낳다가 사망합니다. 이러한 일로 플랑크는 커다란 절망에 빠지게 됩니다. 플랑크가 많은 불행에 빠져 있을 때 독일 물리학회는 그의 업적을 기리기 위한 준비를 합니다. 1918년에 독일 물리학회는 플랑크 탄생 60주년을 기념하는 책자를 만들었는데, 당시에 아인슈타인이 회장을 맡고 있었습니다. 이러한 분위기 속에서 플랑크에게 노벨 물리학상을 수여해야 한다는 여론이 형성되었고, 플랑크는 양자이론을 제창하여 현대물리학의 발전에 공헌한 이유로 1918년 노벨 물리학상을 수상합니다.

제1차 세계대전 이후 독일의 경제사정은 매우 나빠졌습니다. 플랑크는 패전 후 절망적인 상황 속에서도 독일 지성계의 지적 활력을 회복하기 위해 많은 노력을 기울였습니다. 독일 과학자들이 지속적인 연구를 할 수 있도록 기부금을 모으기 위해 다니기도 하였습니다. 그는 계속해서 베를린 아카데미의 상임서기로 활동하였고, 1930년부터 1937년까지 카이저 빌헬름 협회의 회장으로 재임하였습니다.

1933년 히틀러가 집권하자 플랑크는 과학연구에 대한 지원을 놓치지 않기 위해 히틀러 정권에 협력합니다. 이는 플랑크 개인적인 양심상 매우 어려운 일이었지만, 그는 조국 독일의 과학이 망하도록 내버려 둘 수 없었습니다. 또한 당시 독일 과학계에서 유태인이었던 아인슈타인이 주장한 상대성이론을 거부하기 시작하자 플랑크는 토론회를 개최하여 상대성이론을 옹호합니다.

1933년 봄에 플랑크는 카이저 빌헬름 협회 회장의 자격으로 히틀러와 면담을 합니다. 이는 당시 유태인 화학자 하버의 거취에 대한 것이었습니다. 하버는 1918년 노벨 화학상을 수상한 당대 최고의 화학자였습니다. 이때 히틀러는 유태인은 모두 공산주의자이므로 모두 자신의 적이라고 말합니다. 이에 플랑크는 유태인도 제 각각이며 적인지 동지인지 구별할 수 있다고 대답합니다. 이에 히틀러는 구별은 그들이 해야 하는데 이를 하지 않고 있으므로 모든 유태인에게 단호한 조치를 취해야 한다고 말합니다. 플랑크는 사회 발전에 필요한 유태인을 추방하면 국가에 이익이 되지 않을 것이라고 답합니다. 그러자 히틀러는 대답을 회피하며 화제를 돌렸다고 합니다.

플랑크는 나치 정권에 대해 슬기롭게 대처했지만, 나치는 플랑크에게 하나밖에 남지 않은 그의 아들마저 빼앗아 갑니다. 그의 아들이 히틀러 암살 음모에 연루되었다는 것입니다. 플랑크가 백방으로 손을 썼지만 아들이 결국 처형되고 맙니다. 게다가 제2차 세계대전이 끝나갈 무렵 플랑크는 연합군의 공습으로 남아 있던 모든 것을 잃어버리고 맙니다. 자신이 오랫동안 살았던 집과 귀중한 것들이 모두 파괴되었던 것입니다.

플랑크는 1945년부터 1946년까지 다시 카이저 빌헬름 협회의 회장을 맡아 독일 과학을 재건하기 위해 노력합니다. 플랑크는 1947년 89세의 나이로 세상을 떠납니다. 플랑크의 무덤에는 그의 이름과 함께 양자역학에서 가장 중요한 상수인 플랑크 상수가 새겨졌습니다. 독일 정부는 그의 업적을 기리는 뜻에서 1948년 카이저 빌헬름 협회의 이름을 막스 플랑크 협회로 바꾸었습니다. 현재 막스 플랑크 협회는 기초과학에 대한 세계적인 연구기관들을 가지고 있습니다.

비록 플랑크는 많은 불행을 겪었지만, 그가 탄생시킨 양자역학은 20세기 물리학의 가장 중요한 위치를 차지하게 되었습니다.

# 24. 어니스트 러더퍼드(1871~1937)

어니스트 러더퍼드는 원자 내에 핵이 있다는 것을 처음으로 발견한 과학자입니다. 물질의 가장 기본적인 단위였던 원자 내에 핵이 존재한다는 것은 현대 과학에서 가장 획기적인 발견 중의 하나입니다. 러더퍼드의 발견 이후 핵물리학과 입자물리학이 빠른 속도로 발전하게 됩니다.

러더퍼드는 또한 방사능 연구를 매개로 세계적인 학파를 만들기도 하였습니다. 그는 뉴질랜드에서 대학을 졸업한 후 영국의 캐번디시 연구소에서 유학을 했고, 이후에 캐나다의 맥길 대학 교수, 영국의 맨체스터 대학 교수, 캐번디시 연구소 소장 등을 역임했습니다. 러더퍼드는 대학 교수나 연구소 소장으로 있으면서 기라성 같은 과학자들을 양성하는 리더십을 발휘했습니다. 프레드릭 소디, 오토 한은 맥길 대학에서, 한스 가이거, 어니스트 마스던, 닐스 보어, 헨리 모즐리 등은 맨체스터 대학에서 러더퍼드와 인연을 맺었습니다. 또한 제임스 채드윅, 패트릭 블라켓, 존 코크로프트, 어니스트 월턴은 캐번디시 연구소에서 러더퍼드의 지도를 받았습니다. 이와 같이 러더퍼드는 20세기 초반의 물리학과 화학계를 주도했습니다. 이는 그가 당시의 첨단 연구를 개척했을 뿐만 아니라 아주 훌륭하고 개방적인 인품을 가지고 있었기 때문입니다.

어니스트 러더퍼드는 1871년 뉴질랜드의 작은 마을인 브라이트워터에서 7남 5녀 중 넷째로 태어났습니다. 그의 부모는 젊었을 때 영국 스코틀랜드에서 뉴질랜드로 건너간 사람들이었습니다. 아버지는 재주가 많고 에너지가 넘치는 분이었다고 합니다. 그의 어머니는 학교 교사였습니다. 러더퍼드의 부모는 열심히 일했지만, 12명의 많은 자녀를 부양하는 것은 쉬운 일이 아니었습니다. 이에 따라 러더퍼드는 어릴 때부터 성실하고 검소한 생활이 습관처럼 몸에 배었다고 합니다. 러더퍼드는 어릴 적부터 손재주가 좋았다고 합니다. 많은 물건을 분해하고 다시 조립하는 것이 그의 취미였다고 전해집니다.

러더퍼드는 이미 10살 때 대학생들이 사용하는 물리학 교재를 읽을 정도로 물리학에 소질을 보였습니다. 학교를 다닐 때에는 공부도 잘 하고 친구들과도 잘 어울렸습니다. 러더퍼드는 16살이 되던 해인 1887년 넬슨 칼리지에 입학합니다. 3년 뒤에는 뉴질랜드 대학의 캔

터베리 칼리지로 옮깁니다. 대학 시절에 그는 수학, 물리학, 화학은 물론 라틴어, 프랑스어, 역사등 모든 과목에서 우수한 성적을 거두었습니다. 러더퍼드는 1892년 캔터베리 칼리지를 수석 졸업을 합니다. 이어 1893년 수학과 물리학에서 석사 학위를 받았습니다. 켄터베리에서 러더퍼드는 고주파 방전을 통해 철을 자석으로 만드는 것에 관한 연구를 수행하였습니다. 그는 이 지식을 이용하여 훗날 이탈리아의 마르코니가 무선전신을 개발한 것과 같은 방법으로 전자기파 감지기를 고안합니다.

1894년 러더퍼드는 런던 박람회 장학생을 선발하는 시험에 응시합니다. 이 제도는 1851년에 개최된 런던 박람회의 수익금을 바탕으로 만들어진 것으로 대영제국 국민들에게 다른 연구기관에서 공부할 수 있는 기회를 주었습니다. 러더퍼드는 이 장학금을 받고 전자를 발견하여 노벨 물리학상을 수상한 영국의 캐븐디시 연구소의 톰슨에게 가서 훈련을 받았습니다.

1895년 말 뢴트겐에 의해 X선이 발견되자 러더퍼드는 톰슨과 함께 X선 복사가 기체방전에 미치는 영향을 연구하기 시작합니다. 기체 방전 현상은 톰슨이 이전부터 연구해 온 주제였지만, 러더퍼드가 가세하면서 톰슨의 연구는 더욱 활기를 띠게 됩니다. 결국 톰슨은 1897년 전자를 발견함으로써 1906년 노벨 물리학상을 수상합니다. 당시에 톰슨은 X선이 기체를 통과하면 양전하와 음전하를 운반하는 이온이 같은 수로 만들어진다고 생각했고, 러더퍼드는 여러 가지 실험을 통해 톰슨의 주장에 대한 근거를 제공하였습니다.

러더퍼드는 이어 방사능에 대해 연구하기 시작합니다. 훗날 그는

1897년에 방사성 현상을 연구하기로 마음먹은 것이 일생에서 가장 중요한 결정이었다고 회고합니다. 러더퍼드는 꾸준한 실험을 바탕으로 1898년 우라늄에서 두 종류의 방사선이 나온다는 것을 발견한 후 그것을 각각 알파선, 베타선이라고 이름지었습니다. 같은 해에 퀴리 부부는 라듐과 폴로늄을 발견하였고, 1910년에는 프랑스의 폴 빌라드가 매우 강한 투과력을 가진 감마선을 발견하였습니다. 이처럼 방사능에 대한 연구가 집중적으로 수행되는 가운데 베타선은 음극선 혹은 전자와 동일하고, 감마선은 X선과 유사한 성질을 가진다는 점이 밝혀졌습니다. 하지만 알파선의 정체는 여전히 미스터리였습니다.

1898년 러더퍼드는 캐나다 몬트리올에 있는 맥길 대학의 교수로 부임합니다. 사실 러더퍼드는 물리학의 중심이었던 영국을 떠나 변방이라 할 수 있는 캐나다로 옮기는 것에 대해 약간의 두려움을 가지고 있었습니다. 다행히 맥길 대학은 아주 훌륭한 시설을 가지고 있었고 물리학과 학과장이었던 존 콕스도 러더퍼드에게 많은 도움을 줍니다. 특히 콕스는 러더퍼드의 천재성을 알아본 후 러더퍼드가 연구에 전념할 수 있도록 강의의 일부를 맡아주기도 했습니다. 러더퍼드는 1900년 넬슨 칼리지 시절 약혼했던 메리 뉴턴과 결혼합니다.

러더퍼드는 맥길 대학에서 방사능 연구를 계속합니다. 그는 우라늄에 이어 토륨을 연구하면서 토륨에서 방사선뿐만 아니라 방사성 기체가 나온다는 것을 발견합니다. 러더퍼드는 방사성 기체를 '에마나티온'이라 명명합니다. 이어 라듐과 악티늄도 에마나티온을 방출한다는 점도 알아냈습니다. 이어 그는 우라늄 에마나티온, 토륨 에

마나티온, 라듐 에마나티온 등이 시간이 지나면 활성을 잃는다는 사실을 밝혔습니다. 또한 에마나티온이 감소하는 비율은 각 방사성 원소마다 달랐기 때문에 그 비율을 방사성 원소를 구별하는 기준으로 사용할 수 있었습니다.

러더퍼드의 방사능 연구가 무르익던 1900년에 옥스퍼드 대학 출신의 소디가 합류합니다. 그 후 러더퍼드와 소디는 물리학과 화학이라는 서로 보완적인 전공을 바탕으로 매우 생산적인 공동연구를 수행합니다. 러더퍼드와 소디는 비활성이던 토륨 화합물에서 새로운 활성 물질을 분리해내고 거기에 '토륨X'라는 이름을 붙입니다. 이어 그들은 토륨X의 활성이 시간이 지날수록 줄어든다는 사실을 발견합니다. 결국 두 사람은 방사성 원소인 토륨이 정해진 비율을 따라 붕괴하면서 일련의 다른 원소들로 바뀐 후 납 형태로 안정화되는 과정을 확인할 수 있었습니다. 이를 통해 그들은 각각의 방사성 원소가 자신만의 반감기를 가진다는 것도 알아냅니다. 러더퍼드와 소디는 1902년 두 편으로 발표된 〈방사능의 원인과 본성〉이라는 논문을 통해 자신들의 변환 이론을 선보입니다.

러더퍼드가 방사능 연구에서 우수한 성과를 거두자 영국 왕립학회는 1903년 러더퍼드를 회원으로 선출합니다. 1904년에는 러더퍼드에게 럼퍼드 메달을 수여합니다. 같은 해 그는 왕립학회가 주관하는 베이커 강연에 연사로 초청됩니다. 이 강연은 영국 과학계에서 대단한 영광으로 간주되고 있었던 강연회입니다. 러더퍼드는 또한 방사능에 대한 책도 남깁니다. 1904년 〈방사능〉을 출간하였고, 1906년 〈방사능 변화〉를 출간하였습니다. 이중 〈방사능〉은 많은 과학자들의 주목을 받으며 핵물리학의 고전이 됩니다. 러더퍼드는 이 책에서 방사능을 이용하여 지구의 연대를 측정하는 방법에 대해 논의하기도 하였습니다.

러더퍼드는 또한 영국, 미국, 독일 등지에서 수많은 강연을 하게 됩니다. 특히 1904년 영국 왕립연구소의 강연에서 그는 역청 우라늄광 덩어리를 보여주면서 방사성 붕괴 이론에 강연을 하였습니다. 이 강연은 당시 폭발적인 인기를 끌었다고 합니다.

1907년 그는 영국의 맨체스터 대학으로 자리를 옮깁니다. 그 대학의 실험물리학자였던 아서 슈스터 교수가 은퇴하면서 러더퍼드가 자신의 자리를 승계했으면 좋겠다는 의견을 강하게 피력했다고 합니다. 당시 맨체스터 대학의 물리학 연구소는 영국에서 캐번디시 연구소 다음으로 유명한 연구소였습니다. 러더퍼드는 이미 방사능 연구로 명성을 떨치고 있었기 때문에 그의 지도를 받고자 하는 많은 연구생들이 맨체스터로 몰려들기 시작했습니다.

1908년 러더퍼드는 원소의 분해와 방사성 물질의 화학적 성질을 연구한 공로로 노벨 화학상을 수상합니다. 러더퍼드는 맨체스터 대학에 부임한 이후 알파선을 집중적으로 연구하였습니다. 그는 독일 출신의 가이거와 함께 일련의 실험을 수행한 끝에 1909년 알파입자가 두 개의 양전하를 가진 헬륨 원자와 같다는 사실을 알아냈습니다. 가이거는 원래 슈스터의 조수였는데, 러더퍼드가 부임한 이후에 러더퍼드의 조교로 활동하였습니다. 당시 가이거는 방출된 알파입자의 수를 세는 장치를 고안했고, 그것은 이후 방사성 물질을 측정하는 가이거 계수기, 우주선 연구에 사용되는 가이거-뮐러 계수기 등으로 발전합니다.

이후 러더퍼드는 알파입자 산란 실험을 했는데 이는 방사성 원소인 라듐에서 나오는 알파입자를 얇은 금속박에 투과시키는 것이었습니다. 이 실험은 러더퍼드의 주관하에 가이거와 뉴질랜드 출신의 마스던이 참여합니다. 금속박에 알파입자를 투과시키면 산란이 일어나고 주변의 형광판에 부딪혀 섬광이 발생하게 됩니다. 산란된 알파입자 중에서 작은 각도로 회절 된 것은 톰슨이 1904년에 제안한 원자 모형으로 설명될 수 있었습니다. 그 모형에서는 원자 전체에 양전하가 퍼져 있고 그곳에 음전하를 띤 전자가 마치 푸딩 속의 건포도처럼 박혀 있습니다. 이러한 톰슨의 모형을 사용하면 알파입자가 표적 금속박과 여러 번 충돌한 이후에 작은 회절이 나타날 것으로 예측되었습니다.

그러나 알파입자 산란 실험의 결과는 이러한 예상을 완전히 벗어났습니다. 비록 숫자는 적었지만 90도보다 더 큰 각도로 산란되는 입자가 발견되었던 것입니다. 러더퍼드는 이러한 현상이 발생하는 이유는 알파입자의 전하와 같은 종류의 양전하를 원자 내에 있는 입자에 의해 반발하기 때문일 것이라고 생각하였습니다. 특히 산란되는 알파입자의 분포를 계산해 보면 원자의 질량 대부분이 원자의 중심에 집중되어 있어야 했습니다. 러더퍼드는 원자의 중심에 아주 작은 부피를 차지하고 원자의 전체 질량이 집중된 양전하의 입자를 원자핵으로 불렀습니다.

러더퍼드는 자신의 연구 결과를 즉각 발표하지 않았습니다. 연구 결과가 자신의 스승인 톰슨의 견해에 정면으로 도전하는 것이었기 때문이었습니다. 그러던 중 톰슨의 다른 제자인 제임스 크라우더가 베타입자에 대한 실험을 발표하면서 원자의 양전하가 원자 전반에 균일하게 분포되어 있다는 주장을 합니다. 이에 러더퍼드는 톰슨과는 우호적인 관계를 유지한 채 크라우드의 주장을 반박하는 식으로 논쟁을 전개합니다.

러더퍼드는 이 결과를 1911년 "물질에 의한 알파입자와 베타입자의 산란과 원자의 구조"라는 제목으로 발표합니다. 이는 원자 내의 핵의 존재가 세상에 알려지게 된 역사적 순간이었습니다. 그는 가이거와 마스던의 작업을 소개하고 크라우더의 실험을 언급한 후 그때까지의 증거들을 종합적으로 고려하면 원자의 한 가운데 전하가 밀집되어 있는데 이는 매우 적은 부피만을 차지하고 있다고 주장합니다. 이 논문은 데모크리토스 이래 물질에 대한 우리의 생각을 완전히 바꾼 것이라 할 수 있습니다.

알파입자 산란 실험이 입자의 내부 구조를 파악하기 위한 실험의 표준으로 작용했다는 것도 의미가 있습니다. 러더퍼드의 실험 이전에는 기본적인 입자를 찾기 위해 물질을 계속적으로 나누고 쪼개는 방법이 활용되었습니다. 이에 반해 러더퍼드는 원자의 내부구조를 알기 위해 알파입자를 원자에 충돌시켜 산란되는 결과를 분석했습니다. 즉, 보이지 않는 것의 모양을 가정하고 충돌로부터 생성되는 입자들의 분포를 예측했던 것입니다. 오늘날 입자가속기에서 수행되고 있는 입자충돌 실험의 원리도 같은 것입니다.

러더퍼드가 1911년 논문에서 제안한 새로운 원자모형은 행성 모형으로 불립니다. 그것은 중심에 밀도가 높은 아주 작은 원자핵이 존재하고 전자들이 그 주위를 돌고 있는 모형입니다. 러더퍼드의 원자 모형은 자신의 실험결과를 설명하는 데는 적합했지만, 전자기학과 모순되는 문제점을 가지고 있었습니다. 맥스웰의 전자기이론에 의하면 원운동과 같은 가속운동을 하는 전자는 빛을 내면서 에너지를 잃기 때문에 순식간에 핵으로 빨려 들어가야 했던 것입니다. 이러한 한계는 1913년에 덴마크의 닐스 보어에 의해 전자가 일정한 궤도를 따라 운동하는 궤도 모형이 제안됨으로써 극복될 수 있었습니다. 보어도 1911년부터 1912년까지 맨체스터 대학에서 러더퍼드의 지도를 받았습니다.

맨체스터 대학에서는 원자핵에 대한 다른 중요한 연구도 잇달아 수행되었습니다. 1913년 모즐리는 원자량이 아닌 원자번호에 입각한 새로운 주기율표를 제안했습니다. 여기서 원자번호는 원자핵의 전하수에 의존하는 것이므로 모즐리의 주기율표는 원자핵의 개념이 유용하다는 것을 보여주는 것이었습니다. 같은 해에 소디는 카시미르 페이전과 함께 알파입자를 방출한 원소는 주기율표에서 왼쪽으로 두 자리 옮겨가고, 베타입자를 방출한 원소는 오른쪽으로 한 자리 옮겨간다는 점을 발견했습니다. 이러한 연구를 발전시켜 소디는 방사성 동위원소라는 개념에 도달합니다. 예를 들어 어떤 원소에 두 번의 베타붕괴와 한 번의 알파붕괴가 연달아 일어나면, 모즐리의 주기율표상으로는 같은 자리로 돌아가지만 원자량이 4만큼 감소한 원소가 만들어지는 것입니다.

1910년 톰슨이 캐번디시 연구소 소장에서 물러나자 러더퍼드가 그 자리를 이어받습니다. 이로써 러더퍼드는 맥스웰, 레일리, 톰슨에

이어 캐번디시 연구소의 4번째 소장이 됩니다. 러더퍼드는 맨체스터 대학에서 함께 캐번디시 연구소로 온 채드윅과 가까이 지내면서 핵물리학에 대한 연구를 계속합니다.

러더퍼드는 1937년 66세의 나이로 세상을 떠납니다. 그는 웨스트민스터 사원에 있는 뉴턴의 묘지 부근에 안치됩니다. 러더퍼드의 원자핵 발견은 인류에게 물질의 가장 기본적인 단위에 대한 새로운 문을 열어주었습니다.

# 25. 알버트 아인슈타인(1876~1955)

알버트 아인슈타인은 인류 과학의 역사에서 가장 중요한 인물일 것입니다. 그는 그 시대 모든 사람들에게는 상식이었던 절대시공간의 개념을 완전히 바꾸었고 현대물리학 시대를 연 상대성이론을 만들어 냈습니다.

아인슈타인은 1879년 독일 울름의 유태인 가정에서 태어났습니다. 그의 아버지는 전기사업에 종사하였습니다. 그의 어머니는 음악적 소양이 풍부해서 아인슈타인은 어릴 때부터 어머니께 바이올린을 배웠다고 합니다. 아인슈타인은 학창시절 모범생도 아니고 모든 과목을 다 잘한 것은 아니었습니다. 어릴 때 그의 아버지가 보여준 나침반이 일정하게 북쪽을 가리키는 것을 보고 과학에 흥미를 느끼기 시작합니다. 그후 수학과 과학에 집중하며 학창 생활을 보냈습니다.

초등학교 시절 아인슈타인은 독일에 퍼져 있던 반유태주의로 인해 커다란 상처를 받았던 것으로 보입니다. 어떤 선생님이 수업 시간에 커다란 못을 보여주며, 유태인은 예수를 죽인 민족이라고 말했다고 합니다. 반유태주의는 아인슈타인이 훗날 유명한 과학자가 된 후에도 그를 괴롭혔습니다.

학창 시절 아인슈타인은 삼촌의 도움으로 일찍부터 수학과 과학에 대한 좋은 책을 접할 수 있었습니다. 아인슈타인은 12살 때 유클리드의 기하학을 접하면서 수학의 명확성에 대한 강한 인상을 받았습니다. 이후 그는 스스로 미적분을 공부하며 수학의 세계에 깊이 빠져듭니다.

아인슈타인은 1889년 뮌헨의 루이트폴트 김나지움에 입학합니다. 그는 수학과 과학 수업은 좋아했지만 라틴어와 그리스어에는 흥미를 느끼지 못했습니다. 또한 그 학교는 엄격한 독일식 교육을 지향했기 때문에 아인슈타인은 학교 생활에 회의를 느낍니다. 아인슈타인은 병원에서 신경쇠약이라는 진단을 받았고 학교를 휴학합니다. 김나지움 시절 아인슈타인은 그의 집에 머물고 있었던 의과대학 학생인 막스 탈미에게 칸트 철학을 배웠고, 이를 통해 자연현상을 폭넓게 보는 방법을 알게 되었습니다.

1894년 아인슈타인은 김나지움을 졸업하지 못한 채 이탈리아 밀라노로 갑니다. 당시 그의 아버지가 사업에 실패하여 모든 가족을

데리고 밀라노에서 재기하려고 하였습니다. 아인슈타인은 가족의 권유로 전기공학자가 되기 위해 대학에 가기로 마음먹습니다. 그는 이탈리아어에 능숙하지 못했기 때문에 스위스 취리히에 있는 취리히 연방공과대학에서 입학시험을 치릅니다. 그는 수학과 과학의 성적은 뛰어났지만 다른 과목의 성적은 좋지 않았습니다. 또한 그에게는 김나지움 졸업장도 없었습니다. 취리히 공과대학은 아인슈타인의 수학과 과학 성적이 우수했기에 김나지움때 부족했던 과목들을 1년간 보충하고 입학하라는 조건부 입학 허가를 내줍니다. 이에 그는 스위스 아라우에 있는 아르가우 칸톤 학교를 1년간 다닙니다.

칸톤 학교에서 아인슈타인은 독일의 김나지움과 매우 다른 인상을 받았습니다. 그 학교는 아주 민주적으로 운영되었고, 고전어 교육보다는 수학과 실용적 학문을 강조했습니다. 칸톤 학교는 아인슈타인에게 자유로운 사고를 형성하는데 많은 도움을 주었습니다. 칸톤 학교에서 아인슈타인은 빛을 올라타고 갈 수 있으면 그 빛이 어떻게 보일지에 대한 사고실험을 합니다. 또한 〈자기장 내 에테르의 상태에 관한 연구〉라는 과학 에세이를 쓰기도 했습니다.

당시 아인슈타인은 맥스웰의 전자기학을 공부하기 위해 〈맥스웰의 전기이론 입문〉이라는 책을 읽었습니다. 이 책은 맥스웰의 전자기학을 자세하게 설명하고 있었습니다. 아인슈타인은 이 책을 읽으며 전자기 현상에 대한 동역학적 설명에 문제가 있다는 것을 발견합니다. 예를 들어 자석이 정지해 있고 도선이 움직이는 경우와 도선이 정지해 있고 자석이 움직이는 경우가 각각 다른 방식으로 설명되고 있었던 것입니다. 자석이 움직이고 도체가 정지해 있으면 자석 주위에 전기장이 발생하고 그 전기장은 도체가 놓인 곳에 전류를 만들어내지만 자석이 정지해 있고 도체가 움직이면 자석 주위에는 전기장이 발생하지 않으며 도체 내에서 기전력만 생성된다는 것입니다. 아인슈타인은 이 문제를 10년 동안 고민하였습니다.

취리히 공과대학에 입학한 후 아인슈타인은 물리실험 수업에 열심히 참여하고, 학교 강의와는 별도로 물리학 대가들의 업적을 중심으로 집중적으로 공부합니다. 그는 헬름홀츠와 헤르츠의 책을 공부하고, 맥스웰의 전자기학, 볼츠만과 로렌츠의 논문도 연구하였습니다. 아인슈타인은 1900년 물리학으로 학위를 받고 취리히 공과대학을 졸업합니다. 하지만 그는 시민권이 없어서 취직이 잘 되지 않았습니다. 한동안 가정교사를 했고 천문대에서 계산을 도와주는 보조원이나 직업학교의 임시 교사를 하기도 했습니다. 아인슈타인은 1901년 스위스 시민권을 얻어 스위스 베른에 있는 연방 특허국의 서기로 취직하였습니다. 아인슈타인은 특허국에서 5년간 근무하였습니다. 어느 정도 생활이 안정되자 아인슈타인은 대학 시절부터 사귀었던 4살 연상의 밀레바 마리치와 1903년 결혼합니다.

아인슈타인은 특허국에서 5년간 근무합니다. 그는 특허국에서 근무하는 동안 시간적 여유가 많아 물리학 연구에 몰입할 수 있었습니다. 이즈음 그는 친구인 미켈 베쏘와 함께 올림피아 아카데미라는 모임을 운영합니다. 이 모임에서 그들은 마흐와 피어슨, 푸앵카레, 밀, 흄의 저서들을 읽으며 토론하곤 하였습니다. 올림피아 아카데미에서의 토론은 아인슈타인의 지적 활동에 많은 자극을 주었던 것으로 보입니다.

아인슈타인은 특허국에 근무하면서 '동시성'이라는 개념에 착안할 수 있었던 것으로 보입니다. 그의 특수상대성이론에 관한 논문에서 기차가 7시에 여기에 도착한다는 것은 시계의 작은 바늘이 7을 가리키는 사건과 기차가 도착하는 사건이 동시적이라고 합니다. 아인슈타인은 다른 사람과 달리 시간이 시계로 측정되는 것에 불과하다는 것에 주목하였던 것입니다.

1905년 3월 아인슈타인은 〈빛의 발생과 변화에 관련된 발견에 도움이 되는 견해에 대하여〉라는 논문을 물리학 연보에 발표하였습니다. 이는 빛의 광양자 가설에 대한 것이었습니다. 당시에는 빛의 파동설이 지배적이었지만 아인슈타인은 빛을 포함한 전자기파가 에너지 덩어리와 같은 움직이는 입자라는 가설을 세웠고 이를 통해 금속에 빛을 쏘이면 전자가 튀어나와 전기가 흐른다는 광전효과를 설명할 수 있었습니다.

또한 그는 같은 해 4월 아인슈타인은 〈분자 차원의 새로운 결정〉이라는 논문을 발표하는데 이 논문에서 그는 원자나 분자가 과학자들의 상상에 불과하다는 마흐의 주장을 반박합니다. 그는 분자의 크기를 측정할 수 있는 새로운 방법과 방정식을 제안하였습니다. 아인슈타인은 이 논문으로 1906년 취리히 대학에서 박사학위를 받습니다.

1905년 5월에는 〈정지 액체 속에 떠 있는 작은 입자들의 운동에 관하여〉라는 논문을 발표합니다. 이 논문은 물 위에 꽃가루가 마치 살아있는 것처럼 자기 마음대로 돌아다니는 브라운 운동을 설명한 것이었습니다. 아인슈타인은 브라운 운동이 수많은 물 분자가 꽃가루

입자에 부딪히기 때문에 나타난 현상이라고 설명합니다. 여기서 그는 통계분석을 이용하여 불규칙하게 움직이는 꽃가루의 이동 거리와 시간을 계산하였습니다.

같은 해 6월에는 〈움직이는 물체의 전기역학에 대하여〉라는 논문을 발표합니다. 이 논문이 바로 특수상대성이론에 대한 것입니다. 아인슈타인의 특수상대성이론은 고전역학과 전자기학의 불일치를 해결하는 과정에서 등장하였습니다. 등속운동을 하는 두 좌표계에서 관측되는 모든 역학법칙이 동일한 형태를 취한다는 갈릴레이의 상대성원리가 전자기학의 법칙에 대해서는 성립되지 않았던 것입니다. 이에 대해 아인슈타인은 광속 불변의 원리를 바탕으로 등속도로 움직이는 모든 관측자들에게 전자기학 법칙이 불변으로 유지될 수 있도록 하는 방법을 제안합니다. 그 결과 시간과 공간은 절대적이 아니라 관측자에 따라 변하는 상대적인 성격을 띠게 됩니다. 또한 이것은 당시의 전자기학이 가정하고 있었던 에테르라는 가상적인 물질의 존재를 부정합니다. 여기서 그는 놀라운 사실을 발견하는데 빛의 속도로 운동할 경우 시간이 늘어나고 질량은 증가하며 길이가 줄어든다는 사실을 발견하였습니다. 절대적인 진리로 뉴턴 물리학의 근간을 이루었던 시간과 공간이 변할 수 있다는 것은 고전물리학의 붕괴를 알리는 것이었습니다.

또한 아인슈타인은 9월에 〈물체의 관성은 에너지 함량에 의존하는가〉라는 논문을 발표합니다. 이 논문은 전자기학 이외의 다른 문제들에도 상대성이론을 적용한 것입니다. 이 논문에서 아인슈타인은 에너지-질량 등가 원리를 제안합니다.

이즈음에 미국의 마이컬슨과 몰리는 빛의 속도는 관찰자의 운동과 관계없이 일정하다는 논문을 발표합니다. 마이컬슨과 몰리는 빛의 속도가 광원이나 관측자의 상대 속도에 관계없이 항상 일정하다는 실험을 했습니다. 광속 불변의 원리가 특수상대성이론의 출발점이 되기 때문에 마이컬슨 몰리 실험이 아인슈타인에게 영향을 미쳤을 가능성도 생각해 볼 수는 있을 것입니다. 하지만 아인슈타인의 논문에는 마이컬슨 몰리 실험이 전혀 언급되어 있지 않습니다. 아인슈타인은 실험과는 상관없이 이론적인 결과를 도출한 것으로 보입니다.

1905년 발표한 여러 가지 논문으로 인해 아인슈타인은 세계적으로 유망한 과학자로 떠오르게 됩니다. 그는 이러한 업적으로 인해 1909년 취리히 대학의 이론물리학 교수가 됩니다. 1911년에는 프라하 대학 교수, 1912년에는 모교인 취리히 공과대학의 교수가 되었습니다. 아인슈타인의 상대성이론이 확산되는 데에는 막스 플랑크의 영향이 컸습니다. 그는 아인슈타인의 논문을 발표했던 당시 〈물리학 연보〉의 편집인이었습니다. 베를린 대학에서 그는 자신의 제자들이 상대성이론을 깊이 있게 공부하도록 했고, 자신 또한 상대성이론에 대한 논문을 쓰기도 합니다. 플랑크는 1913년 아인슈타인에게 카이저 빌헬름 협회의 물리학 연구소 소장과 베를린 대학 교수직을 제안합니다. 아인슈타인은 그의 제안을 받아들여 1914년 베를린 대학으로 갑니다.

그는 그 후 이 이론을 보다 일반화하여 1915년 일반상대성이론을 발표합니다. 이것은 만유인력이란 물체와 물체의 상호작용이 아닌 물체와 시공간의 상호작용이라는 것이었습니다. 일반상대성원리는 모든 가속계에서도 같은 물리 법칙이 성립한다는 확장된 상대성원리와 중력질량은 관성질량과 동등하다는 등가원리를 바탕으로 하고 있습니다. 예를 들어 어떤 사람이 우주선을 타고 우주 공간을 여행한다고 가정해 봅시다. 우주선이 앞쪽으로 가속되고 있으면 우주선 안의 사람은 뒤쪽으로 힘을 받게 됩니다. 그런데 이 힘이 우주선 뒤쪽에 있는 물체의 중력에 의한 것인지 아니면 우주선의 가속에 의한 것인지는 구별할 수 없습니다. 다시 말해 어떤 계 내부에 작용하는 중력과 그 계의 가속으로 인한 관성력의 효과가 동일하다는 것입니다. 이것은 중력질량과 관성질량이 동등하다는 점을 의미합니다.

등가원리를 적용하면 서로 다른 가속도로 운동하고 있는 가속계를 다른 중력장에서 운동하고 있는 계로 나타낼 수 있습니다. 가속계와 관련된 관성력은 사라지고 모두 중력장으로 나타낼 수 있게 되는 것입니다. 따라서 가속계에서의 모든 물리 법칙은 이 계 안의 물체에 작용하는 중력장의 세기만 달라질 뿐 같은 형태로 성립하게 됩니다. 이것이 바로 확장된 상대성 원리입니다. 그렇게 되면 가속계가 경험하는 중력장을 어떻게 나타내느냐 하는 문제가 남게 됩니다. 아인슈타인은 중력장의 세기를 휘어진 시공간의 곡률로 설명하려고 하였습니다. 엄청난 중력을 가진 물체는 시공간을 휘게 한다는 것입니다. 이렇게 휘어진 시공간은 빛의 경로에도 영향을 미치게 되며 무거운 천체 주위에서 빛은 똑바로 진행하지 못하고 휘어지게 됩니다.

아인슈타인은 1916년 논문에서 자신의 이론을 증명할 수 있는 것으로 수성의 근일점이 100년에 43초만큼 궤도상에서 돈다는 점과 빛이 중력장에서 굴절되며 적색편이를 보인다는 것을 제시하였습니다. 이러한 사례를 들면서 아인슈타인은 그것이 반박될 경우에 자신의 이론을 버리겠다고 공언하기도 합니다. 아인슈타인이 제시한 사례 중 수성의 근일점이 궤도상에서 돈다는 것은 이미 19세기 중반에 프랑스의 르베리에에 의해 관측된 적이 있었습니다. 태양 주위에서 빛이 휘어지는 현상은 1919년 영국의 에딩턴에 의해 입증되었습니다.

아인슈타인은 또한 1920년대 중반에 인도의 과학자인 보즈와 함께 보즈-아인슈타인 통계를 만들어냅니다. 또한 드브로이의 물질파 이론과 슈뢰딩거의 파동역학을 적극적으로 지지합니다. 특히 그는 전자기력과 중력 사이의 수학적 관계를 찾아내는 데 있어 많은 노력을 기울였습니다. 아인슈타인은 그러한 작업이 우주 안에 있는 모든 것의 작용을 지배하는 일반 법칙을 발견하는 시작이 된다고 믿었습니다. 그는 단일한 방정식으로 물질과 에너지의 보편적 속성들을 연관시키려고 하였는데, 이것은 나중에 '통일장이론'으로 불리게 됩니다.

아인슈타인은 양자역학의 탁월성을 인정했음에도 불구하고 그 이론이 우연이나 확률을 도입하고 있기 때문에 만족스럽지는 않다고 생각하였습니다. 특히 그는 1927년 양자역학에 대한 코펜하겐 해석이 등장한 이후 그것의 문제점을 계속 지적하였습니다. 이와 관련하여 그는 "신은 주사위 놀이를 하지 않는다"라는 유명한 말을 합니다. 1935년 아인슈타인은 보리스 포돌스키, 네이단 로젠과 더불어 양자역학이 완전한 이론이 아님을 보이기 위해 EPR 역설을 발표하지만 기대했던 성과는 얻지 못합니다.

1932년 아인슈타인은 독일을 떠나 미국으로 갑니다. 독일의 나치가 권력을 잡기 시작했고, 아인슈타인은 유태인이었기 때문입니다. 그는 1933년부터 프린스턴 대학의 교수로 일하기 시작했고, 세상을 떠나기까지 그곳에서 지내게 됩니다. 1921년 노벨상 위원회는 아인슈타인에게 광전효과에 대한 업적으로 노벨 물리학상을 수여합니다.

아인슈타인의 상대성이론은 뉴턴의 절대주의 세계관이라는 고전과학을 무너뜨리고 상대주의 세계관의 현대과학을 탄생하게 만들었습니다. 현재 인류는 아인슈타인의 연구로 인해 상대주의라는 새로운 패러다임을 인식체계로 하여 살아가고 있는 것입니다.

# 26. 닐스 보어(1885~1962)

현대 물리학의 가장 중요한 분야인 양자역학의 본격적인 시작을 알린 사람은 다름 아닌 닐스 보어입니다. 막스 플랑크가 흑체 복사에서 양자 가설을 제안했는데 처음에 이를 받아들이는 사람은 극히 드물었습니다. 하지만 닐스 보어는 과감하게 이 양자 가설을 가지고 자신의 원자 모델을 완성합니다. 이 원자 모델은 인류가 원자라는 미시세계를 이해할 수 있는 가장 중요한 발판을 마련해 주었습니다.

닐스 보어는 1885년 덴마크의 수도 코펜하겐에서 태어났습니다. 그의 아버지는 코펜하겐대학의 생리학 교수였는데 그도 아버지의 영향을 받아 어릴 적부터 과학자가 되기로 결심합니다. 보어의 아버지는 동료들과 자유로운 분위기 속에서 토론하는 것을 즐겼습니다. 당시 토론의 주제는 기계적 물질관을 비판하는 것이었습니다. 어린 닐스는 아버지의 토론에 참여하여 많은 것을 배우게 됩니다. 훗날 보어가 동료 물리학자들과 토론을 즐긴 것도 이러한 어린 시절의 경험 때문이었을 것입니다.

보어는 1911년 코펜하겐대학에 입학하여 물리학을 공부합니다. 보어는 1911년에 〈금속의 전자 이론에 관한 연구〉라는 논문으로 박사 학위를 받습니다. 이 논문은 철저하게 이론적으로 금속의 전자에 대한 것이었습니다. 박사를 마친 후 보어는 캐번디시 연구소의 톰슨에게 가서 연구를 하려 합니다. 그러나 톰슨은 자신은 이미 나이가 많고 학생을 가르칠 만한 형편이 안 된다고 하여 자신의 제자인 맨체스터대학의 러더퍼드에게 보어를 보냅니다. 당시 러더퍼드는 젊은 과학자들의 연구에 직접적으로 관여하면서 적절한 조언을 했습니다.

러더퍼드는 1909년부터 원자구조에 대한 실험을 수행하고 있었습니다. 그의 실험은 알파입자를 금박에 쏘는 것이었습니다. 대부분의 알파입자는 금박을 통과했지만, 종종 큰 각도로 비껴가거나 심지어는 반사되는 것조차 발견되었습니다. 금박을 이루는 원자의 특정한 부분과 알파입자 사이에 강한 반발력이 존재하는 것으로 생각되었습니다. 러더퍼드는 1911년에 이러한 실험 결과를 설명하기 위해 원자의 중심에 원자핵이 있고, 행성이 태양 주위를 회전하듯이 핵 주위를 전자가 회전하는 원자모형을 주장하였습니다.

러더퍼드의 원자모형은 자신의 실험 결과를 설명하는 데는 적합했지만, 다른 문제점을 야기하였습니다. 예를 들어 러더퍼드의 모형으로는 수소 원자의 불연속 스펙트럼을 설명할 방법이 없었습니다. 더 큰 문제는 고전 전자기학과 모순된다는 것이었습니다. 맥스웰의 전자기이론에 따르면 원운동과 같은 가속운동을 하는 전자는 빛을 내면서 에너지를 잃고 핵으로 빨려 들어가야 했습니다. 따라서 러더퍼드의 모형이 수용되기 위해서는 전자가 왜 핵으로 빨려 들어가지 않은 채 안정한 상태에 머물러 있는지를 설명할 수 있어야 했습니다. 보어는 러더퍼드와 공동연구를 하면서 물질을 구성하는 전자나 원자의 구조와 같은 보다 근본적인 문제에 흥미를 느꼈습니다.

보어는 러더퍼드에게 이러한 원자모형과 실험을 모두 배우고 고향인 코펜하겐대학으로 돌아가 교수가 됩니다. 보어는 영국에서 배웠던 것을 바탕으로 당시 물리학계의 난제인 원자핵 주위를 도는 전자의 운동과 관련되어 있는 에너지 스펙트럼의 문제를 해결하려고 노력합니다.

보어는 당시 스위스의 물리학자인 발머의 1885년 수소의 선스펙트럼에 대해 수소의 원자구조로부터 설명할 수 있는 이론을 구축하려고 하였습니다. 처음에 보어는 고전물리학을 이용하여 러더퍼드의 원자모형의 문제를 연구하였습니다. 하지만 이러한 시도가 성공을 거두지 못하자 플랑크의 가설을 이용해 보았습니다. 플랑크의 가설도 러더퍼드의 원자가 왜 안정한지를 설명하지는 못했습니다. 이에 보어는 자신의 독자적인 이론을 만들기로 합니다.

그는 수소 원자의 불연속적인 스펙트럼의 실험 결과를 설명하기 위해 그동안의 가설이었던 전자의 궤도는 전자의 운동에너지가 감소하면서 궤도가 연속적으로 줄어들게 된다는 가설을 바꿉니다. 전자는 불연속적인 궤도를 돌며 이 궤도는 에너지의 방출과 흡수의 양과 일정한 관련이 있다는 새로운 원자모형을 발표합니다. 그의 원자모델은 두 가지 가설에 의존합니다. 첫 번째는 전자는 핵으로부터 일정한 거리만큼 떨어진 특정한 궤도 위에만 존재한다는 것입니다. 두 번째는 전자가 높은 에너지 궤도에서 낮은 에너지 궤도로 떨어지면서 빛을 방출하고 낮은 에너지 궤도에서 높은 에너지 궤도로 올라가면서 빛을 흡수하며, 빛을 방출하거나 흡수하지 않으면 일정한 궤도에 머무른다는 것이었습니다. 보어는 전자가 높은 에너지의 궤도에서 낮은 에너지의 궤도로 전이할 때 방출되는 빛의 진동수에 대해 계산하였습니다. 보어의 가설은 수소 원자의 불연속적인 스펙트럼과 전자의 안정 상태 모두를 잘 설명할 수 있었습니다. 보어는 1913년에 "원자 및 분자의 구성에 관하여"라는 논문을 통해 자신의 원자모형을 세상에 알렸습니다.

같은 해에 보어는 또 다른 연구 결과를 발표합니다. 그는 X선 스펙트럼을 전자의 양자 도약과 일치시켰습니다. 1914년 이런 보어의 연구 결과를 바탕으로 영국의 물리학자인 모즐리는 주기율의 정확한 배열을 알아냈습니다. 그는 원소들을 X선 스펙트럼으로 분석한 결과를 알아낸 뒤 그것을 바탕으로 각 원소에 원자번호를 배정하였습니다.

많은 물리학자들은 보어의 원자모형을 그리 호의적으로 생각하지는 않았습니다. 사실상 보어의 원자모형은 정량적이라기보다는 정성적인 성격이 강했고, 이에 따라 당시 과학자들은 보어의 모델에 대해 회의적이었던 것입니다. 이러한 한계는 독일 뮌헨대학의 좀머펠트 교수에 의해 극복될 수 있었습니다. 그는 1916년 타원 궤도를 가정하고 새로운 양자조건을 도입한 후 수소 원자의 미세구조를 설명했고, 그것을 바탕으로 수소 스펙트럼의 문제를 정확하게 풀어냈습니다. 이와 같은 좀머펠트의 개선이 있은 다음 많은 과학자들은 '보어-좀머펠트 원자 모형'이라고 하여 보어의 견해를 수용하였습니다.

보어의 원자모형은 고전물리학과 새로운 물리학 사이에 있었습니다. 전자가 원자핵 주변의 명확히 규정된 궤도에서 운동하고 있다는 점에서 보어의 모형은 고전적이었습니다. 고전물리학과의 차이는 전자들이 궤도를 바꿀 수 있다는 것이었습니다. 오늘날의 원자모형은 보어의 원자모형에 기초를 두고는 있지만 조금 다릅니다. 보어의 원자모형은 전자가 입자의 성질만 가진다는 가정에서 성립합니다. 이후 전자의 파동성이 밝혀지면서 전자가 원자핵 주위를 원운동하지는 않는 것으로 알려졌습니다. 이로 인해 전자의 궤도나 에너지를 어느 하나의 값으로 정할 수는 없고 다만 전자가 그 위치에 존재할 확률이 가장 높은 것으로 해석됩니다. 이에 따라 요즈음엔 양자역학의 확률적 해석에 입각하여 오비탈이라는 개념을 사용함으로써 원자모형을 나타냅니다.

보어가 새로운 원자모형을 제안한 것은 제1차 양자 혁명이라 불렸습니다. 양자이론에 대한 역학적 설명은 1926년 하이젠베르크의 행렬역학과 슈뢰딩거의 파동역학을 통해 제시됩니다. 이것을 제2차 양자 혁명이라고 합니다.

보어는 1916년 코펜하겐대학의 교수가 됩니다. 그는 1922년 원자번호 72인 하프늄을 발견합니다. 보어는 같은 해 원자구조에 대한 이해에 기여한 공로로 노벨 물리학상을 수상합니다. 1921년 코펜하겐대학에 이론물리학 연구소가 설립됩니다. 보어는 이 연구소의 소장을 맡아 성심껏 운영하였습니다. 이론물리학 연구소는 흔히 '닐스 보어 연구소'라고도 불렸습니다. 이 연구소는 영국의 캐번디시 연구소, 독일 괴팅겐대학 연구소와 더불어 현대 물리학의 산실이 됩니다. 사실상 양자역학의 성립과 발전에 공헌했던 많은 이론물리학자들이 이 연구소를 거쳐 갔습니다. 하이젠베르크의 행렬역학과 불확정성 원리, 파울리의 배타원리, 윌렌벡의 스핀 개념 등이 이 연구소에서 나왔습니다.

당시 보어 연구소의 독특한 분위기를 나타내는 용어로 '코펜하겐 정신'이라는 표현이 사용되었습니다. 이것은 격식을 차리지 않는 자유분방한 분위기를 말합니다. 보어는 자신의 주위에 몰려드는 젊은 과학자들에게 선입견을 버리고 인간이 할 수 있는 모든 방법을 동원해 새로운 길을 찾도록 권유합니다.

1920년대 보어는 두 가지 원리를 제안함으로써 양자역학을 성공적으로 이끄는 데 크게 공헌합니다. 그중 하나는 1923년에 발표한 '대응원리'입니다. 이는 새로운 이론은 이전의 이론으로 설명이 가능했던 모든 현상을 다시 설명할 수 있어야 한다는 것입니다. 당시에는 새로운 이론이 필요하지만 그렇다고 해서 기존의 이론을 완전히 부정할 수는 없는 상황이었습니다. 보어는 이러한 고민을 해결하는 과정에서 원자 자체를 연구하기 전에는 고전물리학으로 여러 현상을 잘 설명해왔다는 점과 새로운 이론은 미시적인 현상뿐만 아니라 통상적인 현상에도 적용될 수 있어야 함을 강조하였습니다. 대응원리는 양자이론뿐만 아니라 상대성이론에도 적용될 수 있으며, 결국 보어는 대응원리를 통해 고전물리학과 현대 물리학의 소통 가능성을 보여주었던 것입니다.

보어는 1927년 상보성 원리를 발표합니다. 이것은 행렬역학과 파동역학에서 발견된 새로운 계산 형식을 인식론적으로 어떻게 해석되어야 하는가에 대한 열띤 토론을 바탕으로 제안되었습니다. 상보성 원리에 따르면 파동 또는 입자라는 전혀 다른 배타적인 모델로 원자의 세계를 측정할 수 있지만, 원자 차원의 현상을 완전히 기술해 내기 위해서는 두 모델 모두가 반드시 필요합니다. 즉, 모든 물리적 현상에는 양면성이 있으며 각자 다른 입장에서 관찰한 결과는 부분적으로 옳지만, 전체적으로는 그렇지 않다는 것입니다. 보어는 상보성 원리를 서로 배타적인 것은 상보적이다라고 말합니다.

보어는 상보성 원리를 물리학뿐만 아니라 다른 과학 분야와 사상 전반에도 적용되는 원리로 이해하였습니다. 그는 생명 현상을 설명하는 두 방식인 물리적 분석 방법과 기능적 분석 방법이 서로 정반대의 입장으로 이해되고 있지만, 사실은 상보적으로 이해되어야 한다고 생각하였습니다. 게다가 그는 인류 사회를 발전시키기 위해서는 유전적 측면뿐만 아니라 역사적 전통도 중요하게 고려되어야 하며, 이 두 가지가 상보적인 것이라고 하였습니다. 이러한 근거에서 그는 당시 독일에서 맹위를 떨치고 있었던 인종 차별에 대해 반대하는 입장을 취했습니다. 상보성 원리는 불확정성 원리와 더불어 양자역학의 확률적 특징을 잘 표현한 것입니다. 이로써 이 두 가지 원리가 양자역학에서 가장 핵심적인 원리로 자리매김합니다.

아인슈타인과 보어는 양자역학의 성격에 대해 많은 논쟁을 하였습니다. 당시 아인슈타인은 한 가지 유명한 사고실험을 제안합니다. 그것은 빛의 입자인 광자의 에너지뿐만 아니라 광자가 관여하는 시점도 정밀하게 결정하는 실험이었습니다. 단순하게 생긴 상자가 하나 있고 그 상자 안은 밝다고 가정합니다. 즉 그 상자 안에는 광자가 있는 것입니다. 상자 내부에는 시계가 하나 있는데 그 시계는 빗장을 작동시켜 우선 한쪽 벽에 있는 작은 구멍을 잠그게 합니다. 빗장장치의 구멍이 뚫리면 바로 광자가 상자로부터 벗어날 수 있습니다. 다음에 사람들은 상자를 열기 전에 전후의 무게를 잴 수 있습니다. 이로써 광자의 무게, 즉 광자의 에너지를 알게 됩니다. 그것도 정확하게 예정된 시점, 즉 시계에 입력된 시점을 아는 것입니다. 하이젠베르크의 불확정성 원리에 의하면 에너지와 시간은 동시에 결정될 수 없기 때문에 아인슈타인의 사고 과정에 문제가 없다면 코펜하겐 해석은 오류로 판명될 것입니다. 보어는 아인슈타인의 논거가 가진 약점을 찾기 위해 밤새 고민합니다.

보어는 다음과 같이 논변합니다. 상자를 용수철에 매단 후 저울 바늘을 읽어 용수철의 상태와 상자를 무게를 알아냅니다. 그리고 나서 빗장이 열려 광자가 달아나면 용수철은 상승하게 되고 잠시 후 상자의 무게를 재면 광자의 무게를 알 수 있습니다. 하지만 용수철의 운동이 정지하기까지 약간의 시간이 걸립니다. 그때 시계는 지구의 중력장 안에서 움직이게 됩니다. 아인슈타인의 일반상대성이론에 의하면 중력은 시계의 작동에 변화를 줍니다. 그렇다면 광자가 상자를 떠난 시점을 정확하게 결정할 수 없는 문제가 발생합니다. 이것은 코펜하겐 해석이 강조하는 불확정성입니다. 아인슈타인과 보어는 1920년 처음 만난 후 이러한 방식으로 평생을 물리학에 대해 논의하며 지냈다고 합니다.

1936년 보어는 원자핵에 대한 연구도 합니다. 러시아 출신의 물리학자 조지 가모프가 처음 주장했던 원자핵이 액체 방울과 비슷하다는 생각을 더욱 발전시킵니다. 그는 물방울을 구성하는 분자들 사이의 결합력이 달라짐에 따라 물방울의 모양이 변하듯 원자핵의 모양도 양성자와 중성자의 상호작용에 따라 변한다고 생각하였습니다. 이 이론은 1939년에 발견된 핵분열 현상을 이해하는 데 사용되기도 하였습니다.

보어는 제2차 세계대전이 끝난 후 세계 물리학계의 국제적 협력을 위해서도 적극적으로 일하게 됩니다. 1954년 유럽입자물리연구소를 설립하는 데 있어서도 앞장섰고, 훗날 이 연구소는 세계에서 가장 큰 연구소 중의 하나가 됩니다. 그는 또한 1955년 제네바에서 열린 제1회 원자에너지의 평화적 이용에 대한 국제회의에서 핵무기 통제를 위해 모든 나라가 국제적으로 협력해야 한다고 주장합니다. 1957년에는 평화를 위한 원자상의 수상자가 됩니다.

보어는 1962년 77세의 나이로 사망합니다. 그의 아들 아게 보어는 아버지의 뒤를 이어 코펜하겐대학 이론물리학 연구소 소장이 됩니다. 1965년 이 연구소의 이름은 '닐스 보어 연구소'로 바뀌게 됩니다.

닐스 보어는 양자 가설을 처음으로 원자 세계에 적용하여 성공시켰습니다. 이로 인해 인류는 눈에 보이지 않는 원자 세계를 탐험할 수 있게 되었습니다. 그의 노력이 원자물리학을 탄생시켰고, 이후 핵물리학과 입자물리학으로 발전하게 됩니다. 눈에 보이지 않는 미지의 세계를 인류는 볼 수 있게 된 것입니다.

# 27. 스반테 아레니우스(1859~1927)

화학의 주요분야에는 유기화학, 무기화학, 분석화학, 물리화학, 생화학 등이 있습니다. 그중 물리화학은 물리학 이론과 실험을 통해 얻은 결과를 바탕으로 물질의 화학적 성질을 연구하는 분야입니다. 물리화학은 물리학과 화학 사이에 있는 학문간 영역이기에 물리학과 화학 모두를 잘 알아야 할 수 있는 분야입니다. 이러한 학문간 영역은 한 가지 학문으로 하기 어려운 복잡한 현상을 규명하는 역할을 합니다.

19세기 후반 물리화학 분야에는 뛰어난 세 명의 과학자가 있었습니다. 네덜란드의 야콥 반트호프, 러시아의 빌헬름 오스트발트, 스웨덴의 스반테 아레니우스가 바로 그들입니다. 반트호프는 삼투압 법칙, 아레니우스는 전기해리 이론, 오스트발트는 희석률로 유명합니다. 이들의 업적은 모두 전해질 속의 이온에 대해 주목했기에 가능했습니다. 또한 반트호트는 1901년, 아레니우스는 1903년, 오스트발트는 1909년에 노벨 화학상을 수상합니다. 특히 아레니우스의 전기해리이론은 이후 물리화학이 발전하는 데 있어서 커다란 역할을 하였습니다.

스반테 아레니우스는 1859년 스웨덴의 웁살라 부근에서 농부의 아들로 태어났습니다. 그의 가문은 대대로 농사를 지어왔습니다. 그의 아버지는 자신이 충분한 교육을 받지 못한 것을 평생 아쉬워했고, 아들에게 제대로 된 교육을 시켜주고 싶었습니다. 아레니우스는 어릴 때부터 놀라운 재능을 보였다고 합니다. 8살 때 초등학교에 입학한 후 1년 뒤에 5학년이 되었습니다. 선생님들은 아레니우스를 신동이라 불렀다고 합니다. 아레니우스는 17살이 되던 1876년 웁살라 대학에 입학합니다. 물리학을 전공하였지만, 수학과 화학도 열심히 공부하였습니다. 아레니우스는 대학 3학년 때 박사학위에 필요한 자격시험을 통과했습니다. 그는 박사 학위 논문을 쓰기 위해 희토류 원소에 대한 연구를 하고 있었던 화학과의 클레베 교수를 지도교수로 삼았습니다. 하지만 이론을 무시하는 클레베의 교수법에 회의를 느꼈습니다. 이에 아레니우스는 웁살라 대학을 떠나 스톡홀름으로 가서 스웨덴 과학아카데미의 물리연구실에 있는 에드룬드를 만납니다. 이때 아레니우스는 〈금속 전도체에 의한 분극 작용의 소멸〉이라는 논문을 씁니다.

아레니우스는 전해질의 전기전도도를 그의 박사학위 주제로 삼았는데, 당시 용액의 성질에 대한 연구는 화학에 있어 가장 첨단 주제에 해당하였습니다. 그는 박사학위 논문에서 전해질이 물속에서 이온으로 해리된다는 학설을 전개하였습니다. 이것은 소위 전기해리 이론으로 나중에 그의 연구에 있어서 가장 중요한 분야가 되었습니다. 그는 염화나트륨과 같은 전해질을 물에 녹이면, 일부 분자들이 분해되어 자유로운 전하를 띤 이온을 만들며, 용액이 묽어지면서 용해되는 비율이 증가한다고 주장하였습니다. 아레니우스는 전기전도도를 측정하여 분해 정도를 추정하였고, 이를 기반으로 용해가 일어나지 않을 경우 존재할 수 있는 입자 수와 실제로 존재하는 입자 수의 비율을 계산할 수 있었습니다. 또한 그 비율이 어는점 내림에 있어서도 잘 맞는다는 사실을 알아낼 수 있었습니다. 아레니우스의 전기해리이론은 이전과 달리 정량적인 근거를 바탕으로 전해질 용액의 성질을 규명하였습니다.

아레니우스는 용액 속 전류의 이동에 관한 연구 결과, 화학적 현상의 원인에 대한 새로운 해석에 도달했습니다. 아레니우스는 화학적 현상의 원인을 반응물질의 구성 요소에 들어 있는 전하 때문이라고 설명했습니다. 그러므로 전기는 그의 화학 이론 속에서 결정적 인자로 소개 되었습니다. 달리 말해서, 비록 많이 수정된 형태이긴 하지만 베르셀리우스 이론의 기본 개념이 부활한 것입니다.

베르셀리우스 시대에는 이 개념이 단지 정성적 기초 위에 있었던 반면 아레니우스의 이론은 그것을 정량적으로 결정해서 수학적으로 처리할 수 있게 한 것입니다. 박사학위 논문에서 아레니우스는 이 원리로부터 화학적 변화를 지배하는 모든 알려진 법칙들을 추론했습니다.

아레니우스 이론에 따르면 공통염인 염화나트륨의 경우 물에 용해되었을 때 다양한 정도로 해리합니다. 즉 그것은 정반대의 전기로 하전된 구성 요소인 염화이온과 나트륨 이온들이 공통염 용액에서 오로지 화학적으로 유효한 물질로 해리됩니다. 아레니우스 이론은 또한 산과 염기가 서로 반응할 때 물이 주 생성물이고 염은 부산물이라고 주장했는데, 그 시대에는 일반적으로 그 반대라고 믿었습니다. 때문에 그 시대의 흐름과 반대되는 아이디어가 즉각적으로 받아들여질 수 없었던 것입니다. 10년 이상의 험난한 과정과 엄청난 실험을 하고 나서야 비로소 이 이론은 모든 사람들에게 받아들여졌습니다. 아레니우스의 해리 이론에 대해 이렇게 길고 어려운 과정이 진행되는 동안 화학 분야는 엄청난 진보가 이루어졌고, 화학과 물리학 사이에는 유례없는 학문적 연결고리가 확립되어 두 과학 분야에 대단한 기여를 하였습니다.

하지만 당시 나이든 박사 논문 심사위원들은 아레니우스의 생각을 탐탁지 않게 생각했습니다. 그들은 전류가 전혀 없을 때에도 용액에 수많은 이온들이 떠다닌다는 것을 믿으려 하지 않았습니다. 심사위원들은 염화나트륨이 왜 독성이 강한 염소와 반응성이 큰 나트륨을 함유하는지를 설명해야 한다는 문제를 제기하였습니다. 아레니우스는 염소와 나트륨이 매우 다른 성질을 가진 하전 입자로 존재한다고 답했습니다. 이러한 답변은 이온의 전하들이 어디서 유래해야 하는

지에 대한 설명을 요구하였습니다. 이는 원자들이 쪼개질 수 있다는 것을 의미하는 것으로 당시에는 원자보다 작은 입자의 존재가 밝혀지지 않았기에 아레니우스가 감당하기에는 어려운 문제였습니다. 심사위원들은 아레니우스의 혁신적인 논문을 제대로 이해하지 못했습니다. 그들은 아레니우스의 논문을 가장 낮은 등급으로 통과시켜주기는 합니다.

아레니우스는 자신의 논문을 러시아의 오스트발트에게 보냈습니다. 오스트발트는 당시 산에 의한 반응속도를 연구하고 있었는데, 그는 산 용액의 전도성이 아주 크면 많은 수의 수소 이온을 함유한다는 아레니우스의 제안에 관심을 갖게 되었습니다. 오스트발트는 만약 이것이 사실이라면 전도성이 뛰어난 산 용액이 화학반응을 위한 촉매로 좋을 것이라 생각하였습니다. 그는 30가지 이상의 서로 다른 산을 촉매로 시도한 결과, 반응속도와 산의 전도도가 비례함을 알아낼 수 있었습니다.

당시 아레니우스는 웁살라 대학의 강사로 취직하려고 하였으나 거절되고 맙니다. 이때 오스트발트가 웁살라 대학을 방문했는데 아레니우스의 논문의 우수성에 대해 말합니다. 게다가 오스트발트는 아레니우스에게 공동 연구와 직장을 제의하였습니다. 이에 웁살라 대학은 아레니우스를 강사로 채용합니다.

1886년 아레니우스는 스웨덴 과학아카데미로부터 해외 박사후 연구원 자격을 얻습니다. 5년 동안 유럽 각지에서 자유롭게 연구할 수 있는 기회가 주어진 것입니다. 아레니우스는 러시아에 있는 오스트발트에게 가서 함께 연구합니다. 이어 독일 뷔르츠부르크 대학의 콜라우슈와 연구하였고, 오스트리아 그라츠 대학에서 통계역학의 대가 볼츠만과도 연구합니다.

1887년 아레니우스는 독일에 체류하면서 삼투압 법칙을 다룬 반트호프의 논문을 접합니다. 이것은 이상기체상태방정식이 전해질 물질에도 적용된다는 획기적인 논문이었습니다. 하지만 이 논문에서 반트호트는 용액의 농도에 따라 변하는 무언가가 있다는 것을 확실하게 설명하지 못합니다. 이에 아레니우스는 그것을 해리와 관계되어 있다고 생각합니다. 같은 해에 오스트발트는 반트호프, 아레니우스와 함께 〈물리화학 잡지〉를 창간합니다. 창간호에는 아레니우스가 쓴 〈수용액 속에 있는 여러 물질의 해리에 관하여〉라는 논문이 실렸습니다. 1888년 오스트발트는 물리화학 잡지를 통해 아레니우스의 전리설에 질량 작용의 법칙을 적용하여 전해질 용액의 농도와 전리도의 관계를 설명하는 희석률을 제안합니다.

1899년 아레니우스는 반트호프의 설탕에 대한 실험 결과를 바탕으로 화학반응의 속도와 온도의 관계를 나타내는 아레니우스 식을 알아냈습니다. 그는 화학반응이 속도가 온도에 지수함수적으로 비례함을 밝혀낼 수 있었고 반응을 일으키기 위해 필요한 최소 에너지인 활성화 에너지의 개념을 도입하였습니다.

아레니우스는 또한 화학반응 속도에 대해서도 연구하였습니다. 화학반응 속도론은 화학반응에서 반응의 속도와 반응 경로, 메커니즘 등에 대해 탐구하는 학문입니다. 화학반응에 있어서 열역학이 에너지의 관점에서 물질의 안정성과 반응의 자발성을 다루는 반면, 화학반응 속도론은 반응의 경로, 반응도 등에 대해 탐구합니다.

열역학적으로 모든 반응은 엔트로피가 증가하는 방향으로 진행되지만 이러한 반응의 자발성을 판단하는 것으로는 그 반응의 속도까지는 판단할 수 없습니다. 예를 들면 공기 중의 나무가 연소되어 와가 되는 과정은 열역학적으로 자발적으로 일어납니다. 하지만 실제 우리 생활에서 나무가 갑자기 연소하는 반응은 찾아볼 수 없습니다. 이렇게 열역학적 반응의 결과와 실제 생활이 일치하지 않는 이유는 속도론적 관점이 배제되었기 때문입니다. 나무의 연소 반응은 열역학적으로는 자발적으로 일어나지만 상온에서는 매우 천천히 진행되기 때문에 실생활에서는 반응을 관찰할 수 없습니다. 따라서 현실에서 일어나는 반응들을 열역학적인 자발성만으로 분석하기에는 어려움이 있어, 화 반응 속도론이 연구되었던 것입니다.

박사후 연구원이 끝날 무렵 아레니우스는 독일 기센 대학으로부터 교수 자리를 제안받습니다. 하지만 그는 조국인 스웨덴으로 돌아가 스웨덴 왕립공과대학의 교수가 됩니다. 1901년 아레니우스는 스웨덴 과학아카데미 회원으로 선출됩니다. 이어 1902년 영국 왕립학회가 수여하는 데이비 메달을 받습니다. 이어 1903년에는 노벨 화학상을 수상합니다. 1905년 아레니우스는 스웨덴의 노벨물리연구소의 초대 소장이 됩니다. 그는 이곳에서 은퇴하는 1927년까지 연구활동을 계속합니다. 1910년 아레니우스는 영국 왕립학회 회원이 되었고, 1912년에는 미국 과학아카데미 명예회원으로 선출되었습니다.

아레니우스는 전리설와 반응속도론 이외 다른 과학적 주제에도 많은 관심을 보였습니다. 면역 작용의 화학적 측면을 탐구하기도 했고, 화산 활동의 원인에 대해 연구하기도 했습니다. 오늘날 주목받고 있는 또 다른 업적은 그의 온실효과에 대한 것입니다. 그는 1896년 대기 중 이산화탄소의 농도가 증가하면 전 세계적으로 온난화의 가능성이 생길 수 있다는 논문을 발표했습니다. 이것은 기후변화에 대한 최초의 과학논문일 것입니다.

아레니우스는 과학저술가로서도 유명하였습니다. 그는 1900년에 〈전기화학 교과서〉를 1903년 〈우주물리학 교과서〉를 출간합니다. 1906년에는 〈화학과 면역화학의 이론〉, 1906년에는 〈세계의 형성〉, 1915년에는 〈우주 속의 인간〉, 1915년에는 〈별의 운명〉, 1919년에는 〈화학과 사생활〉을 출간하였습니다.

반트호프가 물리화학의 기초를 놓았고, 아레니우스가 이를 바탕으로 물리화학을 발전시켰으며, 오스트발트는 이를 더욱 심화시켰습니다. 특히 오스트발트는 1887년 독일의 라이프치히 대학에 부임한 후 월터 네른스트, 아서 노이즈, 윌리 휘트니를 비롯한 수많은 제자를 키워냈습니다. 기센 대학의 리비히 실험실이 유기 화학의 산실이었다면, 라이프치히 대학의 오스트발트 연구실은 물리화학의 산실이었습니다.

당시 유럽에서는 물리화학의 성장을 막으려는 세력이 만만치 않았습니다. 독일에서는 기존의 대학에서 막강한 힘을 행사하고 있었던 유기화학자들이 오스트발트가 주동이 된 물리화학을 곱지 않은 눈으로 보았습니다. 그들은 교육부 장관과 결탁해서 물리화학에 대한 교수 자리가 독일의 전 대학으로 확산되는 것을 방해했습니다. 영국에서는 유기화학자들보다는 무기화학자들의 저항이 심했습니다. 프랑스에서는 독일과의 전쟁에서 패한 뒤 독일의 학위를 인정하지 않게 되면서 물리화학의 전파가 어려워졌습니다.

이에 반해 대학이 급성장하고 있었던 미국은 물리화학이라는 새로운 분야가 자리를 잡는데 상대적으로 유리했습니다. 1914년 노벨 화학상을 받은 리처즈가 있었던 하버드 대학에 이어 노이즈가 있었던 MIT와 칼텍, 루이스가 있었던 버클리 대학은 물리화학의 중심지로 성장하게 됩니다. 게다가 제1차 세계대전이 일어나면서 독일과의 교역이 끊어지자 미국의 산업체들은 독자적인 연구개발을 서두르기 시작합니다. 이에 부응하여 물리화학을 전공한 사람들이 산업체에 진출하였습니다. 제너럴 일레트릭 연구소의 휘트니와 랭뮤어가 그 대표적인 예라 할 것입니다. 이와 함께 카네기 재단이나 록펠러 재단과 같은 미국의 민간단체들은 미국 과학을 발전시키기 위한 전략으로 물리화학이나 분자생물학과 같은 학문에 집중적으로 투자하였습니다.

아레니우스는 1925년부터 〈세계의 발전〉이라는 책을 저술하기 시작합니다. 하지만 그해 겨울부터 아레니우스의 건강이 나빠지기 시작했습니다. 1927년 봄에 평생을 몸담았던 노벨물리 연구소에서 사직한 후 10월에 세상을 떠납니다. 아레니우스는 이와같이 정량적인 근거를 바탕으로 하여 물리화학의 기초를 다져 이 분야의 진정한 선구자로 이름을 남겼습니다.

# 28. 토마스 모건(1866~1945)

자손이 부모를 닮는 것은 어쩌면 너무나 당연한 것인지도 모릅니다. 자손은 어떻게 해서 부모를 닮는 것일까요? 이 문제의 답을 찾기 위해 오랜 옛날부터 많은 사람들이 노력해 왔습니다. 하지만 19세기까지도 유전의 비밀을 풀 수가 없었습니다. 많은 과학자들은 유전 현상을 인간이 접근할 수 없는 신의 영역으로 간주하기도 했습니다.

20세기의 생명과학은 1900년 멘델의 유전법칙이 재발견되면서 시작되었습니다. 많은 과학자들은 유전의 물질적 기초와 그 메커니즘을 알아내기 위해 많은 노력을 기울였습니다. 그중 가장 중요한 과학자는 초파리와 평생을 함께 한 토마스 모건일 것입니다. 모건은 초파리 연구를 통해 염색체가 유전정보를 전달한다는 사실을 실험적으로 입증함으로써 유전학의 기틀을 마련하였습니다.

토마스 모건은 1866년에 미국 켄터키 주 렉싱턴에서 태어났습니다. 그의 아버지는 시칠리아 영사를 역임하였고, 담배 공장을 경영하였으며 유명했던 금융인 모건과는 가까운 친척이었습니다. 그는 어릴 때부터 자연을 돌아다니며 탐구하는 것을 좋아하였습니다. 모건은 친구들을 모아 나비, 새, 화석을 채집하는 여행을 가기도 했습니다. 모건의 방에는 그가 수집한 수많은 생물과 광물로 가득했다고 합니다.

모건은 켄터키 주 렉싱턴에 있는 공립학교에 다니다가 16살 때 켄터키 대학에 입학합니다. 그는 켄터키 대학에서 생물학을 공부한 후 보스턴의 자연사학회에서 해양생물학을 연구하였습니다. 모건은 더 깊은 연구를 위해 존스 홉킨스 대학 박사과정에 들어갑니다. 당시 존스 홉킨스 대학의 총장이었던 다니엘 길만은 유럽을 여행하고 나서 독일 대학의 연구 활동에 깊은 인상을 받았다고 합니다. 그는 연구에 대한 지원을 존스 홉킨스 대학의 이념으로 내걸었습니다. 특히 과학에 대한 연구를 강조했습니다. 또한 길먼은 대학원 중심 대학을 표방하면서 연구에 중점을 두는 학교로 성장시켰습니다. 그는 독일 대학과 같이 실험실과 세미나 중심의 교육을 선호했습니다. 이로 인해 존스 홉킨스 대학은 미국에서 가장 빠른 속도로 성장하게 됩니다.

당시 미국은 다른 국가와는 달리 독점적인 지위를 점하는 대학도 없었고, 연방 정부가 대학을 통제하지도 않았습니다. 이로 인해 미국에서는 전통적인 대학들뿐만 아니라 새로 설립된 대학들도 비교적 평등한 지위에서 경쟁을 할 수 있었습니다. 이러한 환경에서 미국의 각 대학은 자신의 자원을 이용하여 최고의 성과를 가져올 수 있는 분야에 집중하였습니다. 어떤 대학은 기초과학이나 인문학에만 집중하였고, 어떤 대학은 공학에 집중하기도 했습니다. 또한 미국 대학에서는 학과가 학부와 대학원을 연결시키는 중요한 단위로 발전했습니다. 이를 통해 연구와 교육을 효과적으로 통합시킬 수 있었습니다. 미국 대학의 학과는 새로운 주제를 포함할 만큼 유연했고, 교육과정의 구성과 교수의 임용을 자유롭게 할 만큼 독립적이었습니다. 또한 다양한 전문적 연구를 수행할 만큼 규모가 크다는 특징도 있었습니다.

모건이 대학원 과정에 입학했을 때 존스 홉킨스 대학은 미국에서 생물학을 집중적으로 연구하는 몇 안되는 대학으로 명성을 날리고 있었습니다. 교수들은 학생들에게 현상에 의문을 가지는 자세와 실험실에서 직접 연구하는 생활을 강조했습니다. 이를 통해 생명과학은 단순히 관찰하고 결과만 기록하는 학문에서 실험적인 학문으로 발전하고 있었습니다. 이러한 교육으로 인해 모건은 실험 과학에 대한 강한 믿음을 갖게 됩니다. 그는 간단한 관찰이나 실험을 통해 만들어진 단편적인 지식이 검증되지도 않은 채 유포되는 것을 염려했습니다.

모건은 대학원 과정에서 행태학자이자 발생학자인 브룩스 밑에서 동물의 발달 초기 단계와 배아를 다루는 발생학을 공부하였습니다. 그의 주된 연구 대상은 바다 거미였는데 바다거미는 바다의 밑바닥에서 서식하는 동물로 생김새나 구조로는 갑각류처럼 보였습니다. 모건은 발달 단계별 해부학적 연구를 통해 바다거미가 거미류에 더 가깝다는 것을 알아내고 1890년 박사학위를 받았습니다.

모건은 1년간 박사후 연구원 과정을 거친 후 1891년 펜실베니아의 브린 모어 대학의 생물학 교수가 되었습니다. 이곳에서 그는 성게 알이 수정된 후 분열하면서 여러 기관으로 분화된 성체로 발달하는 과정을 연구하였습니다. 그는 생물의 기관이 발달하기 위해 필요한 과정이 내부에 프로그램화되어 있다는 사실을 발견합니다.

1897년 모건은 〈개구리 알의 발달〉이라는 실험 생물학에 대한 책을 씁니다. 그 책에서 그는 실험과학의 신봉자답게 과학이론이 수많은 실험을 통해 검증된 사실을 바탕으로 형성되어야 한다는 의견을 제시합니다. 이어 1901년 동물의 신체가 어떻게 새로운 조직으로 재생되는지에 관한 당시까지의 지식을 정리하여 〈재생〉이라는 책을 출간합니다. 1903년에는 〈진화와 적응〉을 통해 다윈이 주장한 자연선택에 의한 진화론이 수많은 허점을 가지고 있다고 지적합니다.

1904년 모건은 브린 모어 대학의 졸업생인 릴리언 샘슨과 결혼합니다. 그들 사이에는 4명의 자녀가 태어났습니다. 릴리언도 생명과학을 전공했었는데 아이들이 학교에 다니기 시작하면서 다시 과학연구를 시작하여 유능한 세포생물학자가 됩니다.

1904년 모건은 컬럼비아 대학에 자리를 잡으면서 자신의 가장 중요한 업적인 노랑 초파리에 대한 연구를 시작하였습니다. 모건은 1900년 재발견된 멘델의 유전법칙을 보고 유전학에 깊이 몰입하게 됩니다. 그는 변이의 누적이 진화를 설명할 수 있다는 주장에는 찬성하지 않았고, 네덜란드의 드브리스의 의견을 따라 돌연변이가 진화의 동력일 수 있다고 생각하였습니다.

모건은 1908년부터 초파리를 가지고 본격적으로 자신의 실험을 시작하였습니다. 그는 멘델과 마찬가지로 실험 대상을 제대로 고르는 것이 아주 중요하다는 것을 알고 있었습니다. 그가 초파리를 선택한 것은 초파리의 생활사가 아주 짧기 때문이었습니다. 초파리는 성충이 된 지 나흘이면 짝짓기를 시작하는데, 이는 일주일이 지나기 전에 새로운 세대를 얻을 수 있다는 것을 의미합니다. 또한 초파리는 많은 알을 낳기 때문에 아주 짧은 기간 내에 많은 자손을 얻을 수 있습니다. 게다가 초파리의 유전적 변이는 외형적으로 뚜렷이 볼 수 있기 때문에 어떤 형질이 새로운 세대에 전달되는지 쉽게 추측할 수 있었습니다. 초파리의 크기는 겨우 3밀리미터밖에 되지 않아 아주 좁은 공간에서도 많은 수를 기를 수 있다는 것도 커다란 장점이었습니다.

모건은 멘델의 실험을 따라 짝을 지을 수 있으면서도 어렵지 않게 구별되는 형질들을 고른 후 약 10만 마리 정도 되는 초파리를 조사하여 형질 목록을 만들었습니다. 재미있는 것은 초파리의 눈의 색깔이었는데 가끔 붉은 눈을 가진 계통에서 흰 눈을 가진 자손이 태어나곤 하였습니다. 모건은 이 사실을 과학적으로 증명하기 위해 노력하였습니다. 초파리의 눈 색깔이 가지고 있는 비밀을 알아내기 위해 모건은 실험을 계속해서 반복하였습니다. 그는 붉은 눈과 흰 눈의 초파리를 서로 교배시켜 자손들이 모두 붉은 눈이라는 것을 확인할 수 있었습니다. 붉은 눈을 만드는 유전자가 우성이라는 것이 증명되었습니다. 그는 F1 자손들을 자가 교배시켰습니다. 멘델의 법칙에 따르면 붉은 눈 초파리와 흰 눈 초파리가 3:1의 비율로 나와야 했지만, 실제로는 4:1 정도로 나왔습니다. 그리고 붉은 눈을 가진 초파리는 수컷과 암컷이 모두 나왔지만 흰 눈의 경우에는 모두 수컷이었습니다.

모건은 이러한 비밀을 연관에서 찾았습니다. 멘델은 모든 유전 형질이 독립적으로 전달된다고 보았지만, 모건은 일부 유전 형질이 서로 연관되어 있다고 생각하였습니다. 모건은 자신의 실험을 분석하여 X 염색체에 초파리 눈의 색깔을 결정하는 유전자가 있다는 결론을 내렸습니다. 오늘날에는 X 염색체나 Y 염색체에 있는 유전자를 '성연관 유전자'라고 부릅니다. 수컷 초파리는 단 하나의 X 염색체를 가지므로 열성 형질이 그대로 나타납니다. 암컷은 두 개의 X 염색체를 가지므로 한 개가 열성 인자를 가지고 있더라도 나머지 정상 X 염색체가 우성이면 열성 형질이 발현되는 것입니다.

초파리의 눈에 대한 실험이 성공하면서 모건은 자신의 실험에 대해 자신감을 얻게 됩니다. 이로 인해 지도 학생들을 모아 더 많은 실험을 수행합니다. 초파리들은 대학 구내식당에서 빌린 우윳병으로 키웠습니다. 초파리의 먹이는 바나나를 으깬 것으로 바퀴벌레에게도 좋은 먹이였기에 실험실에는 항상 바퀴벌레가 가득했다고 합니다.

모건의 연구팀은 1912년까지 등이 굽은 형, 노란 몸, 작은 날개를 가진 것 등을 포함하여 40여 종류의 돌연변이를 발견하였습니다. 그들은 새롭게 발견한 돌연변이를 체계적으로 교배하였고, 교배된 자손들을 그들의 부모와 형제 혹은 다른 돌연변이들과 다시 교배하였습니다. 이러한 실험의 결과들은 한 형질이 다른 형질과 연계되어 유전된다는 가설을 뒷받침해 주었습니다. 또한 연관된 유전형질들의 개수가 염색체의 길이와 관련되어 있다는 사실도 알아낼 수 있었습니다. 모건은 줄에 매달린 구슬처럼 유전자 역시 염색체에 직선형으로 놓여 있을 것으로 예상했습니다.

모건은 여러 형질들이 한 염색체 안에 존재하고 있다는 사실도 알게 되었습니다. 하지만 같은 염색체 안에 있는 경우에도 각 형질이 따로 유전되는 현상과 몇몇 형질들이 같이 유전되는 현상이 동시에 관찰되었습니다. 모건은 조심스럽고도 집요하게 관찰한 결과, 감수분열을 할 때 염색체끼리 뭉쳐지는 현상을 발견하였습니다.

1909년 벨기에 세포학자 얀센은 감수분열 때 염색체끼리 교차하는 현상을 발견한 뒤 염색체가 물리적으로 각 부분을 교환한다고 주장하였습니다. 모건은 이를 "재조합"이라 불렀습니다. 모건의 제자였던 스터트반트는 재조합되는 비율을 유전자 사이의 거리와 관련되어 있다고 생각하였습니다. 염색체에서 유전자 사이의 거리가 멀수록 분리되어 유전되고 가까울수록 같이 유전되는 확률이 높다는 것입니다. 모건의 연구팀은 재조합에 의해 형질이 발현되는 빈도를 기반으로 염색체 내에 존재하는 유전자 사이의 거리를 측정하였습니다. 오늘날 유전자 사이의 거리를 재는 단위로 사용되고 있는 센티모건은 모건을 기념해 붙여진 이름입니다. 모건은 유전자 지도를 작성하면서 염색체에 유전자가 일렬로 배열되어 있다고 확신을 하였습니다.

모건은 멘델에서 시작해 멘델을 넘어선 과학자라고 불렸습니다. 사실상 모건은 여러 면에서 멘델과 비교되는 사람이었습니다. 모건은 고독했던 멘델과 달리 늘 많은 사람들에게 둘러싸여 있었습니다. 모건은 개방적이고 우호적이며 사교성이 뛰어난 사람이었습니다. 모건이 많은 제자들을 양성할 수 있었던 것도 이러한 것에 비롯되었다고 볼 수 있을 것입니다.

또한 모건은 멘델과 달리 꼼꼼한 것과는 거리가 멀었다고 합니다. 그는 실험실에서 격식을 차리지 않았습니다. 허리띠를 차는 것을 잊어버려 밧줄로 바지를 동여매기도 하고, 중요한 강의를 앞두고 셔츠가 찢어지자 그냥 테이프로 붙이고 강의를 진행했다고 합니다.

모건은 자유로운 성격의 소유자였지만 시간을 관리하는 데는 아주 엄격했습니다. 낮에는 실험실에서 일하고, 저녁에는 사람들을 만나거나 운동을 하고, 밤에는 글을 썼다고 합니다.

1915년 모건은 스터트반트, 브리지스, 멀러와 함께 "멘델 유전의 메커니즘"이라는 책을 출간합니다. 그 책에서 그들은 유전자가 실재로서 염색체 상에 존재한다는 것을 강조하면서 재조합, 분배, 분리 등과 같은 유전의 메커니즘을 체계적으로 설명하였습니다. 모건은 이외에도 발생, 유전, 진화 등과 같은 생물학의 여러 분야에서 훌륭한 저서를 남겼습니다. 예를 들어 〈진화론 비판〉, 〈유전의 물질적 기초〉, 〈진화와 유전학〉, 〈유전자 이론〉, 〈실험 생리학〉,〈진화의 과학적 기초〉 등이 그것입니다. 모건은 처음에는 다윈의 진화론을 비판하다가 나중에는 진화론을 인정한 후 유전과 진화를 접목시키려고 시도하였습니다.

모건은 1928년 브리지스와 함께 칼텍으로 자리를 옮깁니다. 당시

이 대학은 모건에게 생물학 분야를 새로 조직해 보라고 권유합니다. 칼텍에 생물학과를 설치한 후 생물학자, 물리학자, 화학자와 상호협력을 촉진하고 우수한 과학자를 유치하거나 양성하는 데 많은 노력을 기울입니다. 칼텍에서 모건의 연구는 발생에 관한 실험에 집중되었습니다. 그는 발생학으로 생물학에 입문한 후 중간에 유전학을 거쳐 결국 발생학으로 돌아갔던 것입니다. 사람들은 모건을 유전학자라고 생각하지만, 사실 그는 단순한 유전학자가 아닌 넓은 의미의 실험동물학자였던 것입니다.

모건은 각종 과학단체의 회장을 역임하기도 하였습니다. 1927년부터 1931년까지는 미국 과학아카데미의 회장을 지냈고, 1930년에는 미국 과학진흥협회 회장, 1932년에는 국제유전학회 회장으로 활동하였습니다. 1933년 모건은 초파리에서 유전 전달의 메커니즘을 발견한 공로로 노벨 생리의학상을 수상합니다. 이는 유전학에 주어진 최초의 노벨상이었습니다. 그의 제자인 멀러도 X선에 의한 인공돌연변이에 대한 연구로 1946년 노벨 생리의학상을 수상합니다. 모건은 1945년 79세의 나이로 세상을 떠납니다. 그의 장례식은 그의 생전 유언대로 가족들만이 참석한 가운데 조촐하게 치러졌습니다.

모건의 연구로 인해 유전자에 대해 더 깊이 이해할 수 있게 되었고, 유전자가 어떻게 한 세대에서 다음 세대로 전해지는지도 알게 되어 유전학이 크게 발전될 수 있었습니다. 또한 유전병이 부모에서 자식으로 전달될 가능성을 설명하고 이에 대한 지도를 작성할 수 있었던 것도 모건의 연구 덕분이라고 할 수 있을 것입니다.

# 29. 베르너 하이젠베르크(1901~1976)

19세기만 해도 물리학은 일상에서 직접 식별할 수 있는 거시 세계에 대한 탐구를 중심으로 발전하였습니다. 20세기에 들어와 물리학은 맨눈으로 볼 수 없는 미시 세계를 본격적으로 다루기 시작하였습니다. 미시세계는 일상 세계와 달리 확정하기 어려운 점이 많아서 그것을 과학적으로 규명하기가 쉽지 않았습니다. 이러한 한계를 극복하면서 인간의 이해에 새로운 지평을 열어준 사람이 바로 불확정성의 원리를 발견한 하이젠베르크입니다.

하이젠베르크는 1901년 독일 뷔르츠부르크에서 태어났습니다. 그의 아버지는 김나지움에서 고전어를 가르치는 선생님이었습니다. 그는 1910년 뮌헨 대학의 문헌학 교수로 초빙되었습니다. 이로 인해 하이젠베르크는 어린 시절부터 줄곧 뮌헨에서 살았습니다. 1911년 하이젠베르크는 독일의 명문 막스밀리안 김나지움에 입학합니다. 그는 당시 10살의 어린 소년이었지만, 세상을 보는 시야는 어른 못지 않았다고 합니다. 주위 사람들은 그를 본질적인 것을 보는 눈이 있고 하찮은 문제로 신경을 쓰거나 에너지를 낭비하지 않았다고 합니다. 하이젠베르크는 어릴때 부터 물리학과 수학을 좋아했고 스스로 물리학을 공부해 나갔습니다.

1920년 하이젠베르크는 뮌헨대학에 진학하여 이론 물리학자였던 좀머펠트에게서 물리학을 배웠습니다. 좀머펠트는 보어와 함께 양자가설을 토대로 원자모형을 세운 사람으로서 후학을 양성하는 데 뛰어난 능력을 가지고 있었습니다. 좀머펠트의 지도로 하이젠베르크의 천재성이 빛을 발하기 시작합니다. 좀머펠트는 학기가 시작되면 학생들에게 그들이 다루어야 할 문제를 주었습니다. 또한 그는 독특한 대화식 교수법으로 학생들과 끊임없이 의견을 교환하면서 스스로 문제를 해결할 수 있도록 격려하였습니다. 좀머펠트는 하이젠베르크의 자질을 알아보고는 곧바로 이론물리학의 최첨단 문제를 연구할 수 있도록 배려하였습니다.

하이젠베르크는 박사과정 마지막 학기에 좀머펠트의 권유로 실험물리학자인 빌헬름 빈의 연구소로 갔습니다. 박사학위를 받기 위해서는 이론물리학 이외에 실험물리학 시험도 치러야 했기 때문입니다. 하지만 실험에 흥미를 느끼지 못한 하이젠베르크는 빈의 연구소에서도 이론물리학을 공부했습니다. 이로 인해 하이젠베르크는 빈에게 좋은 평가를 받지 못해 박사학위를 받지 못할 위기에 처하게 됩니다. 이에 좀머펠트는 하이젠베르크를 구하기 위해 빈을 설득하였고, 결국 하이젠베르크는 가장 낮은 점수로 1923년 간신히 박사학위를 취득합니다. 이후 하이젠베르크는 괴팅겐대학으로 가서 막스 보른 밑에서 공부하였습니다. 하이젠베르크는 독일의 국가교수자격에 해당하는 시험을 일년 만에 통과합니다. 그 후 하이젠베르크는 덴마크의 닐스 보어 밑에서 함께 연구하였습니다.

1925년에 하이젠베르크는 보어의 원자모형이 가지고 있는 문제를 해결함으로써 세계적인 물리학자로 부상하였습니다. 보어의 원자모형은 분자의 구조를 설명하거나 화학결합의 과정을 이해하는데 편리한 수단으로 작용했지만 원자 스펙트럼의 상대적인 강도를 설명하지 못했기 때문에 만족스럽지 못했습니다.

하이젠베르크는 일단 가상진동자를 이용하여 고전적인 운동방정식을 만든 뒤 새로운 양자 법칙을 얻기 위해 기존의 역학 체계에서 의도적인 일탈을 시도하였습니다. 이와 함께 그는 보어와 같이 직관적인 개념에 의존하는 방법을 지양하고 광도 및 진동수와 같은 관측가능한 양을 고려하여 수학적 방정식으로 풀이하는 방법을 통하여 문제를 해결하고자 했습니다.

보어와 연구하던 중 그는 질병에 걸려 휴양차 코펜하겐을 떠나 홀로 지내야 했는데, 이 시기가 그의 인생에서 몰입을 할 수 있는 기회였습니다. 하이젠베르크에게는 이 몰입의 시간은 그의 인생의 전환점이 되었습니다. 좀머펠트, 보른, 보어 밑에서 많은 것을 배우고 무언가를 할 수 있는 준비된 바탕 하에 자신만의 창조적 시간이 그에게 주어졌던 것입니다. 그는 이 기간 동안 양자역학의 가장 중요한 틀인 행렬역학을 만들어 냅니다. 페스트가 유행하던 아이작 뉴턴이 휴교 기간이었던 2년여 동안 자신의 모든 것을 집중하여 운동의 법칙과 미적분을 만들어 낸 것과 유사합니다.

그는 에너지의 표, 즉 요즘의 언어로 말하면 에너지 행렬의 각각의 항을 오늘날의 척도로 보면 매우 복잡하고 번잡하지만, 계산을 통해서 표현할 수 있는 경지에까지 이르게 됩니다. 최초의 1항으로서 에너지의 법칙이 확증되었을 때 그는 일종의 흥분상태에 빠져서 다음 계산이 자꾸 틀리곤 하였습니다. 그래서 그 계산의 최종 결과가 나온 것은 새벽 3시가 가까워서였고, 모든 항에서 에너지의 법칙이 타당한 것으로 증명되었습니다. 그래서 그는 수학적으로 아무런 모순이 없는 완전한 양자역학이 성립되었다는 사실을 더 이상 의심할 수가 없었습니다. 그 순간 하이젠베르크는 놀라지 않을 수 없었습니다. 모든 원자 현상의 표면 밑에 깊숙이 간직되어 있는 내적인 아름다움의 근거를 바라보았던 것입니다.

하이젠베르크는 또한 스승인 좀머펠트의 도움으로 당대 최고의 물리학자인 알버트 아인슈타인과 만나게 되었습니다. 하이젠베르크는 아인슈타인과 오랜 시간 물리학에 대해 깊이 있는 토론을 할 수 있는 기회를 얻게 됩니다.

이후 1927년 어느 날 밤 그는 갑자기 아인슈타인과 나눈 대화 가운데서 아인슈타인이 언급한 "이론이 비로소 사람들이 무엇을 볼 수 있는가를 결정한다"라는 말을 기억해 냅니다. 하이젠베르크는 아인슈타인의 이 표현을 숙고하기 위해 공원으로의 심야 산책을 나갔습니다. 그는 안개상자 안에서 전자의 궤도를 볼 수 있다고 너무 경솔하게 말해 온 것을 깨닫게 됩니다. 그는 사람들이 실제로 관찰할 것은 훨씬 적은 것이었을지도 모르는 일이며, 부정확하게 결정된 전자 위치의 불연속적인 한 줄기 결과만을 인지할 수 있는지도 모를 일이라고 생각합니다. 그리고 그는 현대물리학에서 가장 중요한 "불확정성 원리"를 알아내게 됩니다.

불확정성원리는 물질이 파동이자 입자라는 이중성에서 온 것으로서 어떤 물질을 관찰하는 동안에 그 물질의 특성이 불가피하게 변한다는 사실을 전제로 삼고 있습니다. 만일 전자의 위치를 측정하는 경우에는 극히 짧은 파장의 방사선을 사용해야 하지만 그것이 높은 에너지를 가지고 있기 때문에 전자의 운동량을 변화시키게 됩니다. 마찬가지로 전자의 운동량을 측정하는 경우에는 낮은 에너지의 방사선을 사용해야 하는데 방사선의 파장이 크기 때문에 전자의 위치가 확정되지 않는다는 것입니다. 불확정성 원리는 보어가 제창한 상보성 원리와 함께 양자역학에 대한 표준적인 해석으로 자리 잡게 되었습니다.

불확정성 원리의 핵심은 한 개의 양이 아닌 두 개의 양에 대한 것입니다. 위치와 운동량, 에너지와 시간, 이 두 개의 양을 동시에 정확하게 측정이 불가능하다는 것입니다. 만약 입자의 위치를 정확하게 측정하려다 보면 운동량의 값은 더욱 불확실하게 되고, 시간을 보다 정확하게 측정하려다 보면 에너지의 불확실성이 커지게 됩니다. 두 개의 양을 거의 비슷한 불확정도를 가지고 측정하고자 하면 어느 최솟값 이상은 또한 불가능합니다. 이 이론이 현대물리학의 가장 근본적인 중추가 되었습니다. 절대성이라는 뉴턴 물리학의 근간을 무너뜨렸기 때문입니다.

하이젠베르크는 1925년에 상징적인 곱셈을 사용하여 새로운 역학 체계의 기본적인 틀을 만들었습니다. 그러나 그는 자신이 사용한 상징적인 곱셈이 행렬의 곱에 해당한다는 점을 인식하지 못했습니다. 그것을 처음으로 알아낸 보른은 하이젠베르크의 새로운 역학 체계에 '행렬역학'이라는 이름을 붙였습니다. 1926년 보른, 하이젠베르크, 요르단은 서로 힘을 합쳐 공동논문을 출간했으며, 이를 계기로 행렬역학이 세상에 달려지게 되었습니다.

같은 시기에 오스트리아의 슈리딩거는 전자가 파동의 형태를 띠고 있다는 가정을 바탕으로 '파동역학'을 제안합니다. 이어 1927년에는 영국의 디랙은 행렬역학은 파동역학과 실질적으로 동등하다는 것을 밝혀냅니다. 디랙의 변환이론에 따르면, 양자역학의 체계를 행렬이라는 수학적 방법으로 구체화된 것이 행렬역학이고, 미분방정식이라는 수학적 형식으로 표현된 것이 파동역학이었습니다. 하지만 행렬역학은 전자를 입자로, 파동역학은 파동으로 해석했기 때문에 두 이론 중 어느 쪽이 자연현상의 본질을 적절히 포착하고 있는지는 잘 알 수 없었습니다.

불확정성 원리를 발견한 1927년에 하이젠베르크는 26살의 나이로 독일 라이프치히 대학 물리학과 교수가 됩니다. 1932년 하이젠베르크는 양자역학의 확립에 기여한 공로로 노벨 물리학상을 수상합니다. 젊은 나이에 노벨상을 받은 하이젠베르크는 전 세계에서 주목받는 인물이 되었습니다. 하지만 1933년 히틀러가 정권을 잡으면서 하이젠베르크도 고통이 나날이 시작됩니다. 히틀러가 집권한 이후 하이젠베르크는 '백색 유태인'이라는 공격을 받았습니다. 나치주의자들이 유태인의 학문으로 간주했던 상대성이론과 양자이론에 하이젠베르크가 호의적이었기 때문입니다. 1935년 좀머펠트는 뮌헨대학에서 퇴임하면서 하이젠베르크를 자신의 후임자로 추천했지만, 나치주의자들의 반대로 무산됩니다.

제2차 세계대전 직전 많은 유럽의 과학자들이 미국으로 망명하지만 하이젠베르크는 독일에 남아있기로 결정합니다. 그는 1939년에 미국을 방문하는 동안 망명을 권유받기도 했습니다. 하지만 이를 거절합니다. 하이젠베르크는 1942년 카이저 빌헬름 물리학 연구소 소장이 됩니다. 같은 해 10월 베를린 대학의 교수가 됩니다. 당시에 그는 핵분열 현상을 연구하면서 독일의 원자탄 제조 계획인 '우라늄 계획'을 지휘합니다. 그러나 그 계획은 성공하지 못합니다. 이에 대해 여러 가지 상반된 견해가 제기됩니다. 하이젠베르크를 비롯한 독일의 과학자들은 자신들이 조국을 위해 군사무기를 개발하는 데는 참여했지만 나치가 원자탄을 보유하게 되면 어떤 불상사가 일어날지 모르기 때문에 일부러 태업을 벌였다고 주장하기도 합니다. 나치가 핵무기를 만들지 못한 결정적인 이유는 양심적인 독일 과학자들의 방해 공작때문이었다는 것입니다. 또한 많은 과학자들의 망명으로 연구 능력이 크게 떨어진 상태에서 독일이 원자탄 개발이라는 대규모 연구를 수행할 능력이 부족했다는 의견도 있습니다. 또한 독일의 연구팀은 이론물리학자들이 주도했기 때문에 우라늄 연구가 실험실

수준에 머물렀고, 그것을 산업적, 군사적으로 발전시킬 수 없었다는 평가도 있습니다. 또한 1942년 당시 독일은 전쟁에서 유리한 상황이었기 때문에 전쟁이 곧 끝나리라 생각했고, 이로 인해 많은 시간과 자원이 요구되는 원자탄 개발에 적극적인 투자를 하지 않았다는 의견도 있습니다.

사실 하이젠베르크는 원자탄을 만드는 것을 원하지도 반대하지도 않았습니다. 그는 원자탄 제조에는 엄청난 인적, 물적 자원이 필요하기 때문에 우선 원자로 연구에 몰두하는 것이 좋겠다고 판단하면서 전쟁장관으로부터 승인을 받았습니다. 원자로 연구를 통해 우라늄 연쇄 반응에 성공한 후에 무엇을 할 것인가 하는 문제는 나중에 결정할 문제였던 것입니다. 제2차 세계대전은 독일 연구팀이 연쇄 반응이 성공하기 전에 끝이 났고, 하이젠베르크로서는 그 후에 무엇을 연구할 것인가 하는 고민거리가 없어졌습니다. 어쩌면 하이젠베르크는 원자로를 개발할 시점이 되면 원자탄을 적극적으로 연구하지 않아도 될 것이라고 기대했을 지도 모릅니다.

이와 관련하여 1941년에 하이젠베르크는 스승인 보어가 있는 코펜하겐에 갔다는 기록이 있습니다. 하이젠베르크는 보어가 감시를 받고 있다는 사실을 알고는 연구소에서 멀리 떨어진 곳에서 몰래 만나자고 했습니다. 그러나 보어는 하이젠베르크와 대화를 나눌 준비가 되어 있지 않았습니다. 하이젠베르크가 원자탄에 대해 언급하는 순간 보어는 즉시 분노했다고 합니다. 두 사람의 대화는 그렇게 끝나고 말았습니다. 그 후로 보어와 하이젠베르크는 끝까지 진정한 화해를 이루지 못합니다. 어쩌다 만나게 되면 매우 친절하게 서로를 대했지만, 예전에 있었던 그러한 우정을 회복하지 못합니다. 보어와 하이젠베르크의 불편한 관계는 1956년 로버트 융크가 발간한 〈천 개의 태양과 더 밝은〉이라는 책으로 인해 더욱 증폭됩니다. 그 책은 독일의 원자탄 개발 계획을 설명하면서 하이젠베르크의 도덕성을 너무 강조했기 때문입니다. 보어는 융크가 하이젠베르크에게 설득을 당해 이런 견해를 내놓았다고 생각했습니다. 하지만 보어는 전쟁 중 하이젠베르크와 나눈 대화에 대해서는 완전히 함구하였고 진실을 밝히지 않은 채 1963년 사망합니다.

제2차 세계대전이 끝날 무렵 하이젠베르크는 연합군에 체포됩니다. 그는 다른 과학자들과 함께 6개월 동안 영국에 억류되어 있었습니다. 전쟁이 끝난 후에 그는 고국으로 돌아와 황폐화된 독일 과학을 재건하기 위해 노력했습니다. 그는 20세기 중반의 시점에서 정치와 과학이 서로 독립적으로 수행되는 것은 불가능하다는 것을 알았습니다. 국가와 과학이 서로 긴밀히 협력해야 한다는 입장을 가지고 있었던 것입니다. 전쟁 후 그는 독일 연구협회 의장, 훔볼트 재단 이사장, 원자력 자문 위원회 위원 등을 역임하면서 전후 독일의 과학기술 정책에 많은 영향을 끼쳤습니다. 그는 유럽입자물리연구소가 설립되는 과정에도 참여합니다.

이러한 활동을 통해 하이젠베르크는 독일 정부와 밀접한 관계를 형성했지만 어떤 경우에는 비판적인 자세를 취하기도 합니다. 예를 들어 1957년에 아데나워 독일 총리가 연방 방위군을 핵무기로 무장하려는 북대서양조약기구의 계획에 협력하려고 하자 괴팅겐에서 활동하고 있었던 17명의 물리학자들과 함께 '괴팅겐 선언'을 발표합니다. 괴팅겐 선언에 참여했던 과학자들은 만약 연방 방위군이 핵무기로 무장한다면 독일이 가장 먼저 방사능의 영향 아래 놓이게 된다는 점을 지적하였습니다. 이와 함께 그들은 원자로 건설에는 많은 예산을 지원하지 않으면서 핵무기 개발에 깊은 관심을 기울이는 독일 정부의 자세를 문제삼기도 했습니다.

하이젠베르크는 말년을 쓸쓸하게 보내다가 1976년 75세의 나이로 세상을 떠납니다. 그는 죽기 전 젊은 시절 함께 했던 양자역학의 동료들을 그리워합니다. 특히 스승이었던 보어에 대한 그리움은 남달랐다고 합니다. 전쟁이 그들의 우정을 갈라놓은 것에 하이젠베르크는 가슴 아파했습니다. 하이젠베르크가 가장 행복을 느꼈던 순간은 스승과 동료와 함께 순수하게 과학을 연구하던 시절이었던 것입니다.

# 30. 에르빈 슈뢰딩거 (1887~1961)

미시세계인 원자를 설명하는 데 있어서 가장 중요한 방정식이 바로 슈뢰딩거 방정식입니다. 슈뢰딩거 방정식은 상당히 복잡하고 까다롭지만, 원자 세계를 완벽히 설명합니다. 이 방정식을 처음 이끌어 낸 사람이 바로 에르빈 슈뢰딩거입니다.

슈뢰딩거는 1887년 오스트리아 빈에서 태어났습니다. 화학을 전공했던 그의 아버지는 학자가 되고 싶었지만, 가업으로 물려받은 공장을 운영하였습니다. 미술과 생물학에도 상당한 조예가 깊었다고 합니다. 슈뢰딩거는 11살인 1898년 빈 김나지움에 입학합니다. 그

학교는 빈에서 가장 종교적이지 않았습니다. 슈뢰딩거는 암기식 공부를 좋아하지 않아 자신의 취향에 맞는 과목을 선택해 공부했습니다. 김나지움에서 그는 1등을 독차지할 정도로 수재였다고 합니다.

슈뢰딩거는 1906년 빈 대학에 입학하였습니다. 당시 오스트리아의 물리학 수준은 빈 대학을 중심으로 상당히 높았습니다. 빈 대학을 거쳐간 사람은 볼츠만, 마흐, 슈테판, 엑스너, 하젠뇌를 등이 있습니다. 볼츠만과 마흐는 주로 이론적 연구를 하면서 원자의 실재 여부를 놓고 격렬한 논쟁을 벌이기도 하였습니다. 슈테판과 엑스너는 실험 물리학 연구의 대가였습니다. 슈뢰딩거는 볼츠만에게 배울 기대에 부풀었지만, 불행하게도 볼츠만은 슈뢰딩거가 입학하기 전 우울증으로 자살합니다.

슈뢰딩거는 빈 대학에서 하젠뇌를로부터 역학, 전자기학, 열역학, 광학 등을 배웠습니다. 또한 엑스너로부터 자연법칙을 통계적으로 다루는 방법을 배웠습니다. 또한 슈뢰딩거는 전기와 기체 사이의 관계에 대한 실험 논문으로 1910년 박사학위를 받았습니다. 그는 1년 동안 포병 장교로 근무한 뒤 빈 대학으로 돌아옵니다. 당시 슈뢰딩거가 빈 대학에서 한 일은 학생들이 사용하는 실험 장치를 만드는 일이었습니다. 슈뢰딩거는 그 일을 좋아하지는 않았지만 다른 일자리가 없었기 때문에 어쩔 수 없었습니다. 그는 실험 조교의 일을 하면서 통계역학 이론을 연구하였습니다. 슈뢰딩거는 1914년 1월 교수 자격을 얻었고 같은 해 3월 물체의 자성을 통계적으로 다룬 논문을 〈물리학 연보〉에 게재합니다.

제1차 세계대전이 일어나자 슈뢰딩거는 이탈리아 전선에 소집됩니다. 그가 배치된 포병장교로 근무했고, 1915년 이손초 전투에서 승리하여 무공훈장을 받았습니다. 그는 1917년 빈의 기상관측부대로 전속되어 병사들에게 기상학과 물리학을 가르쳤습니다. 제1차 세계대전이 독일과 오스트리아의 패배로 끝나자 사람들이 빈에서 생활하는 것은 쉽지가 않았습니다. 1919년 슈뢰딩거의 아버지가 사망하자, 슈뢰딩거는 독일로 갑니다. 그는 1920년 예나 대학의 조교, 슈투트가르트 대학의 조교수, 브레슬라우 대학의 교수를 거쳐 취리히 대학의 교수가 됩니다.

1924년 프랑스의 물리학자 루이 드브로이는 물질파 이론을 제안하였습니다. 그는 아인슈타인의 광양자 개념을 주의 깊게 받아들이고 이것을 거꾸로 적용하였습니다. 그는 모든 물질이 파동의 성질을 갖는다고 주장하면서 입자의 파장과 운동량의 관계를 유도해 냈습니다. 이는 파동과 입자의 절대적인 구별은 의미를 찾을 수 없게 된 것입니다. 모든 실체가 파동이자 동시에 입자인 이중성을 지니게 된 것입니다.

그러나 드 브로이의 주장에 주목한 사람은 거의 없었습니다. 오직 아인슈타인만이 예외였습니다. 아인슈타인은 자신의 논문을 통해 드 브로이의 생각을 소개하고 그것의 대담성과 독창성을 널리 선전하였습니다. 슈뢰딩거는 아인슈타인의 논문을 감명 깊게 읽고 드 브로이의 개념을 받아들이게 되었습니다. 슈뢰딩거는 1925년 "아인슈타인의 기체 이론에 관하여"라는 논문을 기고하였습니다. 슈뢰딩거는 파동이자 동시에 입자인 물체가 만족하는 운동방정식의 골격을 세웠고 약간의 보완을 거친 후 1926년 슈뢰딩거 방정식을 발표하였습니다.

슈뢰딩거는 고전역학의 해밀턴 정리를 이용하여 파동을 나타내는 함수에 대한 방정식을 얻었고 여기에 드 브로이의 물질파 조건을 적용하여 보어의 수소 원자모형이 제기했던 모든 현상을 설명하였습니다. 더 나아가 슈뢰딩거는 보어가 설명하지 못했던 문제, 즉 원자핵 주위의 전자궤도의 반지름이 자연수의 제곱에 비례하는 이유도 설명할 수 있었습니다. 전자궤도의 둘레가 전자에 대응하는 물질파 파장의 정수배가 아니면 그 물질파가 스스로 간섭을 일으켜 사라진다는 것이었습니다. 슈뢰딩거는 이 역학 체계를 '파동역학'이라고 명명하였습니다.

비슷한 시기에 베르너 하이젠베르크는 불확정성 원리에 따라 원자 속 입자들의 운동을 설명하는 변수들은 모두 근본적으로 불확실하기 때문에, 관찰에 의해 고정시키기 전까지는 모두 알 수 없는 대상이라고 생각했습니다. 일단 하나의 특징을 정확히 측정하면, 다른 특징은 불확실하게 됩니다. 하이젠베르크는 불확정성이 측정 과정 그 자체의 역학으로 인해 발생한다고 믿었습니다. 물리량을 측정하기 위해서는 측정의 대상과 상호작용을 해야 합니다. 이러한 상호작용이 계를 바꾸고 이후의 입자의 상태는 불확실해진다는 것입니다.

하이젠베르크의 스승이었던 닐스 보어는 하이젠베르크와는 조금 다른 생각을 하였습니다. 그는 관찰자도 측정하는 계의 일부라고 주장했습니다. 측정 장치를 포함시키지 않고 측정 대상을 논하는 것은 말이 안 된다고 생각했습니다. 어떠한 입자를 추적하려면 빛을 보내야 하기 때문에 입자가 홀로 존재한다고 가정하고 입자의 운동을 기술할 수는 없다고 판단했습니다. 여기에서 보어는 슈뢰딩거의 방정식과 파동함수 개념에 의존했습니다. 측정 대상의 특징이 관찰 행위에 의해 입자 또는 파동으로 고정되어 있을 때, 우리는 파동함수가 붕괴되었다고 말합니다.

따라서 모든 확률은 하나의 값만을 남기고 사라지게 됩니다. 오로지 결과만 남게 되는 것입니다. 빛줄기의 파동함수에는 빛이 파동으로 행동할 확률과 입자로 행동할 확률이 섞여 있고, 우리가 빛을 검출하면 파동함수는 붕괴되어 하나의 형태만 남기는데, 그 이유는 빛이 스스로의 특징을 바꾸어서 그런 것이 아니라 빛이 정말 그 둘 다이기 때문이라는 것이다. 이를 "코펜하겐 해석"이라고 부릅니다.

이러한 코펜하겐 해석에 반기를 든 사람이 바로 슈뢰딩거였습니다. 코펜하겐 해석에 따르면 양자계는 결정되지 않은 어두운 상태로 있다가 관찰자가 들어와 전등 스위치를 켜면 그때서야 관찰자의 실험으로 무엇을 측정할지가 결정됩니다. 빛은 우리가 어떠한 형태를 실험할지를 결정하기까지는 입자인 동시에 파동이고, 우리가 마음을 정한 이후에 그중 하나의 형태를 가지게 됩니다. 슈뢰딩거는 무언가 보이지 않는 것이 가능한 형태로 존재한다는 생각이 찬성하지 않았습니다.

그는 이를 증명하기 위해 새로운 사고실험을 제안했는데 그것이 바로 "슈뢰딩거의 고양이"입니다. 슈뢰딩거는 우리의 이해를 돕기 위해 고양이라는 것을 이용해 다음과 같은 실험을 제안했습니다.

강철 상자 안에 고양이가 갇혀 있다고 가정합니다. 상자 안에는 고양이와 함께 맹독성인 시안화수소산이 들어 있는 플라스크가 있고 방사성 원자가 붕괴하면 이 시안화수소산 플라스크가 산산이 부서지게 되어 있습니다. 고양이의 생사는 바로 이 방사성 원자가 붕괴하느냐 마느냐의 확률에 달려 있습니다.

만일 이 전체 계를 건드리지 않고 한 시간 정도 놓아두면, 고양이는 원자가 붕괴되지 않는 동안에는 살아 있고, 원자가 붕괴되면 죽는 것입니다. 한 시간 후에 고양이가 살아 있을 확률과 죽어 있을 확률은 반반입니다.

코펜하겐 해석에 따르면 상자가 닫혀 있는 동안에는 고양이는 삶과 죽음이 뒤섞인 상태, 즉 살아 있는 동시에 죽어 있는 상태로 존재합니다. 상자가 열리는 순간에야 고양이의 운명이 결정됩니다. 이는 빛이 파동인 동시에 입자이다가 관찰자가 어떻게 측정할지 선택하는 순간 파동함수가 붕괴되고 한 가지 특성만 선택되는 것과 같습니다. 슈뢰딩거는 이러한 설명이 말이 되지 않는다고 생각했습니다. 고양이는 분명히 죽어 있거나 살아 있거나 그 두 가지 중 하나이지, 죽어 있는 동시에 살아 있는 두 가지 상태의 혼합된 형태로는 존재하지 않는다는 것입니다.

아인슈타인도 코펜하겐 해석을 비판했습니다. 관찰이 어떻게 파동함수를 붕괴시키는지, 누가 관찰을 하는 것인지, 그 관찰 주체에 따라 실험 결과가 달라질 수가 있는 것인지, 이러한 의문을 제기하게 됩니다.

하지만 신기하게도 물질이 입자성과 파동성을 동시에 가지고 있다는 이중성의 원리는 실험에서 관찰되고 있습니다. 코펜하겐 해석의 논리를 계속 좇아가다 보면 수수께끼는 끝이 없게 되고, 우주에 존재하는 그 무엇도 이런 식으로는 존재하지 못하게 됩니다.

슈뢰딩거는 1926년 5편의 논문을 추가로 발표하여 파동역학의 적용 범위를 넓혔습니다. 슈뢰딩거의 파동역학과 드 브로이의 물질파 이론은 1927년 있었던 두 가지 실험에 의해 증명될 수 있었습니다. 미국 벨 연구소에서 근무하고 있던 데이비슨과 저머는 니켈 단결정을 이용하여 전자를 산란시키는 실험을 하였습니다. 비슷한 시기에 영국의 조지 톰슨은 알루미늄, 금, 셀룰로이드 등의 고체 표적에 음극선 빈을 조사해서 전자가 회절하는 모습을 사진 건판에 담는 데 성공하였습니다. 이로 인해 슈뢰딩거 방정식은 확실히 입증되어 양자역학의 가장 중요한 기반이 되었습니다.

하지만 아직 해결되지 않은 문제가 남아 있었습니다. 그것은 슈뢰딩거 방정식을 풀어 얻게 된 파동함수의 물리적 의미에 관한 것이었습니다. 1926년 말 괴팅겐 대학의 막스 보른이 마침내 이 문제를 해결하게 됩니다. 보른은 파동함수가 물리계에 고유한 상태함수이지만 물리적으로 의미 있는 것은 파동함수의 제곱 값이 아니고 그 값이 단지 확률을 나타낸다고 주장했습니다. 슈뢰딩거의 파동은 물질의 파동이 아니라 물질을 실험적으로 발견할 수 있는 확률의 파동이라는 것입니다. 이러한 해석에 따르면 물질파의 진폭이 큰 곳에서 실험을 해서 물질을 발견할 확률은 그렇지 않은 곳에 비해 커집니다. 확률의 파동이라는 생각은 매우 놀라운 것이었습니다. 왜냐하면 역학이론이 확률로 주어져야 한다는 것은 너무나 생소했기 때문이었습니다. 이와 같은 보른의 해석에 보어와 하이젠베르크도 가세하였습니다.

슈뢰딩거는 파동역학을 주장하면서 세계적인 물리학자로 떠오릅니다. 이로 인해 그는 1927년 베를린 대학의 교수가 됩니다. 슈뢰딩거는 베를린 대학에서 6년을 근무한 후 1933년 히틀러가 독일의 권력을 장악하자 영국 옥스퍼드 대학으로 자리를 옮깁니다. 같은 해 그는 노벨 물리학상을 수상합니다.

슈뢰딩거는 옥스퍼드에서 3년 동안 머문 후 1936년 고국인 오스트리아로 돌아와 그라츠 대학의 교수가 됩니다. 하지만 1938년 히틀러가 오스트리아를 병합하면서 슈뢰딩거는 나치의 감시를 받게 됩니다. 결국 그는 오스트리아를 다시 떠나 아일랜드에 있는 더블린 고등연구소에서 이론물리학을 연구합니다. 1956년 은퇴한 후 오스트리아로 돌아와 빈 대학의 명예 교수가 되었습니다.

만년의 슈뢰딩거는 물리학보다 생물학의 흐름에 커다란 영향을 미쳤습니다. 그는 1943년에 더블린에서 생물학에 대한 대중강연을 합니다. 처음에는 간단하게 할 예정이었지만, 중간에 강연 내용이 점점 불어났습니다. 그는 세 번에 걸쳐 〈생명이란 무엇인가〉라는 주제로 강연을 하였고, 1944년 같은 제목으로 출판됩니다.

〈생명이란 무엇인가〉라는 책은 물리학자가 본 생명현상에 대한 이해를 담고 있습니다. 슈뢰딩거는 유전자의 본질을 정보로 보았습니다. 그에게 있어 생명의 핵심은 몸을 통제하고 우전을 관장하는 유전자였습니다. 유전자의 핵심은 다름 아닌 정보이며, 생물학자의 임무는 유전자에 프로그램된 정보를 해독하는 것이라 주장했습니다. 슈뢰딩거는 조그마한 유전자에 수많은 정보가 담길 수 있는 근거를 전신에서 모스 부호를 예로 들어 설명하였습니다.

유명한 생물학자이자 과학 사상가인 스티븐 굴드는 슈뢰딩거의 〈생명이란 무엇인가〉라는 책이 20세기 가장 영향력 있는 생물학 서적이라고 하였습니다. 사실 분자생물학의 새로운 장을 개척했던 젊은 과학자들은 슈뢰딩거의 책을 읽고 많은 영향을 받았다고 합니다. DNA의 이중나선 구조를 밝혀 1962년 노벨 생리의학상을 받은 윌킨스와 크릭은 이 책을 읽고 자신의 전공을 물리학에서 생물학으로 바꾸었다고 합니다. 왓슨도 학부과정 때 이 책을 읽고 유전자를 연구하기로 결심했다고 합니다.

슈뢰딩거는 1961년 73세의 나이에 세상을 떠납니다. 슈뢰딩거는 미시세계인 원자 세계에서의 가장 중요한 역학 체계가 탄생하게 되는 계기를 마련하였습니다.

# 31. 라이트 형제(1867~1912, 1871~1948)

1903년 인류의 꿈이었던 세계 최초의 동력 비행기가 하늘을 나는 데 성공을 합니다. 이를 실현시킨 사람은 다름 아닌 라이트 형제입니다.

본격적인 동력 비행기에 대한 발상은 라이트형제가 아니라 스미소니언 연구소 교수였던 랭글리가 처음이었습니다. 그는 기술자이자 천문학자로 여러 대학에서 천문학 교수를 역임했고, 나중에 스미소니언 연구소에서 동력 비행기 개발을 추진하였습니다. 랭글리는 앞뒤로 배치한 두 개의 날개를 가진 모형 비행기를 만들고 그것을 확대하여 동력을 실으면 비행기 개발에 성공할 것이라고 생각하였습니다.

1903년 라이트 형제가 첫 비행에 성공하기 며칠 전에 랭글리는 포토맥 강에서 동력기 에어로드롬호의 시범 비행을 시도하였습니다. 그는 비행기 몸체에 소형 증기기관으로 돌아가는 프로펠러를 만들었습니다. 포트맥 강 위에 설치한 활주대를 출발했지만 결과는 실패했습니다. 그의 비행기는 출발하자마자 곧바로 곤두박질쳐서 추락해 버린 것이었습니다.

그의 비행기 날개의 강도는 상대적으로 약했으며, 동력으로 탑재했던 증기기관도 너무 무거웠습니다. 출발하자마자 그의 비행기는 앞날개가 부서졌고 전혀 활공하지 못한 채 곧 강으로 떨어지고 말았던 것입니다.

라이트 형제는 형 윌버 라이트와 동생인 오빌 라이트를 말합니다. 형 윌버는 1867년 미국 인디애나주 멜빌에서 태어났고 동생인 오빌은 1871년 오하이오주 데이턴에서 태어났습니다. 라이트 형제의 아버지는 목사였습니다. 그의 집안에는 5명의 자녀가 있었는데 첫째가 로렌스, 둘째가 토머스, 셋째가 윌버, 넷째가 오빌, 다섯째가 딸인 캐서린이었습니다. 다섯 남매는 함께 지역 신문사를 경영하기도 했습니다. 하지만 대기업 신문사가 나타나는 바람에 파산하고 맙니다. 이로 인해 그들은 자전거 가게를 하게 됩니다. 1890년 경 라이트 형제는 독일의 오토 릴리엔탈이 글라이더로 하늘을 날았다는 소식을 듣고 자신들도 연구하면 할 수 있을 거라 생각해 독자적으로 비행기를 개발하게 됩니다.

그러던 중 릴리엔탈이 글라이더 시험 비행 중 돌풍에 의해 추락사한 것을 알고 글라이더 말고 다른 것은 안 될까 하여 고심하였습니다. 그들은 독자적인 연구만으로는 어렵다고 판단합니다. 이에 스미소니언 재단 과학협회를 찾아가 전문적인 과학자들에게 여러 정보를 듣기도 하며 노력합니다.

여러 연구와 더불어 그들은 바람의 크기와 일정 속도의 바람이 부는 곳을 찾아 헤맨 끝에 노스캐롤라이나 주에 있던 작은 마을 키티호크로 찾아갑니다. 그곳을 연구 거점으로 하여 3년간에 걸친 온갖 시행착오 끝에 마침내 1903년 12월 17일 최초의 동력 비행기 플라이어 1호가 성공을 거둡니다. 비록 12초라는 짧은 시간이었지만 이는 인류가 하늘을 나는 새로운 세계로의 문을 열어주게 된 것입니다.

라이트 형제가 성공한 요인은 모형비행기가 아닌, 실물의 글라이더에서 출발한 것에 있었습니다. 1890년대 유럽에서는 전문적으로 글라이더를 타는 기술을 겨루는 경쟁이 있었습니다. 그 중에서 뛰어났던 인물이 바로 독일의 릴리엔탈이었습니다. 그는 1890년부터 1896년 사이에 2,000번 이상을 비행하였는데, 최고 250m를 날아간 적도 있습니다. 그는 자신의 경험과 결과를 "비행술의 기초로서의 새의 비상"라는 제목의 책으로 펴냈습니다. 라이트 형제는 이 책을 읽고 크게 감명을 받았습니다. 그리고 릴리엔탈의 실패를 분석하여 진짜 동력으로 날 수 있는 비행기를 만드는 것을 자신들의 목적으로 정했습니다.

라이트 형제는 릴리엔탈의 글라이더를 복엽 글라이더로 개량하여 활공기술을 익혔고, 1900년부터 1902년까지 1,000번 이상의 비행을 시도하였습니다. 1903년 12월 17일 라이트 형제는 드디어 동력 비행기의 첫 비행에 성공하게 됩니다. 이 성공은 동생인 오빌 라이트의 재능있는 조종 기술이 큰 역할을 하였습니다.

당시에는 랭글리 외에 맥심 등도 동력 비행기 연구에 매진하고 있었지만, 그들은 글라이더에서부터 시작하는 것을 경시하고 있었습니다. 동력 비행의 성공에 있어 중요한 것은 불안정한 대기 속에서 안정하게 균형을 잡는 것과 공중에 오래 머물 수 있는 양력을 연구할 필요가 있었습니다. 그럼에도 불구하고 그들은 먼저 동력을 완성했고 그것을 이론으로만 생각하여 비행기 몸체에 장치하였습니다. 그들의 비행기가 날지 못했음은 어쩌면 당연한 것인지도 모릅니다. 안정된 글라이더의 설계는 동력기의 설계보다 더 어렵습니다. 동력기는 동력의 힘을 빌려서 양력을 내는 것이지만 글라이더는 균형을 유지함으로써 날지 않으면 안 되기 때문입니다. 글라이더가 제대로 되면 나중에 엔진을 장착하여 나는 것은 생각보다 쉽습니다. 글라이더에서부터 출발한 라이트 형제의 동력비행기 제조 방향은 아주 적절했다고 할 수 있습니다.

1903년 12월 17일 오전 10시, 동생 오빌이 탄 '플라이어 1호'는 노스 캐롤라이나 주 키티호크 해안을 날아올랐습니다. 체공 시간은 12초, 거리는 36m에 불과했지만 인류 최초로 동력비행에 성공한 순간이었습니다. 플라이어 1호는 이날 네 번의 비행에서 체공 시간과 거리를 59초와 260m로 확대했습니다. 1호를 개량한 2호는 1904년 말에 체공 시간 5분으로 이동 거리 5km, 1905년 10월에는 39km로 늘어났습니다. 1908년에는 형 윌버가 프랑스에서의 시험 비행에서 1시간 14분으로 늘어났고, 그 해 마지막 시도에서는 2시간 20분으로 145km를 날았습니다.

짧은 시간 동안 발전을 거듭한 플라이어는 아주 우수했으며 비행원리에 합치된 완전한 것이었습니다. 이 위대한 인류 최초의 동력비행기가 성공할 수 있었던 것은 사실 자전거 기술 덕분이었습니다. 라이트 형제는 원래 자전거 가게를 운영했었습니다. 1892년 두 사람은 함께 자전거를 제조, 판매, 수리하는 일을 시작했습니다. 형 윌버는 소극적이어서 정리하는 역할을 맡은 것에 비하여 동생 오빌은 재기가 넘치고 굉장히 사회적이었습니다. 두 사람의 자전거 사업은 상당한 성공을 거두었습니다. 그리고 두 사람은 하늘을 난다는 꿈을 가지고 연구를 거듭하여 이와 같이 위대한 업적을 이루었던 것입니다. 플라이어 비행기에는 자전거의 기술이 많이 도입되었습니다. 비행기 몸체의 프레임도 자전거와 같았고 자전거 제작에서 얻은 라이트 형제의 경험이 구석구석에 배어있었습니다. 또한 나중에 개발된 플라이어호는, 이착륙용으로 처음에 장치한 썰매형을 개조하여 자전거의 바퀴를 연결한 것이었습니다. 동력비행에 성공한 이후부터 형제는 자전거 사업을 정리하고 비행기 제조회사를 세웠습니다.

당시 최초의 동력 비행 성공을 목표로 했던 사람들은 라이트 형제나 랭글리뿐만 아니었습니다. 유럽, 특히 프랑스의 기술자들도 경쟁상대였습니다. 오히려 프랑스 쪽이 기술적으로 앞서 있었는데, 항공기 연구 분야에서 완전히 후진국이었던 미국의 라이트 형제가 첫 비행에 성공했다는 소식을 들은 프랑스의 기술자들은 그 사실을 믿지 않았습니다. 그러나 형 윌버가 1908년 프랑스로 가 현지에서 실제로 보여준 '플라이어2호'의 2시간 20분, 145km가 넘는 비행을 보자 프랑스 기술자들의 라이트 형제의 성공을 인정해야 했습니다. 당시 프랑스 기술자들이 놀랐던 것은 그 비행시간이나 거리뿐만 아니라 비행기를 안정하게 선회시키는 성능이었습니다.

수평비행 중에는 글라이더에 난류가 잘 생기지 않지만, 이륙하거나 선회 비행 중에는 난류가 발생하기 쉽고, 이때 생긴 난류에 의해 기체가 불안정해집니다. 이로 인해 이륙할 때의 안정성 유지가 동력 비행기 성공을 위한 첫 번째 관문이었습니다.

라이트 형제는 릴리엔탈의 저서에 나와 있는 새가 비상하는 기술과 기르고 있던 비둘기를 잘 관찰해서 안정된 상태의 비행을 위해 날개를 비틀고 휠 필요가 있다는 사실을 알았습니다. 그리고 이러한 사실을 그들의 비행기 복엽 구조에 채용했던 것입니다.

여기서 휘어짐이 필요한 까닭은 날개는 반드시 유연성이 있어야 공기에 대한 저항성이 약해져서 비행기가 안정되기 때문입니다. 새의 경우에는 관절이 있는 뼈와 깃털에서 이러한 유연성이 실현되는 것입니다.

또 다른 중요한 것은 날개를 비트는 것인데, 라이트 형제는 엎드려서 타는 조종자 허리의 좌우를 움직임으로써, 주 날개를 비틀어지게 했습니다. 이것으로 기류의 불안정함과 양력의 불균일한 점을 조정하면서 안정되게 날 수 있는 기술을 개발한 것이었습니다. 그때까지의 비행기 날개로는 이와 같은 양력 조정이 불가능했으므로 한번 기울어지면 그대로 선회하여 비행기가 추락했기 때문에 이를 다시 고칠 수 없었습니다.

첫 비행을 조정한 동생 오빌은 이륙할 때 부지런하게 허리를 움직여서 좌우의 기울기를 조정함으로써 추락을 막고 안정적으로 상승시켰다고 합니다. 라이트 형제가 만든 비행기가 성공하게 된 최대 요인은 이와 같은 '비틀 수 있고 휘어지는 날개'가 가장 중요했던 것입니다. 비행기 전체의 프레임은 자전거 기술로 튼튼하게 만들었지만, 주 날개는 새의 날개처럼 아주 부드럽게 만들었습니다. 오늘날 이 원리는 '보조날개'의 기술로 이어졌습니다. 불안정한 기류가 있을 때 사용하거나 선회할 때 이용합니다. 튼튼한 주 날개의 앞부분에서 뒤로 달려있는 날개입니다.

프랑스 기술자들은 비트는 날개에 대한 착상이 없었습니다. 라이트 형제는 이 비트는 날개의 기술을 최대의 비밀로 했으며 여러 나라의 기자들에게도 감추었습니다.

1912년 형 윌버는 갑자기 티푸스 진단을 받았고 몇 주 동안 의식을 잃었다 회복했다를 반복하다가 결국 45세라는 젊은 나이에 세상을 떠납니다. 형의 죽음으로 슬픔과 절망에 빠진 오빌은 다른 형들과 함께 미국을 떠납니다. 그는 슬픔을 떨치고자 비행기 생산에 전력을 다했고 더 나은 발전을 위해 프랑스, 독일, 영국, 네덜란드를 오고 가며 연구를 합니다.

오빌은 1918년을 마지막으로 비행기 조종을 하지 않았습니다. 대신 그는 여러 항공 위원회에서 위원으로 활동합니다. 그중에는 NASA의 전신인 NACA도 있었습니다. 1928년 미국으로 돌아온 오빌은 오랫동안 자신들을 곤경에 빠뜨렸던 커티스가 사업 실패로 파산하자 그간 모아온 돈으로 커티스의 생산공장을 인수합니다. 이것이 바로 1929년 7월에 출범해서 노스캐롤라이나 주 데이비슨에 본사를 두고 지금도 운영중인 키디스-라이트사입니다.

오빌은 1933년 키티호크에 세계 최초 동력비행 기념비를 세웁니다. 세계 최초 동력 비행기인 플라이어 1호는 영국 자연사 박물관에 전시됩니다. 오빌이 영국에 임대 기증하였습니다. 1944년 4월 19일 록히드 항공사의 록히드 컨스텔레이션 두 번째 생산분이 캘리포니아 버뱅크에서 워싱턴까지의 거리를 6시간 57분으로 주파합니다. 이 비행기를 조종한 사람 중 한 명이 하워드 휴즈였습니다. 이 비행기는 돌아오는 도중 라이트 비행장에 멈춰섰고, 오빌은 생애 마지막 비행을 합니다.

1948년 1월 30일 오빌은 고향인 오하이오 주 데이턴에서 눈을 감았습니다. 그의 나이는 76세였고, 첫 비행을 한 지 44년 만이었습니다. 혼수상태였던 그가 남긴 유언은 “바람은 높아. 이제 날 수 있겠어”였다고 합니다. 그만큼 그는 하늘을 나는 것이 그의 모든 것이었습니다.

오빌이 죽고 10년도 안 돼 미국에서는 라이트 형제에 대한 붐이 일어납니다. 2차 대전 승리와 대영제국으로 알아주던 영국의 약화, 영국을 대신한 미국의 강세 속에 위대한 미국이라는 붐이 일어나면서 미국이 자랑할 것으로 최초로 하늘을 날게 한 라이트 형제가 떠오른 것입니다. 이에 미국 사회에서는 라이트 형제에게 찬사를 보내며 그들의 업적을 대외적으로 홍보합니다. 1955년 라이트 형제의 위인전이 불티나게 팔리고 대영 박물관에 보관되어 있던 플라이어 1호를 돌려받기 위해 미국 정부가 나섭니다. 처음엔 영국이 거절하지만 오빌과의 약속을 지키기 위해 미국으로 돌려줍니다. 라이트 형제는 세계 최초로 동력비행기로 하늘을 날았고, 그들은 인류에게 하늘을 날 수 있게 되는 역사를 안겨주었습니다.

## 32. 오토 한(1879~1968)

원자폭탄과 원자력 발전은 핵분열 현상을 기본원리로 삼고 있습니다. 핵분열을 발견하는 데에는 독일의 화학자 오토 한과 오스트리아 출신의 여성 물리학자 리제 마이트너의 역할이 컸습니다. 그들은 물리학과 화학의 학제 간 연구로 핵분열 현상을 규명할 수 있었습니다. 오토 한은 핵분열에 대한 연구로 1944년 노벨 화학상을 받았습니다.

오토 한은 1879년 독일 프랑크푸르트 암마인에서 태어났습니다. 그의 아버지는 유리세공업자였습니다. 오토 한의 집안은 비록 가난했지만, 한은 학교생활에 충실했고 특히 화학에 흥미를 느꼈습니다. 그는 초등학교 시절 집안의 세탁실에 화학실험실을 차리고 혼자 여러 가지 실험을 해보았다고 합니다. 한은 1897년 마르부르크 대학에 입학합니다. 그는 화학에는 열성을 보였지만, 물리학이나 수학은 소홀히 했습니다. 한은 뮌헨대학의 아돌프 바이어 교수의 지도를 받기도 했으며, 1901년 감미제와 향료로 사용되는 이소유게놀에 대한 연구로 마르부르크 대학에서 박사학위를 취득하였습니다. 그는 1년간 군대를 복무한 후 2년 동안 박사 학위 지도교수였던 진크케 교수의 조교로 일했습니다.

1904년 한은 영국 런던 대학의 윌리엄 램지 교수에게 가서 연구원을 합니다. 램지 교수는 비활성 기체의 대가로 명성이 높았습니다. 당시 램지 교수는 첨단과학 분야였던 방사능 물리학을 연구하고 있었습니다. 한은 원래 전공이 유기화학이라 방사능 물리학을 연구하는 데 있어서 많은 어려움이 있었지만 램지 교수의 능력있는 지도하에 많은 것을 배울 수 있었습니다.

램지가 한에게 준 과제는 탄화바륨에서 라듐을 추출하는 것이었습니다. 한은 라듐을 추출하는 데 성공했지만 거기서 나온 방사선은 예상했던 것보다 2배나 많았습니다. 그가 추출한 라듐이 순수하지 않았기 때문입니다. 한은 더욱 자세한 실험을 통해 라듐 덩어리 속에서 방사능을 띠는 토륨 원소를 다시 분리하였습니다. 당시까지 알려지지 않았던 토륨의 새로운 동위원소인 방사토륨이 발견된 것입니다.

한이 주어진 과제를 성공적으로 마치자 램지는 베를린 대학의 에밀 피셔가 있는 화학연구소의 연구원 자리를 마련해 주었습니다. 한은 독일로 가기 전 캐나다 맥길 대학의 러더퍼드 밑에서 1년을 더 연구합니다. 당시 한은 이미 토륨의 동위 원소를 발견했기 때문에 방사화학 분야에는 어느 정도 경험이 있었습니다. 한은 러더퍼드의 지도로 방사능에 대한 더욱 많은 지식과 기술을 익힐 수 있었습니다. 한은 맥길 대학에서 방사악티늄을 발견했고, 라듐, 토륨, 악티늄에서 나오는 방사선이 모두 알파입자라는 것을 알아냈습니다.

1906년 한은 베를린 대학으로 와서 연구원이자 강사로 일했습니다. 실험실은 건물 지하실에 있었고 실험설비들은 그가 직접 설계하였습니다. 한은 베를린에서 메조토륨을 분리해내는 등 방사화학에서 좋은 연구업적을 만들어 냈습니다. 방사능에 관한 연구는 원자핵에 대한 지식을 요구했기 때문에 한은 물리학과의 콜로퀴움에도 열심히 참석하였습니다. 거기서 그는 평생을 함께할 훌륭한 동료를 만나게 되는데 그 사람이 바로 리제 마이트너였습니다. 마이트너는 비엔나 대학에서 당대 최고의 물리학자 추앙받던 볼츠만에게서 박사학위를 받고 베를린 대학의 막스 플랑크 밑에서 조교로 일하고 있었습니다. 물리학자였던 마이트너는 당시 독일에서는 드물었던 여성과학자였는데 한과는 1907년부터 함께 연구하였습니다. 마이트너는 한보다 한 살 연상으로 두 사람의 관계는 많은 주목을 받았습니다. 하지만 그들은 함께 산책을 하지도 않았고, 같이 저녁을 먹은 적도 없다고 합니다. 그들은 단순한 연구 동료로서 30년을 보냈습니다.

한은 1910년 베를린 대학 화학과의 교수가 됩니다. 1912년에는 베클린에 카이저 빌헬름 화학연구소가 설립되었고 한은 1913년부터 1944년까지 그 연구소의 방사능 분야를 이끌었습니다. 마이트너는 한의 연구실에서 방문 연구원으로 일했습니다. 그들은 주로 방사능 물질에 복사선을 쏠 때 생기는 변환에 대해 관심이 많았습니다. 한은 1913년 예술을 공부하던 에디스 융한스와 결혼합니다.

제1차 세계대전이 일어나자 한은 군대에 들어가 전쟁과 관련된 연구를 수행합니다. 마이트너는 오스트리아 육군의 X선 간호사로 일합니다. 한은 카이저 빌헬름 화학연구소 소장이었던 하버의 지휘하에 독가스에 대한 연구를 합니다. 전쟁이 끝난 후 한과 마이트너는 다시 베를린 대학으로 돌아옵니다. 1917년에 마이트너는 카이저 빌헬름 연구소의 물리학과 주임이 되었고, 1926년에는 플랑크의 뒤를 이어 베를린 대학 물리학과의 교수가 됩니다.

연구 성향이 비슷한 한과 마이트너는 공동으로 연구하기로 하고 핵과 방사능에 대해 집중적으로 연구합니다. 1930년대 초는 핵과 방사능에 대한 과학이 극적으로 변화하는 시기였습니다. 중성자, 양성자, 인공방사능이 차례대로 발견되었습니다. 1934년에는 이탈리아의 과학자 페르미가 원소에 중성자를 쏘는 실험 기법을 수행했는데, 중성자는 질량만 있고 전하는 없으므로 방사능 추적자로 사용하기에 적당했습니다. 마이트너는 한과 함께 페르미의 연구 결과를 검토하면서 폴로늄과 우라늄 사이의 모든 원소를 분리한다는 계획을 세웠습니다. 여기에는 한의 제자로서 분석화학의 전문가였던 슈트라스만도 참여하였습니다.

1932년 나치가 독일 정권을 잡자 마이트너의 신변에 위협이 가해졌습니다. 그녀는 유태인이었기 때문에 독일 경찰의 감시 대상이 되었습니다. 교수라는 신분도 그녀를 보호해주지 못했습니다. 이때 주위의 모든 과학자들이 마이트너의 망명을 권유하였습니다. 한은 마이트너를 잃기 싫었지만 상황은 이를 허락하지 않았습니다. 한은 어머니에게 물려받은 다이아몬드 반지를 마이트너에게 건네주고 그녀의 안전을 기원하였습니다. 마이트너는 네덜란드에서 잠시 머문 후 덴마크로 갔다가 스웨덴에 설립된 노벨 물리 연구소에 합류합니다. 마이트너가 망명한 후에도 한은 계속해서 마이트너와 연구 결과를 공유하며 상의했습니다.

한과 슈트라스만은 초우라늄 원소를 추출하는 과정에서 신기한 현상을 발견합니다. 운반체로 사용했던 바륨과 란타늄이 방사성 원소로 변해 있었던 것입니다. 한은 현상을 처음에는 이해할 수가 없어 마이트너에게 편지를 보냅니다. 마이트너는 우라늄의 핵분열 가능성을 제기하였습니다. 즉 우라늄의 원자핵이 중성자를 얻어 질량이 비슷한 두 개의 원자핵, 즉 바륨과 란타늄의 원자핵으로 분열한 것이며, 방사선은 그러한 분열 조각에서 나온다는 것이었습니다.

마이트너의 편지를 받은 한은 슈트라스만과 함께 추가적인 실험을 실시한 후 핵분열에 대한 논문을 작성하여 〈자연과학〉 잡지에 투고합니다. 이어 마이트너는 프리슈와 함께 핵분열 반응의 물리적 특성을 규명한 논문을 〈네이처〉에 발표합니다. 이어 프리슈의 스승인 닐스 보어는 미국 물리학회에서 핵분열 반응의 존재를 알립니다. 이로써 불과 몇 달도 안 되는 사이에 핵분열 소식은 전 세계의 과학자들에 알려지게 됩니다.

학문적 호기심에 지나지 않았던 핵분열은 1939년 졸리오 퀴리를 비롯한 프랑스 과학자들이 연쇄반응을 발견한 후 더욱 중요한 연구 대상으로 주목받았습니다. 핵이 분열하면 막대한 에너지와 중성자들이 방출되며, 그것들이 또 다른 원자들을 분열시켜 점점 더 많은 에너지와 중성자를 방출한다는 것이었습니다. 이것이 바로 인류가 핵분열을 이해하게 되는 순간이었습니다. 오토 한과 마이트너의 이러한 핵분열에 대한 연구는 후에 핵폭탄과 핵발전으로 이어지게 되었습니다.

1942년 8월 미국 뉴욕 맨해튼에 소재하고 있던 미 육군 지부에는 인류 최초로 원자로를 개발한 페르미를 비롯한 당대 최고의 물리학자들이 비밀리에 모였습니다. 이 모임을 책임지고 있던 자는 당시 미국 루스벨트 대통령의 비밀 지령을 받은 미 육군 준장 레슬리 그로브스(Leslie Groves)였습니다. 루스벨트는 그로브스에게 영국과 캐나다의 지원 아래 핵에너지를 군사적으로 개발하라는 일급 비밀 명령을 내렸던 것이었고 이에 그로보스는 가장 핵심적인 인물을 먼저 맨해튼으로 소집했었던 것입니다.

루스벨트 대통령이 이러한 결정을 할 수 있게 된 것은 아인슈타인과 페르미를 비롯한 과학자들이 보낸 편지가 결정적 역할을 하게 됩니다. 아인슈타인은 자신의 상대론에서 유도된 질량 에너지 등가 원리가 만약 당시 발견되었던 핵분열에 응용이 된다면 무서운 군사적 무기가 될 수 있을 거라는 생각을 했습니다. 당시는 제2차 세계대전 중이었고 히틀러의 나치 정권이 이러한 무기를 먼저 손에 넣는다면 그가 세계를 정복하는 것은 그리 어렵지 않을 것이라 생각했습니다.

페르미 또한 핵물리학의 가장 뛰어난 전문가였고 무솔리니 독재 치하였던 이탈리아를 탈출했기에 이를 충분히 공감하고 있었습니다.

페르미는 아인슈타인이 가지고 있었던 위상과 신뢰도는 백악관에 있는 사람들을 움직일 수 있을 것이라 생각하여 아인슈타인에게 루스벨트 대통령에게 편지를 보내자고 먼저 제안했습니다. 이에 공감한 아인슈타인은 페르미를 비롯한 다른 저명한 물리학자들까지 포함하여 루스벨트 대통령에게 편지를 보냈고, 이 편지는 1939년 10월 11일 백악관의 루스벨트 대통령에게 전달됩니다.

이 편지를 읽은 루스벨트 대통령은 그 심각성을 곧바로 인식할 수 있었고, 히틀러에게 전쟁의 주도권을 뺏기지 않기 위하여 곧장 핵에너지를 군사적으로 활용할 수 있는 위원회를 조직하라고 명령합니다. 곧이어 미국의 육군과 해군은 1940년 이러한 프로젝트를 출범시켰고 이에 따라 그로브스가 맨해튼에 물리학자들을 비밀리에 소집시켰던 것입니다.

아인슈타인은 이미 나이가 너무 많았고 전공도 핵물리학이 아니었기에 실질적인 역할은 페르미가 적당하였지만, 그는 이탈리아에서 미국으로 온 지 얼마 되지 않아, 당시 캘리포니아 공과대학에 있던 물리학자 로버트 오펜하이머가 이 연구의 총책임을 맡게 됩니다.

이렇게 시작된 "맨해튼 프로젝트"는 오펜하이머의 책임하에 미국 뉴멕시코의 사막에 새로 만들어진 로스앨러모스 국립 연구소에서 극비리에 핵무기의 개발에 들어갑니다. 우선 오펜하이머는 이 프로젝트를 빠른 시간에 성공시키기 위해 미국 전역에 흩어져 있던 당대 최고의 물리학자들을 비밀리에 모이게 합니다. 그들이 몸담고 있었던 대학이나 연구소에서는 이유 없이 최고의 학자들이 갑자기 사라지는 사건이 발생합니다.

이때 소집된 물리학자는 핵분열 연쇄 반응으로 인류 최초로 원자로를 만들었던 엔리코 페르미를 비롯해, 1939년 태양의 핵융합 과정을 해결하였던 한스 베테, 핵붕괴 반응의 이론적 계산의 전문가였던 에드워드 텔러, 우라늄 238에서 우라늄 235를 추출하는 방법을 개발한 윌러드 리비, 페르미와 함께 핵분열 연쇄 반응의 석학이었던 레오 실라드, 중수소를 발견하여 핵분열의 과정을 연구한 해럴드 유리, 그 외에도 훗날 미국의 가장 유명한 물리학자로 성장하는 젊은 리차드 파인만과 줄리안 슈빙거도 포함되어 있었습니다. 이들 중 대부분은 이미 노벨상을 받았거나 훗날 받게 되는 천재 중의 천재들이었습니다.

페르미를 중심으로 그들은 일단 제어가능하고 핵반응에 필요한 중성자를 계속 자급할 수 있는 연쇄 핵반응을 만들어 내는 임무를 부여받았고, 비밀리에 이를 성공시킵니다. 그런 후 미국 테네시주 오크리지에는 약 5,500백 만평 규모의 비밀 시설이 들어서게 됩니다.

그리고 그들은 폭탄에 사용할 우라늄 235와 플루토늄 239의 정확한 양을 결정하는 계산에 성공하였고, 2년 만에 최초의 원자폭탄을 만들기에 충분할 만큼의 핵분열 물질을 생산할 수 있게 됩니다. 이들이 만들어 낸 폭탄은 길이 1.8m, 지름 60cm, 무게는 4톤이었으며 그 안에는 그들이 정확하게 계산한 플루토늄 239가 들어 있었습니다. 이것이 바로 인류가 최초로 만든 핵폭탄입니다.

이것은 루스벨트 대통령의 비밀 명령에 따라 1945년 7월 16일 뉴멕시코주 앨라모고도 공군 기지에서 실험하게 됩니다. 이 실험의 통제실은 폭탄으로부터 16km나 떨어진 위치에 있었고, 벙커와 엄폐물로 가려진 채 이를 개발한 연구진들은 그 폭발 과정을 지켜보고 있었습니다. 엄청난 굉음과 함께 폭발한 이 최초의 핵폭탄의 주위에는 커다란 버섯구름이 피어올랐고 폭발 위치의 반경 수 km를 완전히 폐허로 만들어 버렸으며 16km나 떨어진 통제실에 있던 사람들로 그 충격파로 인해 뒤로 나동그라졌습니다. 폭탄이 폭발한 장소에 있었던 철탑은 완전히 녹아 증발해 버렸으며, 사막이었던 그 주위의 모래는 모두 녹아 유리가 되어 버렸습니다.

이 실험이 성공한 후 3주 후인 1945년 8월 6일 오전 8시 15분 미국의 B29 전폭기는 '리틀 보이'라는 핵폭탄을 히로시마 상공에서 떨어뜨립니다. 이 리틀 보이는 지상에서 약 550m 상공에서 폭발하였고 히로시마 도시 전체의 3분의 2를 잿더미로 만들어 버렸으며, 히로시마 인구 35만 명 중 14만 명이 사망했습니다. 3일이 지난 8월 9일에는 또 다른 B29 전폭기가 일본 나가사키에 원자 폭탄 하나를 더 떨어뜨렸고 27만 명 주민 중 7만 명이 사망했습니다. 일본은 6일이 지난 1945년 8월 15일 무조건 항복을 선언하며 세계 2차 대전은 이렇게 끝나게 됩니다.

한은 자신의 연구에 의해 세계 제2차 대전에서 히로시마와 나가사키에 핵폭탄이 투하되어 수십만 명이 사망했다는 소식에 정신적인 충격을 받았습니다. 이를 극복해 내는 데 있어서 그에게는 많은 시간이 필요했습니다. 한은 전쟁이 끝난 후 카이저 빌헬름 협회의 회장으로 일합니다. 한의 말년은 그리 행복하지 못했습니다. 1951년 어느 괴한의 권총에 등을 맞았고, 부인은 정신 착란 증세를 보였습니다. 1960년에는 외아들 부부가 자동차 사고로 사망합니다. 한은 1968년 자동차 사고로 크게 다쳤고, 그해 7월 사고 후유증으로 사망합니다. 같은 해 12월엔 마이트너도 세상을 떠납니다.

핵분열의 발견은 과학의 측면에서는 획기적인 발견이었습니다. 하지만 이로 인해 인류에게 많은 피해가 있었던 것도 사실입니다. 아무리 위대한 과학적 발견이라 할지라도 그것의 현명한 사용이 더 중요한 것일지도 모릅니다.

# 33. 라이너스 폴링(1901~1994)

라이너스 폴링은 20세기 최고의 화학자였습니다. 화학에서 가장 중요한 것은 원자나 분자들이 어떻게 결합을 하는지에 관한 것입니다. 폴링은 이 문제를 해결하는 데 있어서 가장 중요한 역할을 하였습니다. 폴링은 1954년 노벨 화학상과 1962년 노벨 평화상, 두 개의 노벨상을 받았습니다. 그는 과학에서 특출한 능력을 발휘하였을 뿐만 아니라 과학의 사회적 문제에 대해서도 적극적으로 대처한 과학자였습니다.

폴링은 1901년 미국 오리건주 포틀랜드에서 태어났습니다. 폴링의 아버지는 그가 9살 되던 해에 세상을 떠납니다. 그의 어머니가 하숙을 해서 생계를 유지하느라 경제적으로 어려웠고 어머니 건강 또한 그리 좋지 못했습니다. 이로 인해 폴링은 어릴 적 과묵하고 수줍음을 잘 타는 성격으로 변했습니다. 폴링이 화학에 관심을 가진 것은 그의 친구 때문이었습니다. 폴링의 친구였던 로이드 제프리스가 황산을 설탕으로 전환시키는 것을 보여주자 폴링은 깊은 인상을 받습니다. 이후 폴링은 화학자가 되기로 마음먹었다고 합니다. 이에 폴링은 그의 아버지가 남겨놓은 화학책을 공부해 나가기 시작했습니다. 그가 포틀랜드에 있는 워싱턴 고등학교를 다닐 때에도 폴링은 과학과 수학 과목에 집중하여 공부하였습니다.

1917년 폴링은 고등학교를 이수한 후 오리건 대학에 진학합니다. 폴링은 고등학교 시절 미국사 과목에서 낙제를 받아 고등학교를 졸업할 수가 없었습니다. 폴링이 두 개의 노벨상을 받은 후 워싱턴 고등학교는 그에게 명예 졸업장을 수여합니다. 폴링이 고등학교 졸업장 없이도 대학에 입학할 수 있었던 것은 그 자신이 비록 역사에서 낙제는 했지만 과학이나 수학은 대학 공부를 하는 데 있어서 아무런 문제가 없다고 대학 당국을 설득시킬 수 있었기 때문이었습니다.

그는 오리건 농과대학에서 화학공학을 전공합니다. 폴링은 경제적으로 너무 어려워 힘들게 대학을 다녔습니다. 그는 막노동을 하고, 청소를 하며, 정육점에서 아르바이트를 하면서 생활비를 벌었습니다. 대학 3학년 때는 휴학을 생각했으나, 폴링의 사정을 안 화학과 교수가 정량화학을 가르칠 수 있는 자리를 마련해 주어 학업을 계속할 수 있었습니다. 폴링은 타고난 열정과 친근한 방법으로 학생들을 가르쳤습니다. 대학 시절 폴링은 루이스와 랭뮤어를 비롯한 당대 화학자들이 발표했던 화학결합에 대한 논문을 즐겨 읽었습니다. 그는 두 원자 사이에 공유 전자를 가진 화학결합이 생긴다는 사실에 매혹되었고 원자들의 결합 구조와 물리적, 화학적 성질이 어떤 관계가 있는지를 탐구하였습니다.

폴링은 1922년 오리건 대학을 졸업한 후 칼텍 대학원에 진학합니다. 당시 칼텍의 화학과 학과장은 유명한 물리화학자 노이즈였습니다. 그는 1919년 MIT를 떠나 칼텍을 세계적인 화학과로 키우기 위해 애쓰고 있었습니다. 노이즈는 화학과 학생들이 물리학, 수학, 생물학, 인문학 등 많은 것을 배울 수 있도록 노력하였습니다. 또한 학생들에게 최근의 연구 성과에 대한 세미나에 참여할 수 있는 많은 기회를 주었습니다. 폴링은 노이즈의 권유에 따라 당시 화학과 교수였던 디킨슨의 지도를 받았습니다. 폴링은 X선 장치를 사용하는 방법, X선 사진에서 회절 무늬를 파악하는 방법, 중요한 점들의 세기와 위치를 측정하는 방법, X선 회절 무늬를 수학적으로 분석하는 방법 등을 자세하게 배울 수 있었습니다. 그는 몰리브덴의 결정 변화에 대한 논문을 작성하여 1925년 박사 학위를 받게 됩니다.

이후 폴링은 당시 최신의 학문이라 여기던 양자역학을 공부하러 유럽으로 건너갑니다. 그는 박사후 연구원 자격으로 유럽에서 보어, 하이젠베르크, 좀머펠트로부터 양자역학을 배웠습니다.

폴링은 1927년 칼텍의 화학과 조교수로 임용된 후 양자역학을 화학결합 현상에 적용시키는 연구를 본격적으로 시작하였습니다. 그는 여러 원자들의 고유한 성질이 양자역학적 해석과 어떻게 관련을 맺는지를 보였고, 화학결합의 형성에 관한 일련의 규칙들을 발전시켜 수학적 형태로 일반화시켰습니다. 물질의 특성은 원자들이 결합하는 힘과 결과적으로 만들어지는 구조의 성질에 의존합니다. 이것이 물질의 물리적 특성, 예를 들면 경도와 녹는점에 관계될 뿐만 아니라, 그것이 화학반응에 어떻게 참여하는지를 보이는 화학적 특성과 관계됩니다. 우리가 어떤 원자나 원자 집단이 분자에 어떻게 위치하는지를 알면 어떻게 분자가 주어진 조건에서 반응하는지 예측할 수 있습니다. 모든 반응은 어떤 결합을 깨뜨리고, 또 다른 결합을 생성하므로 결과는 결합들의 상대적인 세기에 따라 결정될 것입니다.

폴링은 화학결합에 있어서 혼성오비탈의 개념을 도입했습니다. 이는 다른 종류의 오비탈을 섞은 새로운 함수를 정의하면 원자 간의 결합에 대한 설명이 훨씬 편리해진다는 것이었습니다. 예를 들어 탄소 원자는 1개의 2s 오비탈과 3개의 2p 오비탈을 가지고 있는데, 이러한 4개의 오비탈이 혼성화하면 4개의 동일한 오비탈을 만들게 됩니다. 메탄과 같은 탄소 화합물에서 탄소가 4개의 결합을 형성하고 있는 것이 설명되는 것입니다. 또한 탄소의 4개 오비탈 중 1개의 2s 오비탈과 2개의 2p 오비탈이 혼성화되면 3개의 동일한 오비탈을 형성하고 2p 오비탈 한 개는 혼성화하지 않은 채 남아있을 수 있는 데 이를 통해 에틸렌과 같은 불포화 탄소화합물의 결합도 설명할 수 있습니다.

폴링은 또한 이온 결합과 공유결합의 관계를 규명하였습니다. 이온 결합은 원자 간에 전자의 이동이 이루어지는 결합을 말하고, 공유결합은 전자의 균일한 분배가 이루어지는 결합을 말합니다. 폴링은 실제로 이루어지는 대부분의 원자간 결합은 이온 결합과 공유결합 사이의 어딘가에 존재한다는 점을 보였습니다. 결합을 이루는 두 원자의 전기음성도 차이가 이온 결합과 공유결합 중 어떤 결합과 더욱 비슷하게 존재할지를 결정한다는 것이었습니다.

폴링의 또한 방향족 탄화수소의 구조를 규명하였습니다. 1857년 독일의 화학자 케쿨레는 벤젠 분자에서 탄소 원자 간의 결합은 단일결합과 이중결합이 빠르게 호환하는 고리 모양의 구조를 가진다고 설명하였습니다. 처음에 단일결합이던 탄소 원자 간의 결합은 나중에 이중결합으로, 처음에 이중결합은 이후에 단일결합으로 바뀌면서 존재한다는 것이었습니다. 이에 대해 폴링은 벤젠 분자에서 탄소 원자 간의 결합은 이중결합과 단일결합의 중간쯤 되는 성격을 띠고 있다고 주장했고, 그러한 현상은 후에 공명 혼성으로 불렸습니다.

전기적으로 전하를 띤 원자, 이른바 이온들 사이에서 일어나기 때문에 이 결합 형태를 이온 결합이라고 불러왔습니다. 대부분 전형적인 이온 결합은 단순한 염의 형태로 원자들을 결합시킵니다.

이온 결합 이외에도 화학결합에는 다른 결합들도 많습니다. 공유결합이 대표적이라 할 수 있습니다. 이것은 원자들이 분자를 형성하기 위해 결합할 때 주로 만들어지며 유명한 미국 화학자 길버트 루이스가 한때 '화학적 결합'이라고 일컬은 것입니다.

역사적으로 오랫동안 공유결합의 성질을 설명하는 것은 어려웠습니다. 그러나 루이스는 1916년에 공유결합이 두 개의 이웃하는 원자들이 전자들을 공유하면서 이러한 결합이 이루어진다는 것을 밝혔습니다. 11년 후에 하이틀러와 런던은 이 결합 상태에 대해 양자역학적인 설명을 제시할 수 있었습니다. 그러나 공유결합의 정확한 수학적 처리는 단지 한 전자가 두 원자에 결합될 때, 그리고 이것이 원자핵 바깥에 여분의 전자들을 포함하지 않는 단순한 경우에만 가능했습니다. 두 전자를 포함하는 수소 분자에 대해서는 처리 방법이 정확하지 않았으며, 더욱 복잡한 경우에는 수학적 어려움이 크게 증가됩니다. 그러므로 근사한 방법들이 필요하였고, 결과들은 적절한 방법의 선택과 그들의 적용 방식에 크게 의존하게 됩니다.

라이너스 폴링은 이러한 처리 방법에 크게 공헌하였습니다. 비상한 기술을 가지고 그것들을 활용하였습니다. 그리고 화학자들이 그의 연구 결과들을 쉽게 사용할 수 있도록 하였습니다. 폴링은 패서디나에 있는 칼텍의 실험실과 그 밖의 다른 여러 곳에서 실험적으로 결정된 수많은 구조들에 자신의 방법을 적용하려고 노력하였습니다. 많은 연구와 노력 끝에 폴링은 아주 성공적이었고 이론적인 처리 방법을 더욱 발전시키는 결과들을 이끌어냈습니다.

이와같이 폴링은 혼성오비탈, 공명 혼성이라는 새로운 화학의 개념을 만들고 화학결합을 이론적으로 풀어나갔습니다. 1931년 폴링은 이를 "화학결합의 특징"이라는 논문을 써서 미국 화학회지에 발표합니다. 이 논문은 즉각 전 세계 과학계의 주목을 받게 됩니다. 폴링은 그 해 말에 미국에서 가장 우수한 젊은 화학자에게 주는 랭뮤어 상을 받았습니다. 이어 1933년에 폴링은 미국 과학 아카데미 최연소 회원으로 선출됩니다. 이후에도 폴링은 우수한 논문을 계속해서 발표했으며, 화학에 대한 책을 발간하는 데도 노력을 기울였습니다. 그는 1939년 〈화학결합의 본질〉이라는 책을 출간합니다. 이 책은 화학의 역사에서 가장 영향력 있는 책으로 평가받았습니다.

또한, 폴링은 1930년대 후반에 엑스선을 가지고 아미노산과 다이펩타이드, 즉 단백질 토막으로 불리는 것을 포함하고 있는 상당히 단순한 화합물의 구조를 결정하기 시작하였습니다. 폴링은 단백질 내에 있는 기본적인 단위의 가능한 구조를 추론하였습니다. 폴링은 단백질과 다른 생체 분자 사이에 있는 수소 결합의 중요성에 대한 주목하였습니다. 그는 수소결합이 생체분자의 3차원 구조를 지탱시킬 뿐만 아니라 생리적 기능을 나타내는 데 중요한 요인이 된다는 것을 밝혔습니다. 또한 그는 단백질 사슬에서 카르보닐기의 산소와 아미노기의 수소 사이에 수소결합이 형성되면 나선 모양으로 꼬인 구조가 될 수 있다는 사실에 착안하여 단백질의 알파 나선 구조를 처음으로 밝혔습니다. 그는 1950년 로버트 코리와 함께 나선 구조에 대한 논문을 발표하면서 DNA의 구조를 규명하는 데 한 걸음 다가섰습니다. 폴링은 정확하게 단백질의 구조를 밝혔을 뿐만 아니라, 단백질 구조의 중요한 원리를 발견했습니다. 당연히 그의 방법은 이어지는 후속 연구에 도움이 되었습니다.

1952년 폴링은 DNA 구조에 대한 연구를 진척시키기 위해 영국을 방문하여 윌킨스의 연구팀이 보유하고 있던 X선 사진을 보려고 하였습니다. 하지만 미국 국무성은 폴링의 정치적 견해가 위험하다는 이유로 출국을 금지시켰습니다. 결국 폴링은 1953년 2월 발간된 논문에서 DNA 분자를 삼중 나선 모형으로 서술하였습니다. 그것은 옳지 않은 것으로 판명되었고, 같은 해 4월 왓슨과 크릭이 이중나선 구조에 관한 논문을 발표하게 됩니다. 왓슨과 크릭은 윌킨스와 함께 DNA의 이중 나선 구조를 발견한 공로로 1962년 노벨 생리의학상을 수상합니다. 만약 폴링이 1952년 영국에 갈 수 있었다면 노벨상을 3개 받았을지도 모릅니다.

또한 폴링은 헤모글로빈에 산소가 결합되었을 때와 그렇지 않을 때에 자기적 성질이 다르다는 사실을 관찰한 후 헤모글로빈의 구조와 기능의 관계를 탐구하였습니다. 이를 통해 유전적인 이유로 헤모글로빈 분자의 모양이 일그러지게 되면 선천성 악성 빈혈이 나타나게 된다는 사실을 알아냈습니다. 또한 폴링은 항체와 항원 분자가 서로 보완적인 구조를 가지고 있으므로 생체의 면역 작용이 가능하게 된다는 것도 알아냈습니다. 그의 항체 항원 반응 이론은 당대의 과학자들에게 커다란 영향을 미쳤고 인공 항체의 생산에도 활용되었습니다.

또한, 폴링은 사회참여에도 주저하지 않았습니다. 1954년 미국이 수소폭탄 실험을 하자 아인슈타인과 더불어 핵무기 반대 운동에 나섭니다. 이러한 핵무기 실험 등에 의한 낙진의 위험성에 대해 크게 우려했던 그는 1957년 미국을 비롯한 전 세계의 과학자들에게 핵실험 중단을 지지해 달라고 요청하는 편지를 보냅니다. 그는 약 50개국 만명 이상의 서명을 모아 추가적인 핵실험 중단을 요구하는 청원서를 유엔사무총장에게 제출합니다.

폴링은 가장 위험한 방사성 핵종이 스트론튬-90이라는 과학계의 기존 견해에 맞서 탄소-14가 공공보건에 더욱 심각한 위협이 될 수 있다는 논문을 발표해 대중적 주목을 받았습니다. 또한 그는 낙진에서 나타나는 저준위 방사능이 일정 수준 이하일 때는 아무런 피해도 생기지 않는다는 이른바 '문턱값 가설'을 비판하였습니다. 낙진으로 인해 배경 방사선량이 증가하였고 이를 통해 이미 수만 명의 기형아가 출산되었던 것입니다. 이러한 폴링의 주장은 저준위 방사능의 위험을 둘러싼 불확실성으로 인해 엄청난 논쟁을 야기했는데 그 문제로 그는 공개석상에서 수소폭탄의 아버지라고 불리던 어드워드 텔러와 설전을 벌이기도 했습니다.

그는 1962년 당시 케네디가 대통령으로 있던 백악관 앞에서 핵실험 반대 1인 피켓시위를 벌이기도 했습니다. 이러한 그의 노력으로 인해 1963년 부분적 핵실험 금지 조약에 체결됩니다. 그는 이런 사회참여 과정에서 공산주의자라는 비난을 받았지만, 의지를 굽히지 않고 베트남 전쟁에 대한 반전 운동에도 힘을 보탭니다. 폴링은 다양한 사회적 활동을 전개하면서 과학자들이 과학의 사회적 의미에 대해 관심을 가지고 책임의식을 지녀야 한다고 강조하였습니다. 이러한 공로를 인정받아 그는 1962년 노벨 평화상을 수상합니다. 이는 과학자가 노벨평화상을 받은 최초이자 유일한 경우였습니다.

폴링은 1967년 샌디에이고 소재 캘리포니아 대학으로 가서 2년간 있었고, 1969년부터 1974년까지는 스탠포드 대학에서 일했습니다. 그는 1973년 멘로 파크에 분자교정의학 연구소를 설립했습니다. 이곳에서 그의 여생을 보내다가 1994년 세상을 떠납니다.

폴링은 과학뿐만 아니라 과학자의 사회 책임에도 관심을 가진 그는 실로 20세기 최고의 화학자라 할 수 있을 것입니다.

# 34. 프리츠 하버(1868~1934)

19세기 인류는 식량부족이라는 커다란 문제에 직면해 있었습니다. 세계인구가 크게 늘었지만, 농업 생산성은 더 이상 증가하지 않았기 때문이었습니다. 식량은 탄소, 수소, 산소, 질소, 인, 칼륨 등의 원소로 구성되어 있는데, 질소 성분을 충분히 획득할 수 있는 방법이 없었습니다. 당시에 질소 성분은 퇴비나 동물의 분뇨 등으로 구할 수 있었으나, 그 양이 아주 적다는 문제점을 가지고 있었습니다. 이에 대한 근본적인 해결책은 공기의 78%에 해당하는 엄청난 양의 질소를 고정하는 방법을 개발하는 데 있었습니다.

이러한 이유로 19세기 말의 과학계에서는 효과적인 질소 고정법을 개발하는 것이 가장 중요한 숙제로 떠올랐습니다. 유태인 출신의 독일 화학자인 프리츠 하버는 1908년 공기 중의 질소로 암모니아를 합성하는데 성공함으로써 화학비료를 만들 수 있는 새로운 지평을 열었습니다. 그는 제1차 세계대전 때 독가스를 개발하여 독일에 크게 봉사했지만, 히틀러가 집권한 이후에는 국외추방을 당해야 했던 불운의 과학자였습니다.

하버는 1868년 독일의 슐레지엔에서 안료와 염료를 취급하는 유태인 상인의 아들로 태어났습니다. 태어난 직후 어머니를 잃었고 아버지의 영향을 받으며 어린 시절을 보냈습니다. 하버는 어린 시절부터 상업에 익숙해져 있었기에 순수과학과 응용과학을 적절하게 결합하는 독특한 재능이 있었다고 합니다. 하지만 하버에게는 훌륭한 스승이 없었습니다. 그는 과학을 거의 독학으로 공부하였습니다. 그는 베를린 대학과 하이델베르크 대학을 다니면서 과학을 공부하였습니다. 1891년 현재의 베를린 공과대학에서 박사학위를 받았습니다.

그후 그는 세 곳의 산업체에서 근무한 뒤 1894년 카를스루에 공과대학에서 물리화학 분야의 강사 자리를 구했습니다. 화학반응의 물리적인 원리를 탐구하는 물리화학은 당시에 새롭게 부상하는 분야였습니다. 그는 에너지 전달의 기본개념을 이용해 탄화수소의 분해에 대한 실험을 이론적으로 설명하는 데 커다란 매력을 느꼈습니다. 하버는 2년 간의 집중적인 연구 끝에 탄화수소의 분해 및 연소에 관한 책을 출간하였습니다. 이 책으로 그는 유럽 화학계의 주목을 받았습니다. 그는 1898년 뮌헨 대학의 교수가 되었고, 1901년에는 동료인 클라라 임머바르와 결혼하였습니다.

20세기가 끝날 무렵 많은 화학자들은 암모니아 합성의 문제를 규명하려고 시도하였습니다. 당시 네른스트는 1904년 암모니아 합성 반응의 평형상수를 도출하였으나 이 반응에서 생성되는 암모니아의 양이 너무 적어 상업적으로 활용할 수는 없었습니다. 하버의 가장 위대한 업적 또한 암모니아의 합성에 대한 것입니다.

일반적으로 토양의 생산력은 자연의 경제법칙에 따르는데, 곡식에서 나오는 퇴비가 토양으로 되돌아가면 일정한 수준이 유지됩니다. 그러나 토양의 생산성이 증가하기를 바라면 부가적으로 비료를 사용해야 합니다. 매년 수확의 큰 부분이 매해 증가하는 인구에 의해 소비되고 마을에서 나오는 아주 적은 양의 퇴비가 경작하는 땅으로 되돌아가기 때문에 토양은 고갈되고 수확량이 감소하는 것을 피할 수 없습니다. 이와 같은 원인이 인공 비료를 제조하도록 만들었는데, 적어도 유럽의 경우 비료 없이 경작할 수 있는 국가가 거의 없을 정도로 해마다 필요량이 증가하고 있습니다.

인공 비료 중에서는 질소화합물이 중요한데, 인산이나 산화칼륨과는 달리 풍화작용으로 인해 식물에 꼭 필요한 질소화합물이 토양에 많이 저장되어 있지 않기 때문입니다. 게다가 유용한 질소의 일부분은 순환과정에서 비활성 대기질소로 되돌아갑니다. 이와 같은 손실분은 폭우와 박테리아의 활동으로 확실히 보충되지만 지금까지의 경험으로는 인공 질소 비료 없이는 집약적인 경작을 유지할 수 없다는 것입니다.

여러 해 동안 단지 두 개의 인공 질소화합물이 존재하였는데 그것은 질산칼륨과 염화암모늄입니다. 그러나 이것을 합성하는 오래된 방법은 유럽과 미국에서 중지되었고 질산나트륨이 등장하였으며, 이것을 질소비료로 만들기 위해서 광물탄의 건식증류로부터 나오는 부산물을 사용하였습니다.

1900년대 당시 질소로 계산한 질산나트륨(칠레초석)의 연간 소비량은 50만 톤 이상이었습니다. 이 많은 양이 대부분 비료로 사용되었습니다. 이로 인해 심각한 문제가 제기되었는데 그것은 칠레에 있는 초석 매장량이 언제 고갈될 것인가였습니다.

오래 지속된 세계대전이 모든 국가로 하여금 가능하면 어느 곳이나 유기물화의 필요에 따라 대처하기에 충분할 정도로 자국 내에서 생활 필수품을 생산하도록 조장하였습니다. 특히 대규모 광물 매장량도 없고 값싼 수력발전도 할 수 없는 국가에서는 초석이 가장 중요하기 때문에 암모니아와 질산의 인공적인 생산은 매우 중요했습니다.

암모니아는 자연산과 인공 산물의 경계에 있는 물질로써 아스팔트와 갈탄의 건식증류로 얻어집니다. 암모니아는 질량비 1.3퍼센트에 해당되는 양이 질소 함유 광물로부터 나오는데, 많은 부분이 코크스로 남아 있거나 증류하는 동안 질소로 날아갑니다.

20세기의 첫 10년 동안 공기로부터 질소를 고정하는 여러 방법이 발표되었지만 이 중에서 시험단계까지 살아남은 것은 거의 없었습니다. 그중 처음 방법이 프랑크-카로의 사이안아마이드 방법입니다. 칼슘사이안아마이드가 비료로서 기대에 완전히 미치지는 못했지만 함유된 질소가 상대적으로 쉽게 암모니아로 바뀔 수 있기 때문에 활용에 도움이 되었습니다.

열역학의 주요 원리를 사용하여 일산화탄소를 생성하는 대기질소의 연소와 관련된 모든 정량 조건을 계산할 수 있게 되자 비르켈란트와 에이데는 이것을 기술적으로 응용하여 처음으로 성공적인 결과를 얻었습니다.

베르틀로와 톰슨의 실험으로 이 결합이 발열반응으로 일어난다는 것을 증명하였지만 1904년까지 아무도 전기 방전의 도움 없이는 암모니아를 생성하기 위해 질소와 수소의 직접적인 결합을 일으킬 수 없었습니다. 이런 부정적인 결과는 낮은 온도에서의 느린 반응과 높은 온도에서의 불리한 평형상태에 의한 것임을 경험으로 쉽게 알 수 있습니다. 1884년 램지와 영이 촉매로 철을 사용하여 실험을 수행했지만 불확실한 결과를 얻었을 뿐입니다.

하버는 네른스트의 실험을 출발점으로 하여 질소와 수소를 직접 반응시키는 실험을 수행하였습니다. 하버는 네른스트의 실험을 조심스럽게 반복하면서 그것이 가진 여러 가지 오류를 지적하였고, 특히 암모니아 합성 반응에서 고압의 중요성을 깨달을 수 있었습니다. 그러나 이러한 반응에 필요한 압력은 당시에 사용되었던 화학반응용기가 견딜 수 있는 정도를 넘어섰습니다. 하버는 영국 출신의 화학자인 르 로시뇰의 유능한 기계 기술자인 키르헨바우어의 도움으로 필요한 압력을 얻을 수 있는 방법과 그런 압력에 견딜 수 있는 반응용기를 개발해 낼 수 있었습니다.

하버와 반 오르트는 이전의 실험이 문제에 대한 기술적 해답을 줄 거라는 희망을 가지고, 1904년 현대 물리화학 방법에 기초를 두고 관련 분야의 방법론적인 연구를 시작하였습니다. 그들은 약 1,000도의 온도와 정상 압력에서 철을 촉매로 사용하여 실험하였고 그 결과 평형상태가 암모니아 합성의 기초라는 것을 처음 실험적으로 보였습니다.

1913년 "전기화학잡지"에서 하버와 르 로시뇰에 의해 가장 중요하고 실용적인 의미를 갖는 이 문제의 취급 방법이 발견됩니다. 그 논문은 "원소로부터 암모니아의 기술적 생산에 대하여"입니다. 이 논문이 루트비히샤펜에 있는 '바덴아닐린-소다'사에서 공장 규모로 방법을 발전시키는 데 제공하였고 주요 개발은 보슈의 지도 아래 이루어졌습니다.

초기 실험에서 약 600도는 효과가 없어 보였고 부피가 감소되면서 결합이 일어나는 것으로 밝혀졌습니다. 평형의 법칙에서 압력이 높을수록 평형은 암모니아 쪽으로 이동하는데 이것이 기본적인 원리를 제공했습니다. 약 500도의 온도를 가능한 한 가장 높은 압력과 함께 사용해야 했는데, 실제로 약 150기압부터 200기압의 압력이 가능합니다. 이 높은 압력이 반응을 가속화시키리라는 것을 예상할 수 있습니다. 그러나 그처럼 높은 압력과 온도에서 순환시스템에 기체의 흐름이 포함된 실험은 매우 심각한 어려움을 불러일으켰고 그 때까지 시도된 적은 없었습니다.

그러나 실험은 완전히 성공적이었습니다. 문제의 논문은 사용한 장치의 자세한 도면을 포함하고 있는데, 철을 촉매로 사용하여 1시간당, 그리고 접촉부터 1리터당 약 250그램의 암모니아를 생산하였고, 우라늄이나 오스뮴을 촉매로 하여 더 많은 양을 생산하였습니다.

가열은 전기적으로 이루어졌지만 장치로부터 새어 나오는 열은 대개 투입되는 기체에 다시 이용되기 때문에 요구되는 온도는 재생하는 열과 암모니아 생성으로부터 방출되는 열에 의해 유지할 수 있었습니다. 하버의 관찰에서 매우 중요한 특징은 기체가 반응 중에 더 빠른 유속으로 보급되면 단위 시간당 생산되는 암모니아의 양이 점차로 증가한다는 것입니다.

또 다른 것은 효과적인 촉매를 찾는 데 있었습니다. 당시에 널리 사용되었던 촉매에는 철, 니켈, 망간 등이 있었는데, 그것들은 높은 온도에 이르면 기능이 크게 떨어졌기 때문에 암모니아 합성에는 사용할 수 없었습니다. 하버는 수많은 화학물질로 실험을 하여 결국 암모니아 합성에 사용할 수 있는 촉매로 오스뮴을 찾아냈습니다. 바덴 공장에서 대부분 수행했던 시험에 따르면 촉매 활동은 촉매의 활성 억제제에 의해 감소되지만 산화물이나 알칼리염, 그리고 알칼리토금속에 의해 증가될 수 있습니다. 점점 더 활성이 좋은 촉매가 발견되었고 이것으로 관내 압력을 점차로 감소시키는 것이 가능하였습니다.

수많은 시행착오 끝에 하버는 실험에 착수한 지 4년이 지난 1908년에 섭씨 550도, 175기압의 조건에서 오스뮴과 우라늄을 촉매로 사용하면 암모니아의 수율을 8퍼센트로 높일 수 있다는 결론을 도출하였습니다. 그는 암모니아가 생성되는 것을 직접 눈으로 확인하기 위하여 반응 기구에 냉각장치를 설치하였습니다. 하버는 실험 결과를 상업화하기 위하여 1909년에 보슈와 협력하기로 하고 세계적인 화학업체로부터 재정적인 지원을 받아냈습니다.

하버가 처음에 사용한 촉매인 오스뮴은 구하기가 어려워 암모니아의 대량생산에는 적합하지 않았습니다. 보슈의 연구진은 가능한 모든 원소의 촉매 활성도를 조사한다는 계획 아래 약 2만 번이 넘는 실험을 수행하였고, 산화알루미늄이 소량 함유되어 있는 산화철이 가장 효과적인 촉매라는 것을 알아낼 수 있었습니다.

1910년에 프랑크푸르트 암마인 근처 오파우에서 처음으로 암모니아 연간 생산량이 3만 톤으로 예상되는 건설 공사가 시작되었습니다. 기본물질인 질소와 수소는 표준방법으로 만들어졌습니다. 암모니아 제조 과정에서 전력의 소비는 아주 낮아 암모니아 킬로그램당 0.5kw/h 이하의 양입니다. 그러므로 연간 약 1만 킬로그램 이상의 질소가 고정됩니다.

반응의 평형 위치와 여러 요소들은 암모니아의 생성열과 비열에 의존하기 때문에 1914년과 1915년에 "전기화학잡지"에 연속으로 발표한 여러 개의 논문에서 하버는 이 과정들을 아주 정확하게 확인하기 위해 수행했던 실험들을 광범위하게 서술하였습니다.

하버의 방법은 값싼 수력 전력을 이용하고 독립적으로 작동할 수 있기 때문에 앞으로 모든 국가에 활용될 수 있었습니다. 더욱이 필요한 만큼 적당한 규모로 만들 수 있고 매우 값싸게 암모니아를 생산하고 질산염을 만들 수 있기 때문에 인류의 영양 섭취 향상에 아주 중요한 기여를 하였습니다.

1913년 9월 역사상 처음으로 하루에 20톤의 암모니아가 공업적으로 생산되기 시작하였습니다. 이때 사용된 공정을 '하버-보슈공정'

이라고 불립니다.

암모니아의 합성이라는 하버의 업적은 인류에게 엄청난 혜택을 가져다주었습니다. 만약 화학비료가 없었더라면 당시에 급격히 증가하고 있었던 인구를 먹여 살릴 식량을 충분히 제공할 수 없었을 것입니다. 화학비료의 사용으로 미국의 옥수수 생산량은 이전에 비해 6배가 증가할 수 있었습니다. 오늘날에도 전 세계적으로 약 1억 7,500만 톤의 질소가 경작지에 뿌려지고 있는데, 그중 약 40퍼센트는 하버-보슈 공정을 통해 합성된 비료입니다. 사람이 섭취하는 단백질의 약 75퍼센트가 농작물에서 얻어진다는 점을 감안한다면, 세계 인구가 섭취하는 단백질의 약 1/3이 질소비료에서 나오는 셈입니다.

암모니아는 식량 증산에 필요한 비료뿐만 아니라 화약 제조에 필수적인 질산의 원료로도 중요한 물질입니다. 1914년에 제1차 세계대전이 일어나자 연합군은 독일을 봉쇄하여 칠레로부터 초석을 수입할 수 없도록 만들었습니다. 만약 하버-보슈 공정이 조금이라도 늦게 개발되었다면 독일은 전쟁에 사용할 화약을 충분히 공급하지 못했을 것입니다. 전쟁이 시작되기 전에 공장에서의 생산 품목은 비료에서 화약으로 어렵지 않게 전환되었고, 독일에는 수많은 화약 공장이 건설됩니다. 제1차 세계대전을 계기로 하버라는 화학자의 운명은 농업의 영역에서 전쟁의 영역으로 전환되게 됩니다. 전쟁이 시작되기 전인 1911년부터 하버는 독일의 최대 연구기관인 카이저 빌헬름 협회의 물리화학 연구소를 이끌고 있었습니다. 전쟁이 발발하자 하버는 다른 독일인과 마찬가지로 군 복무의 의무를 수행해야 했습니다. 당시 독일 육군의 고위 간부들은 독가스의 개발을 강력히 추진하고 있었습니다. 하버는 1914년 말에 네른스트의 뒤를 이어 독가스 연구의 책임자가 되었습니다. 하버의 연구진은 여러 물질을 다각도로 검토한 끝에 염소를 독가스의 원료로 선정합니다. 염소는 독성이 강력하고 공기보다 무거우며 운반이 편리한 특성을 가지고 있어서 독가스로 사용하기에 안성맞춤이었습니다. 하버의 연구진은 1915년 1월 독가스를 시험적으로 생산하는 데 성공합니다. 그리고 1915년 4월 22일 벨기에의 이프르 전선에서는 세계 최초로 독가스가 살포되었습니다. 당시 영국 합참본부에 따르면 이프르에서 7천명이 독가스 공격에 노출되어 그중 350명이 사망했다고 합니다. 독일이 개발한 독가스는 제2차 세계대전에서 수백만 명의 유태인에게 사용되기도 하였습니다.

하버는 1934년 스위스 바젤에서 심장마비로 사망합니다. 또한 그는 1918년 노벨 화학상을 수상합니다. 하버의 노력은 인류를 식량의 위기에서 벗어날 수 있는 계기를 마련하여 주었지만 독가스를 개발하여 살포하는 등 인류에게 아픔을 주기도 했습니다.

# 35. 에드윈 허블(1889~1953)

인류는 어떻게 우주의 기원과 진화에 대해 알게 된 것일까요? 여기서 가장 큰 공헌을 한 사람이 바로 에드윈 허블입니다. 그는 1889년 미국 미주리주에서 태어나 시카고대학에서 법학을 공부했습니다. 이는 그의 아버지의 권유에 따른 것이었습니다.

아버지가 돌아가신 후 그는 평소에 관심이 있었던 천문학 공부를 위해 다시 시카고대학에 입학하였습니다. 천문학을 공부하고 평상시 본인이 원했던 캘리포니아의 윌슨산 천문대에 취직을 해 연구원으로 일하게 됩니다.

당시 윌슨산 천문대는 세계에서 가장 큰 광학 망원경을 가지고 있었습니다. 그 망원경의 지름은 2.5m로 은하의 먼 곳까지도 관찰이 가능한 것이었습니다. 그는 외부은하를 관찰하던 중 외부은하에서 오는 스펙트럼이 위치에 따라 파장이 달라지는 것을 발견하게 되었습니다. 여기에 흥미를 느낀 그는 많은 외부은하를 직접 관찰하여 데이터를 모은 후 이를 분석하였습니다. 결과는 너무나 놀라운 것이었습니다. 그 데이터에 도플러 효과를 적용해 보았더니 외부은하들은 위치에 따라 우주 중심으로부터 멀어져가는 것을 발견하게 되었습니다. 그는 이를 후퇴속도라 표현하여 외부은하의 위치와 후퇴속도의 관계를 찾아본 결과 위치와 속도가 비례관계에 있다는 것을 알아낼 수 있었습니다.

허블은 이를 바탕으로 우주의 팽창에 대한 간단한 방정식을 만들었습니다. 그것은 v=Hr로 표현되는데 이 방정식이 바로 허블의 법칙입니다. 여기서 H는 허블 상수이고 r은 은하까지의 거리, v는 은하계가 바깥으로 멀어지는 속도입니다. 허블은 자신의 연구 결과를 1929년 〈바깥 은하 성운의 거리와 기본 속도의 관계〉라는 논문으로 발표하였습니다.

허블의 법칙은 우주가 팽창하고 있다는 사실을 밝혀낸 것 이외에도 또 다른 중요한 의미를 가지고 있습니다. 이전에는 레빗의 방법을 따라 세페이드 변광성의 주기를 이용해 멀리 있는 은하까지의 거리를 알아냈습니다. 이 방법은 거리가 너무 멀어 그 안의 세페이드 변광성을 찾아낼 수 없는 은하에는 적용될 수 없었습니다. 이에 반해 허블의 법칙을 사용하면, 아무리 멀리 있는 은하라도 스펙트럼을 분석해 적색편이의 정도를 알면 은하까지의 거리를 계산할 수 있었습니다. 허블의 법칙 덕분에 우리가 측정할 수 있는 우주가 훨씬 넓어진 것입니다.

허블의 이러한 연구 결과가 확산되면서 팽창우주론은 천문학의 가장 주요 학설로 자리 잡게 되었습니다. 오랫동안 우주가 안정되어 있다고 생각했던 아인슈타인도 1931년에 윌슨산 천문대를 방문해 허블을 만난 이후 자신의 입장을 바꾸었습니다.

대폭발 이론은 정말 옳은 것일까요? 그 이론이 옳다면 그것을 증명할 수 있는 것은 무엇이 있을까요? 현재까지 알려진 바에 따르면 대폭발 이론의 가장 강력한 증거는 우주 배경 복사입니다.

1940년대를 지나면서 과학자들은 대폭발 이후에 존재했던 조건들을 연구하기 시작했습니다. 우선 상상할 수 없을 정도의 뜨거웠던 초기 우주가 X선, 감마선 등 파장이 짧은 복사를 포함한 열전자기 복사를 만들어 냈음을 알아냈습니다. 우주는 식어가면서 우주 전체의 평균 온도는 점점 긴 파장의 스펙트럼에 대응되었습니다. 가모브는 그의 제자인 앨퍼, 허먼과 함께 온도와 밀도가 아주 높은 상태에서 우주가 생성되었다면, 대폭발 이후 남아있는 절대 온도 5도 정도의 평균 온도를 가진 복사나 에너지가 우주 전체에 아주 얇게 분포되어 있을 것이라고 예측하였습니다. 이것이 바로 우주 배경 복사입니다. 하지만 당시에는 이러한 아주 희미한 복사를 관측할 만한 장비가 없었기 때문에 그들의 예측은 20년 동안 묻혀 있었습니다.

1965년 미국 뉴저지주의 벨 연구소에서 아노 펜지아스(Arno Penzias)와 로버트 윌슨(Robert Wilson)은 전파 망원경을 이용하여 모든 방향에서 일정한 강도로 잡히는 마이크로파 잡음을 잡아내고 제거하는 연구를 하고 있었습니다. 연구소가 새로 만든 안테나는 위성을 추적하는 것이 목적이었지만, 지구의 공전과 자전에 상관없이 어느 방향에서나 이 잡음을 수신했습니다. 펜지아스와 윌슨은 이 잡음이 특정한 천체나 은하에서 오는 것이 아니라는 것을 알 수 있었습니다.

당시 프린스턴 대학에서는 피블스를 중심으로 가모브, 앨퍼, 허먼이 20년 전 주장했던 우주 초기의 복사 에너지에 대한 문제를 연구하고 있었습니다. 그들은 가모브의 연구 결과를 다시 계산하였고, 새로운 안테나를 설계하기 시작했습니다.

벨 전화 연구소의 펜지아스와 윌슨은 자신들의 안테나에 잡히는 잡음의 원인을 이해할 수가 없어 고민하던 중 MIT의 버나드 버크에서 전화로 물어봅니다. 프린스턴 대학의 피블스 교수가 우주 배경 복사를 연구하고 있는 것을 알고 있었던 버크는 아마도 펜지아스와 윌슨이 피블스 교수가 찾고 있던 것 같다는 생각을 했습니다. 버크의 소개로 펜지아스와 윌슨은 피블스 교수와 함께 그 잡음에 대해 이야기를 했고 그들은 바로 대폭발의 가장 중요한 증거가 되는 우주 배경 복사를 관측한 것임을 알게 되었습니다. 이렇게 해서 대폭발 이론을 입증할 수 있는 가장 중요한 근거인 우주 배경 복사가 발견되었던 것입니다.

허블의 법칙이 발견이 된 이후 초기 우주에 대한 연구가 활발해졌습니다. 우주가 처음 시작되는 그 순간과 관련되는 이론은 대통일이론입니다. 아인슈타인은 그의 말년을 대통일이론을 연구하는 데 사용했습니다. 그의 시도는 성공하지 못했으나, 그 후 많은 물리학자들이 그의 뒤를 이어 이 분야를 집중적으로 해결하기 위해 노력하였습니다.

대통일이론은 흔히 GUT(Grand Unified Theory)로 불리기도 합니다. 이 이론은 만유인력을 제외한 전자기력, 약력, 강한 상호작용을 하나로 통합하려는 이론입니다. 대통일이론은 아인슈타인 사후 1970년대 크게 유행하였습니다. 그 이유는 이 이론이 아주 흥미로운 예측을 하고 있기 때문이었습니다. 전자, 중성자와 같이 우리 주위에 있는 모든 물질들의 기초가 되는 소립자인 양성자가 궁극적으로 더 가벼운 입자들로 붕괴한다는 예측이 바로 그것이었습니다.

양성자 붕괴를 관찰하기 위해 거대한 실험이 이루어졌지만 성공하지는 못했습니다. 하지만 이것이 대통일이론이 옳지 않다는 것을 뜻하지는 않습니다. 양성자 붕괴를 관찰하는 것에 실패했기 때문에 물리학자들은 대통일이론을 어떻게 검증해야 할지를 고민하였습니다.

대통일이론은 새로운 종류의 입자라고 할 수 있는 자기 홀극을 예측합니다. 정상적인 전하를 가진 입자는 전기 홀극이라 할 수 있습니다. 양전하, 음전하가 바로 그것입니다. 우리는 이러한 전기 홀극을 쉽게 관측할 수 있습니다. 하지만 자기 홀극은 그렇지가 않습니다. 아직까지 자연에서 고립되어 있는 자기 홀극을 발견했다는 보고는 없습니다.

우리가 자석이라 부르는 것은 쌍극자로만 존재합니다. 자석은 N극과 S극을 함께 가지고 있습니다. 만약 N극이나 S극을 절단하면 절단한 곳에서 다시 두 개의 새로운 극이 나타납니다. 실험적으로 고립되어 있는 자기 홀극을 찾는 일은 한쪽 끝만을 가진 끈을 찾으려는 것과 같다고 할 수 있습니다.

대통일이론에 의하면 자기 홀극이 존재할 수 있어야 합니다. 1970년대 말 물리학자들은 빅뱅의 여파로 생성되었을 자기 홀극의 수를 계산할 수 있었습니다. 그들의 답은 자기 홀극의 수가 엄청나다는 것을 알았습니다. 대통일이론에 의하면 자기 홀극이 가진 전체 질량은 정상적인 양성자, 중성자 및 전자의 전체 질량보다 훨씬 커야 했습니다. 또한 자기 홀극은 우리의 몸을 관통해야 했습니다.

1980년대 초 MIT의 앨런 구스는 이 문제에 대해 생각하던 중 우주의 급팽창을 생각하게 되었습니다. 우주가 팽창하면서도 에너지 밀도는 줄어들지 않고 일정하게 유지되는 데 그 원천은 바로 암흑 에너지입니다. 암흑 에너지는 우주가 팽창할 수 있도록 끊임없는 자극을 주기 때문에 우주가 가속적으로 팽창합니다. 우주에 있는 대부분의 에너지, 대강 전체 에너지의 70%~75%가량이 암흑 에너지의 형태를 가지고 있습니다. 하지만 물질과 복사 에너지의 밀도가 더 높았던 과거에도 암흑 에너지는 지금과 동일한 밀도를 가지고 있었을 것입니다. 따라서 과거에는 암흑 에너지는 비교적 덜 중요했습니다.

물리학자들은 우주가 탄생한 초기 어떤 특정한 시간에 아주 큰 에너지 밀도의 암흑 에너지를 생각하곤 합니다. 이를 흔히 '암흑 초거대 에너지'라고 부르기도 합니다. 이 암흑 초거대 에너지는 우주를 지배하여 우주 공간이 아주 큰 비율로 팽창하도록 만들 수 있습니다. 이 암흑 초거대 에너지는 갑자기 물질과 복사 에너지로 붕괴하고 그 결과 보통 초기 우주를 구성하고 있다고 생각하는 뜨거운 플라즈마가 형성됩니다. 이 붕괴는 완벽하기는 하지만 아주 미세한 양의 암흑 에너지를 남기고 이 암흑 에너지가 우주 동역학에서 중요한 역할을 담당하게 만듭니다. 이것이 바로 급팽창의 시나리오가 됩니다. 급팽창은 공간의 작은 영역을 선택하여 그 크기를 어마어마하게 부풀립니다.

대통일이론이 옳다면 홀극은 극단적인 초기 우주에서 아주 풍부하게 만들어집니다. 급팽창은 홀극이 만들어지고 나서 얼마 지나지 않아 일어났다고 상상할 수 있습니다. 이럴 경우 급팽창이 충분히 오래 지속되었다면 공간이 엄청나게 팽창하기 때문에 홀극이 감소되어 거의 남지 않게 되었을 것입니다. 암흑 초거대 에너지가 물질과 복사 에너지로 붕괴되더라도 더 이상의 홀극이 만들어지지 않는다면 홀극 문제는 존재하지 않을 것입니다.

구스는 홀극 문제를 생각하고 있었지만 홀극 문제를 해결하려고 노력하기보다 대통일이론에 반대하는 근거로 홀극 문제를 이용하려고 하였습니다. 그는 암흑 에너지의 역할을 무시할 경우 홀극 문제를 해결하기가 아주 어렵다는 것을 보여주었습니다. 하지만 구스는 우주 초기에 미친 암흑 에너지의 영향을 연구하면서 홀극 문제에 대한 해결책을 얻을 수 있었습니다. 그것이 바로 인플레이션 우주 이론(Inflation cosmology)이었습니다.

표준적인 빅뱅 우주론에서 물리학자를 가장 곤란하게 하는 것 중의 하나는 지평선 문제였습니다. 지평선 문제는 초기 우주가 멀리 떨어진 점에서 동일하게 보인다는 사실부터 시작합니다. 초기 우주의 밀도가 아주 높고 우주가 급격하게 팽창하고 있다 하더라도 초기 우주의 상태는 격렬하게 요동하는 불균일한 상태입니다. 초기 우주의 증거인 마이크로파 우주배경복사는 우주의 온도가 충분히 낮아져 전자와 양성자가 결합해 원자를 형성하는 시기에 우주가 투명할 때의 모습을 보여줍니다.

이러한 상태에서 공간상의 점들이 가진 국지적인 조건에 따라 마이크로파 우주배경복사가 우리에게 다르게 나타날 수 있지만 사실 그렇지는 않습니다. 마이크로파 배경의 모든 점들은 아주 유사한 온도를 가지고 있으며, 장소에 따라 온도 차이는 약 10만 분의 1 정도될 뿐입니다. 따라서 모든 점에서의 물리적인 조건은 거의 동일해야 합니다.

지평선 문제는 어떻게 멀리 떨어져 있는 점들은 자신들이 거의 동일한 조건을 가지고 있다는 것을 알 수 있을까 하는 것입니다. 모든 점들이 우주론적 지평선 안에 있다 하더라도 이들 자신의 우주론적 지평선은 이보다 훨씬 작습니다. 왜냐하면 이들은 빅뱅에 훨씬 가까이 있기 때문입니다. 1도 이상 떨어져 있는 점들의 우주론적 지평선은 서로 겹치지 않습니다. 즉, 다른 모든 점들의 과거에 속한 시공간상의 사건은 없으며 이 점들 사이에 신호를 주고받을 수 있는 방법은 없습니다. 그럼에도 불구하고 이 점들은 거의 동일한 물리적인 조건들을 가지고 있습니다. 이러한 것은 어떻게 가능한 것일까요? 이것이 바로 지평선 문제입니다.

이 문제는 사실 엔트로피와 관련되어 있습니다. 초기 우주 전체가 아주 유사한 조건을 가지고 있는 것은 낮은 엔트로피 때문입니다. 왜냐하면 이러한 일이 일어날 수 있는 방법의 수가 아주 제한되어 있기 때문입니다.

급팽창은 지평선 문제에 대한 간결한 풀이를 제공합니다. 급팽창하는 동안 공간은 굉장한 크기로 팽창하였습니다. 초기에 매우 가까웠던 점들이 아주 멀리 떨어지게 되었습니다. 마이크로파 배경이 형성될 때 멀리 떨어져 있던 점들이 사실은 급팽창이 시작되기 전에는 바로 곁에 놓여 있었습니다.

중요한 것은 급팽창하는 동안 우주가 암흑 초거대 에너지의 지배를 받고 있다는 것입니다. 암흑 초거대 에너지는 본질적으로 모든 곳에서 동일한 밀도를 가지고 있었습니다. 급팽창이 시작된 공간의 일부 구역에서는 다른 형태의 에너지를 가지고 있었을 수도 있습니다. 하지만 이들은 빨리 사라지게 됩니다. 급팽창은 공간을 평평하게 만들게 되고 이로써 물리학자들을 곤란하게 했던 지평선 문제는 해결될 수 있었습니다.

허블의 법칙은 그동안의 인류가 우주는 움직이지 않고 정적인 상태에 있다는 관념을 깨고 우주는 팽창하며 진화하고 있다는 것을 알게 된 위대한 순간이었습니다.

# 36. 제임스 왓슨과 프란시스 크릭 (1928~ , 1919~2004)

생명과학의 가장 큰 특징은 바로 다양성에 있습니다. 우리 주위의 동물이나 식물들을 보면 그들이 가지고 있는 엄청난 다양함에 놀라움을 금할 수 없습니다. 하지만 그러한 다양함에 있어 보편적으로 적용되는 일반 원칙이 있다면 이는 생명과학에 있어 가장 중요한 원리가 됩니다.

가장 대표적인 예가 바로 유전입니다. 아주 작은 바이러스나 세균 같은 미생물부터 엄청나게 커다란 몸집을 가지는 고래에 이르기까지 유전의 원리는 단 하나, DNA의 복제입니다. 이는 어떤 생명체에 이르더라도 똑같이 적용됩니다. 이를 이해할 수 있게 해준 것이 바로 왓슨과 크릭에 의한 DNA 구조의 발견입니다. 따라서 이 발견은 생명과학 역사에 있어 가장 중요한 발견 중의 하나가 아닐 수 없습니다.

많은 과학자들이 유전의 물질적 기초와 그 메커니즘을 찾으려 노력을 하였습니다. 1944년 캐나다의 에이버리가 유전의 원인은 DNA라는 것을 발견하게 됩니다. 이후 많은 과학자는 이 DNA라는 물질이 어떻게 생겼는지 그 구조를 밝혀내는데 모든 에너지를 쏟아부었고 이를 성공시킨 이들이 바로 왓슨과 크릭입니다.

생물학자이었던 왓슨은 박사학위 후에 영국의 캐븐디시 연구소로 가서 물리학자인 크릭을 만납니다. 둘은 만나는 순간부터 의기투합하여 공동으로 DNA의 구조를 알아내기로 결정합니다. 크릭의 전공은 X-ray 회절 실험이었는데 이 방법은 당시 미지의 물체구조를 파악하는 데 있어 가장 좋은 기술이었습니다. 크릭의 물리학적 지식과 왓슨의 생물학적 영감과 재능이 결합하여 엄청난 시너지 효과를 내게 되었습니다.

크릭과 왓슨은 띠동갑이었습니다. 크릭이 왓슨보다 12살이나 많았습니다. 태어나 살아온 배경도 너무 달랐습니다. 왓슨은 미국의 일리노이에서 태어나 자랐고, 크릭은 영국에서 태어나 런던에서 공부를 마쳤습니다. 또한 서로의 전공도 달라 왓슨은 생물학, 크릭은 물리학이었습니다. 하지만 그러한 차이에도 불구하고 둘은 환상의 짝꿍이 됩니다.

둘은 만난 첫날부터 모든 것을 같이 하며 DNA의 구조를 파악하기 위해 서로가 가지고 있는 에너지를 쏟아붓습니다. 둘의 조합은 엄청난 시너지 효과를 일으켜 만난 지 얼마 되지 않는 시간에 DNA 구조를 알아내는 데 있어 가장 난해한 문제들을 해결해 나가기 시작합니다. 이미 이 분야에는 전 세계에서 가장 똑똑한 과학자들 수백 명이 이를 밝히려 눈에 불을 켠 상태에서 연구에 몰두하고 있었습니다. 노벨상을 2개나 받은 캘리포니아 공과대학의 라이너스 폴링 또한 DNA 구조를 위해 모든 것을 제쳐 놓고 몰입하고 있던 중이었습니다.

왓슨은 아데닌에 붙어 있는 구조식을 그리던 중 갑자기 중대한 아이디어가 떠오릅니다. DNA 분자 내의 아데닌 잔기가 수소결합을 형성한다고 가정하면, DNA 구조가 쉽게 이해될 수도 있겠다는 생각이었습니다. 만일 DNA가 이렇게 되어 있다면, 아데닌 잔기 각각은 180도 회전하여 상보적인 반대쪽 아데닌 잔기와 수소 결합을 두 개 형성할 수 있을 것입니다.

만약 당, 인산, 염기가 수소로 결합되어 나선형의 기하학적 형태로 꼬여 있다면 그동안의 X-ray 회절 실험 결과와 일치할 수 있습니다. 왓슨은 연구실로 뛰어가 그 아이디어를 하나씩 맞추어 나가기 시작합니다.

왓슨이 자신의 아이디어를 끝치던 중 크릭이 연구실에 들어옵니다. 이때 왓슨은 모든 것이 해결되었다고 큰소리로 외칩니다. 크릭은 처음에는 미심쩍어하는 눈치였지만, 아데닌-구아닌 쌍과 구아닌-시토신 쌍의 모양이 비슷한 것을 보고는 꽤 충격을 받았습니다. 그는 여러 다른 방법으로 염기들을 배열해 보았지만 샤가프의 법칙을 만족시키는 방법은 달리 찾을 수가 없다는 결론에 이르게 됩니다.

비록 뼈대가 규칙적이지 못하고 꾸불꾸불해진다는 결점은 있지만, 그들의 가슴은 뛰기 시작했습니다. 만일 DNA 구조가 이렇다는 게 증명되면, 그것은 생물학 역사상 가장 위대한 발견이 분명하기 때문입니다. 그들은 동일한 염기를 가진 두 사슬이 서로 꼬여 DNA 분자를 구성하는 것이 우연한 일은 아닐 것이며, 이것은 반드시 어느 초기 단계에서 한쪽 사슬이 주형이 되어 다른 쪽 사슬을 합성한 결과일거라 확신했던 것이죠. 이것이 바로 유전의 메커니즘이었던 것입니다.

이러한 원리하에 유전자 복제는 동일한 두 사슬이 분리됨으로써 시작되며, 새로 생기는 두 가닥은 두 모체 주형에 따라 만들어지고, 그렇게 되어서 원래 분자와 같게 되는 DNA 분자 둘이 형성되는 것이 됩니다. 따라서 유전자 복제의 근본적인 메카니즘은 한쪽 사슬의 염기는 상대방 사슬에서 그와 동일한 염기와 수소결합을 형성한다는 데 있는 것이었습니다.

왓슨과 크릭은 그들의 연구실에서 염기쌍들을 이리저리 배열하면서 수소결합으로 연결시켜 보았습니다. 그러다가 수소결합 두 개로 연결된 아데닌-티민 쌍이 적어도 두 개 이상의 수소결합으로 연결된 구아닌-시토신 쌍과 모양이 똑같다는 것을 알게 되었습니다. 이것으로 인해 퓨린 잔기의 수가 왜 피리미딘 잔기의 수와 정확하게 같은지 수수께끼를 확실히 풀게 되었던 것입니다.

그들은 너무나 기쁜 나머지 잠도 미룬 채 논문을 쓰기 시작합니다.

왓슨과 크릭의 DNA 구조에 대한 논문은 1953년 3월 마지막 주말에 완성되었고, 약 9백 단어로 된 그 논문의 첫 문장은 다음과 같습니다.

"우리는 여기에 DNA의 구조를 제시하고자 한다. 이 구조는 생물학적으로 대단한 관심을 불러일으킬 새로운 특징을 지니고 있다." 그들은 이 역사적인 논문을 4월 2일 수요일에 네이처의 편집위원에게 발송하였습니다.

그렇게 그들은 생명과학의 역사에 있어서 가장 위대한 발견을 교수가 되기도 전인 박사후 연구원 과정에서 이루어냅니다. 왓슨의 나이 25세, 크릭은 37살 때였던 1953년이었습니다.

DNA는 단백질과 더불어 생명이 지속되기 위해 가장 필요한 요소입니다. 남자와 여자가 인류의 존속을 책임지는 것과 마찬가지로, 단백질과 핵산의 상호작용은 생명의 근본적인 기전입니다. 바이러스, 세균, 식물 및 동물을 구성하는 많은 물질에서 다른 모든 것들은 변화할지 몰라도, 단백질과 핵산은 생명을 지탱하는 요소로서 항상 존재합니다. 이 두 가지에는 중요한 특징이 있습니다. 분자들은 매우 크며, 수천 개의 작은 단위들이 연결되어 나선형의 사슬을 만듭니다. 각각의 나선형 사슬이 서로 복잡하게 꼬여 결합하고 있으며, 여기에는 단백질이나 핵산 또는 이 두 가지가 모두 포함되어 있습니다. 혼합된 이 거대 분자에서 생명 반응은 밀접하게 관련되어 있는 가닥들의 독특한 형태에 따라 진행됩니다.

단백질을 구성하는 기본 단위는 아미노산입니다. 이 지구상에서 자연적으로 발견되는 아미노산은 약 20개입니다. 핵산의 기본 구성

성분인 뉴클레오티드는 질소를 함유하는 염기와 당, 그리고 인산으로 구성되어 있습니다. 자연에서 실제로 발견된 중요한 뉴클레오티드는 8개입니다. 이들은 모두 인산을 포함하지만, 질소를 포함하는 염기는 다섯 종류가 있습니다. 당은 두 종류가 존재하며, 그중 하나인 리보스는 다른 종류인 디옥시리보스보다 산소원자를 한 개 더 포함하고 있습니다. 이것은 단 한개의 원자만 다른 아주 작은 차이라 생각할 수 있지만 사실 그 차이의 효과는 매우 크게 나타납니다. 이로 인해 핵산은 두 가지로 나누어지며, 각각은 광범위한 다른 기능을 하고 있습니다.

아서 콘버그가 합성한 디옥시리보핵산은 주로 염색체에서 유전물질로 존재합니다. 반면에 세베로 오초아가 합성한 리보스는 단백질 합성 과정을 돕는 등 다른 기능을 합니다. 오초아와 콘버그는 시험관에서 단백질을 합성하는 효소를 만들어 이들의 근본적인 작용 기전을 규명하고자 노력하였습니다. 단백질 사슬을 구성하는 구성단위의 순서가 결코 운으로 결정되는 것이 아니라 각각의 분자 종류에 따라, 그리고 유기체의 종에 따라 미리 계획되어 있다는 것이 증명되었습니다.

어린이가 성장하면 어른이 되고, 알에서 깨어난 아기새가 성장하면 새가 되는 것은 구성 재료의 순서가 이미 정해져 있기 때문입니다. 이 순서에 생기는 혼란으로 인해 유전 인자가 변화하게 되고 수천 년에 걸쳐 생긴 변종이 나타나기도 합니다. 이 구성 재료를 조합할 수 있는 가능한 방법이 무한대이기 때문에 이 지구상에 나타나는 생명의 형태 또한 다양하게 존재합니다.

예를 들면, 28개 영문 알파벳의 여러 조합으로 우리는 알파벳으로 표현할 수 있는 언어를 모두 표기할 수 있습니다. 단백질의 구성 재료인 아미노산은 알파벳의 수와 거의 동일합니다. 단백질 분자는 100이나 1,000 또는 10,000개의 글자로 구성된 단어와 비교할 수 있습니다. 따라서 천문학적인 숫자의 조합이 가능합니다. 하지만 여기에는 또 다른 인자가 작용할 수 있습니다. 아미노산의 차이로 단백질의 변형이 생길 수 있을 뿐만 아니라 이 단백질들은 각각의 효소 활성으로 여러 대사 과정을 조절할 수 있습니다. 서로 다른 4개의 뉴클레오티드를 가지는 두 가지 형태의 핵산으로부터 엄청난 수의 조합이 가능합니다. 따라서 각각의 구조물을 오차 없이 정확하게 배열하여 핵산과 같은 복잡한 물질이 만들어지는 절차를 알아내려는 시도들이 너무 무모해 보일지도 모릅니다.

오초아와 콘버그는 이에 관한 연구를 각자 시작하였습니다. 오초아는 리보핵산을 만드는 시스템 분야에서, 콘버그는 디옥시리보핵산의 합성 분야에서 연구하였습니다. 오초아는 초산 박테리아, 그리고 콘버그는 대장 박테리아 배양액으로부터 얻은 순도 높은 추출물로 연구하였습니다. 오초아가 발견한 효소는 리보핵산에 포함되어 있는 것으로서 인산 잔기의 2배인 리보뉴클레오티드로부터 리보핵산을 합성할 수 있었습니다. 인산 잔기를 반으로 나누고, 뉴클레오티드를 연결하여 리보핵산을 생성하였으며, 이렇게 생성된 리보핵산은 자연적으로 생성된 핵산과 동일하다는 것이 증명되었습니다.

콘버그가 발견한 효소는 이와 유사하긴 했지만, 디옥시리보핵산을 생성하는 효소였습니다. 두 효소 모두 반응을 시작할 때에는 주형으로 작용할 소량의 핵산이 필요했습니다. 그렇지 않으면, 효소는 어떤 핵산을 만들어야 하는지 알지 못하기 때문입니다. 효소는 안내자의 역할을 하는 주형을 만나자마자 주형을 복사하기 시작했습니다. 이로 인해 우리는 같은 것이 같은 것을 만들어 낸다는 생명의 고유한 원리를 깨달았습니다. 연구자들은 이미 이와 같은 기전이 관련된다는 것을 어렴풋이 알고 있었지만, 이에 관한 실질적인 실험적 증거는 매우 중요합니다. 게다가 오초아가 발견한 효소는 간단한 핵산을 합성할 수 있다는 점에서 더욱 관심을 끌었습니다.

당시 DNA 연구의 중심지는 런던에 있는 킹스칼리지의 생물물리학 연구소였습니다. 윌킨스가 이끌었던 이 연구소에는 로잘린 프랭클린이라는 여성 과학자가 있었습니다. 프랭클린은 X선 결정학의 권위자였습니다. 그녀는 주로 혼자서 연구하는 유형이었고, 자신의 연구가 완전하다는 확신이 들 때까지 그 결과에 대한 발표를 꺼리는 사람이었습니다. 프랭클린은 미세한 DNA 가닥을 묶은 뒤 그것을 X선으로 촬영하는 방법을 통해 DNA에 두 가지 형태가 있다는 것을 발견하였습니다. 하나는 A형으로 불린 마른 표본이었고, 다른 하나는 B형으로 불린 젖은 표본이었습니다. 프랭클린은 DNA 표본이 살아있는 세포와 같은 구조를 유지하려면 물의 함유량이 높아야 한다고 생각했습니다. DNA의 표본이 말라버린다면 그 구조가 변할 것이 분명해 보였습니다. 그런데 마른 표본은 사진을 찍기가 쉬웠으나 젖은 표본은 필름에 선명하게 나타나지 않았습니다. 혼란스럽게 교차되어 있는 선만을 보여줄 뿐이었습니다. 교차된 선은 DNA 분자가 나선형 구조로 되어 있음을 보여주는 표시였습니다.

그런데 나선형은 X선 사진을 촬영하는 각도에 따라 나타나기도 하고 나타나지 않기도 했습니다. 긴축을 위에서 바라보면서 촬영을 했을 때는 통이나 관 모양이 나타났고 사진상의 회절 무늬로 보아서는 그것이 실제로 나선형인지 알 수가 없었습니다. 반면 옆에서 촬영했을 때는 DNA 분자가 지그재그 형태나 십자가 무늬였는데 그것은 나선 구조가 보여주는 특징에 해당합니다. 게다가 X선은 인산기가 DNA 분자의 중심부에 위치하고 있다는 점을 드러내 주었습니다.

1952년 5월에 프랭클린은 DNA의 B형에 대한 선명한 사진을 찍는 데 성공하였습니다. 그 사진은 DNA가 나선 구조로 되어 있음을 명확하게 보여주었습니다. 그러나 늘 완벽을 추구했던 그녀는 A형에 대한 정보를 좀 더 얻기 전에는 자료를 공개하지 않으려고 하였습니다.

이처럼 프랭클린은 DNA 구조를 해명할 수 있는 문턱에 도달했음에도 불구하고 엄밀한 실험을 고집한 나머지 그 문턱을 넘지 못했습니다. 사실상 왓슨과 크릭이 DNA의 구조를 규명할 수 있었던 것도 프랭클린의 X선 회절 사진 덕분이었다고 할 수 있습니다.

왓슨과 크릭은 프랭클린의 사진을 바탕으로 공과 막대기를 구입한 뒤 DNA의 모형을 만들기 위한 작업에 착수했습니다. 1953년 2월 28일 왓슨과 크릭은 드디어 DNA의 구조를 파악하는 데 성공하게 됩니다. 그리고 그들은 1953년 DNA의 구조에 대한 2페이지짜리 짧은 논문을 네이처지에 발표하게 됩니다. 이것이 바로 인류가 유전자의 구조를 알아내게 된 역사적 순간이었습니다.

# 37. 엔리코 페르미(1901~1954)

인류 최초로 핵분열을 인공적으로 조절하여 원자로를 만든 사람은 바로 이탈리아 출신의 미국 과학자 엔리코 페르미입니다. 페르미는 1901년 이탈리아 로마에서 태어났습니다. 그는 어릴 때부터 수학과 과학에 남다른 재능을 보여 수재로 통하였습니다. 그는 21살 때 박사학위를 받았고 25살에 로마 대학의 교수가 됩니다.

1933년 그는 베타붕괴에 대한 연구를 하였는데, 그는 베타붕괴에 있어서 전자와 함께 방출되지만 실제로 검출하기 어려운 입자의 존재를 가정하여 베타붕괴를 명쾌하게 설명할 수 있었습니다. 그 입자는 나중에 페르미에 의하여 중성미자로 불려졌습니다. 페르미는 중성미자에 의한 문제를 풀기 위해 소위 약력으로 불리는 새로운 힘을 제안하였습니다. 이 약력은 나중에 자연계에 존재하는 새로운 기본적인 힘으로 인정되었습니다. 이 업적으로 페르미는 1937년 노벨 물리학상을 받게 됩니다.

베타붕괴와 같은 것은 원자 내부에 존재하는 핵과 깊은 관련이 있습니다. 도대체 핵 안에서는 어떤 일이 일어나고 있는 것일까요? 우주의 모든 물질은 원자로 이루어져 있습니다. 원자는 가운에 핵이 존재하고 그 주위를 전자가 돌고 있습니다. 핵의 크기는 정말로 작아 약 10의 마이너스 15승 미터 정도 됩니다. 핵 안에는 양성자와 중성자가 있습니다. 양성자는 업쿼크(up quark) 두 개와 다운쿼크(down quark) 한 개로 이루어져 있습니다. 중성자는 다운쿼크 두 개와 업쿼크 하나로 구성되어 있습니다. 중성자는 전하량이 제로이기 때문에 전기력의 영향을 받지 않지만, 양성자는 양전하를 가지고 있기 때문에 전기력의 영향을 받습니다.

핵 안에 양성자가 많아지면 어떻게 될까요? 전기력은 같은 전하를 가지고 있는 것은 서로 밀고, 다른 전하를 가지고 있는 것은 서로 잡아당깁니다. 따라서 핵 안에 있는 양성자는 양전하를 가지고 있기 때문에 서로 밀어내는 힘인 척력이 존재합니다. 그런데 문제는 핵이라는 공간은 극히 작은 공간입니다. 이렇게 작은 공간에 양성자가 많아지면서 서로 밀쳐내는 힘이 커지게 될 수밖에 없게 되어 불안정해집니다. 출퇴근 시간 지하철의 발 디딜 틈도 없는 공간을 생각하면 이해하기 쉬울 것입니다.

그렇다면 어떻게 해야 척력이 존재하는 핵이라는 공간에 양성자가 계속 존재할 수 있을까요? 답은 간단합니다. 양성자끼리 서로 밀어내는 척력보다 더 큰 힘으로 양성자를 묶어주는 다른 힘이 존재하면 됩니다. 이런 힘을 강력이라고 합니다. 강력은 핵이라는 극히 좁은 공간에 있는 양성자끼리 작용하는 전기력보다 훨씬 큰 힘으로 양성자에 작용하여 양성자가 핵 안에 존재할 수 있도록 합니다.

그렇다면 만유인력은 없는 것일까요? 양성자는 질량을 가지고 있기 때문에 당연히 인력이 작용합니다. 하지만 양성자끼리의 전기력이 만유인력보다 10의 마이너스 39승 정도나 크므로 아무런 의미가 없습니다.

여기서 중요한 것은 바로 강력이라는 힘의 성질입니다. 자연에는 만유인력, 전자기력, 강력, 약력이 존재하는데 네 가지 다른 힘이 있다는 것은 그 힘의 성질이 각각 다르다는 의미입니다. 약력은 엔리코 페르미가 베타붕괴를 설명하기 위해 도입한 것이었는데 그 존재가 실험적으로 증명되었습니다.

중요한 사실은 바로 양성자와 중성자를 구성하는 쿼크끼리의 상호작용입니다. 양성자나 중성자 안에는 쿼크 세 개가 존재하는데 이 공간은 핵보다 훨씬 작습니다. 이렇게 극히 작은 공간에 어떻게 쿼크가 존재할 수가 있을까요?

강력은 만유인력이나 전자기력에 비해 아주 다른 성질이 있습니다. 만유인력이나 전자기력은 거리의 제곱에 반비례합니다. 거리가 가까울수록 그 힘이 커지고 멀어질수록 작아집니다. 즉 핵 안에서 양성자가 가까이 있을수록 전자기력의 힘은 커질 수밖에 없습니다.

만유인력도 커지지만 위에서 말한 대로 그 크기가 워낙 작아 있으나 마나 할 정도입니다.

강력은 이와는 반대입니다. 가까울수록 상호작용의 영향은 별로 미치지 않고 멀어지면 커집니다. 강력의 특징, 즉 전기력이나 만유인력과는 반대로 거리가 가까울수록 작아지고 멀수록 커지는 성질을 흔히 점근적 자유성(asymtotic freedodm)이라고 합니다. 이 성질이 바로 핵심입니다. 가까워질수록 거의 영향을 미치지 않습니다. 왜냐하면 이것이 강력의 존재하는 이유이기 때문입니다. 하지만 멀어지는 강력의 크기가 커지면서 양성자 밖으로 쿼크가 나가지 못하도록 하여 서로 가까이 존재할 수 있도록 만듭니다. 이렇게 해서 양성자라는 좁은 공간에 쿼크가 존재할 수 있습니다.

쿼크는 양성자나 중성자 안에서 자유로운 점입자처럼 행동합니다. 쿼크들 사이의 거리가 가까워질수록 자유도가 커집니다. 둘 사이의 거리가 0이 된다면 완벽한 자유로운 입자가 됩니다. 하지만 쿼크들 사이의 거리는 어느 한계 이상 멀어지지는 않습니다. 이로 인해 쿼크는 양성자 안에서 존재할 수 있습니다. 가까울수록 자유도가 커지는 이러한 현상, 즉 점근적 자유성을 연구한 데이비드 그로스, 프랑크 윌첵, 데이비드 폴리처는 이 연구로 2004년 노벨 물리학상을 받았습니다.

점근적 자유성은 우리에게 사람 간의 관계에 있어서 중요한 의미를 주기도 합니다. 한마디로 말하면 가까울수록 서로가 자유로워야 한다는 것입니다. 반대로 멀어지려고 하면 더 많은 힘을 발휘해야 할 필요가 있다는 의미입니다. 즉 친해지고 더 좋은 관계가 될수록 서로에게 집착하거나 기대하거나 구속하기보다는 서로에게 더 많은 자유를 주어야 한다는 뜻입니다.

강력은 사실 만유인력이나 전기력보다 너무 이해하기 힘들었기 때문에 최근에 와서야 알려졌고 물리학계에서 난제로 꼽혀왔습니다. 이를 해결함으로써 자연에 존재하는 전자기력, 약력, 강력이 통일될 수 있는 양자색역학(Quantum Chromo Dynamics)의 기반이 마련되어 아인슈타인 꿈꾸었던 대통일이론으로 한 발짝 다가설 수 있었습니다. 이로 인해 그로스, 월첵, 폴리처가 노벨 물리학상의 수상 의미가 여기에 있었던 것입니다.

자연에 존재하는 힘은 어떻게 전달되는 것일까요? 힘이 전달되기 위해서는 이를 가능하게 해주는 힘의 전달자가 필요합니다. 가장 대표적인 힘으로 만유인력 즉 중력 상호 작용을 생각해 보면, 중력은 우리에게 알려진 네 가지 힘, 즉 중력, 전자기력, 강한 상호작용, 약한 상호 작용 가운데 제일 힘의 세기가 약합니다. 중력이 전달되기 위해서는 중력자 흔히 그래비톤(graviton)이라는 것이 있어야 합니다. 그런데 중력이 아무리 작다고 할지라도 이를 전달하기 위해서는 중력자 수십억하고도 또 수십억 개가 참여합니다. 중력자의 효과는 집단적으로 경험할 수 있을 뿐 중력자 하나는 경험할 수 없습니다.

비록 중력이 약하다 할지라도 우리가 이를 느낄 수 있는 것은 중력은 늘 인력으로만 작용하고 있기 때문입니다. 이로 인해 가장 약하다는 중력이 우리를 지구 위에서 생활할 수 있도록 해주며 지구가 태양 주위를 돌 수 있는 것입니다. 만약 중력이 전기력처럼 인력과 척력이 존재한다면 우리가 현재 겪는 일상생활은 불가능하게 됩니다.

중력 다음으로 약한 힘은 약한 상호 작용인데 이것은 방사능 핵에서 전자가 방출될 때나 기타 중성미자를 동원하는 다양한 변환을 일으킵니다. 이러한 약한 상호 작용을 전달해 주는 전달자는 W 입자와 Z 입자이다. 이들은 양성자보다 약 80배 무거운 입자들입니다.

페르미는 1934년 베타 붕괴 이론을 연구할 때 양성자, 중성자, 전자, 중성미자 사이에 직접 약한 상호 작용이 일어날 것이라고 생각했습니다. 하지만 이후 얼마간 물리학자들은 하나 이상의 매개 입자가 과정에 관여할 것이라고 추측했습니다. 중성자가 중성자인 순간, 중성자가 사라져서 양성자, 전자, 반중성미자가 등장하는 순간 사이의 아주 짧은 시간에 존재하는 입자가 있다고 생각했습니다. W 입자와 Z 입자는 1983년 제네바에 있는 유럽 입자 물리연구소에서 발견되었습니다.

전자기 상호 작용을 매개하는 입자는 광자입니다. 1905년 아인슈타인이 광자를 연구한 이래 물리학자들은 광자를 전자 및 양전자와 연결하여 양자전기역학이라는 이론을 만들어 냈습니다. 광자는 질량이 없고 크기도 없는 기본 입자로서 전자기력의 전달자의 역할을 도맡아 하고 있습니다.

일본인 과학자 유카와 히데키는 매개 입자의 덩치가 클수록 매개 입자가 힘을 미치는 영역이 작아진다는 것을 알아냈습니다. 따라서 매개 입자가 점점 커지면 커질수록 그 힘은 점점 약해지며 그 힘이 미치는 범위는 점점 짧게 됩니다. 1970년대 압두스 살람, 스티븐 와인버그, 셸던 글래쇼우는 약한 상호 작용과 전자기 상호 작용은 한 상호 작용이라는 아이디어를 제안하였습니다.

이들은 두 상호 작용의 핵심적 차이는 힘 전달자의 속성 차이일 뿐이라고 주장했습니다. 전자기력은 먼 범위까지 미치는 것은 전달자가 질량이 없는 광자이기 때문입니다. 약한 상호 작용은 짧은 범위에 미치고 상대적으로 약하므로 그 힘의 전달자가 굉장히 커야 합니다. W 입자와 Z 입자의 발견이 이들의 이론이 맞음을 확인시켜 주었습니다.

강한 상호 작용에서의 힘의 전달자는 바로 글루온입니다. 전기적 전하는 띠고 있지 않지만 기묘한 조합의 색 전하를 가지고 있습니다. 예를 들어 파랑-반빨강, 빨강-반초록 등과 같이 색-반색이라는 특이한 여덟 가지 종류의 조합이 존재합니다. 글루온과 상호 작용하는 쿼크는 그때마다 색이 변합니다.

글루온의 강한 힘에는 아주 놀라운 측면이 있는데, 중력이나 전자기력과는 다르게, 글루온의 인력은 거리가 멀어질수록 증가합니다. 글루온은 쿼크나 다른 글루온이 경계를 벗어나지 못하게 감시하며, 멀어질수록 세지는 힘을 통해서 어떤 입자도 밖으로 나가지 못하도록 합니다. 반대로 말한다며 이들은 가까워질수록 자유롭습니다.

1937년 페르미는 노벨 물리학상 시상식에 참여한 후 그의 아내가 유태인이었기에 고국으로 돌아가면 아내가 위험해질 것으로 판단하고 미국으로 망명하게 됩니다. 그는 시카고대학의 교수로 자리를 잡고 이후 수많은 논문을 써내며 당대 최고 물리학자의 반열에 오릅니다.

페르미의 업적 중 가장 중요한 것은 바로 시카고대학 물리학 건물이 있는 지하에 그의 지도로 인류 최초로 핵분열을 인위적으로 조절할 수 있는 원자로를 만든 것입니다.

페르미가 미국으로 망명한 직후에 독일의 과학자인 오토 한은 핵분열 현상을 발견하였습니다. 페르미는 핵분열 연쇄반응을 지속적으로 일으킬 수 있는 가능성을 타진하기 시작하였습니다. 그 열쇠는 너무 많은 중성자들이 분열을 일으키지 않고 흡수될 수 있도록 중성자의 속도를 느리게 만드는 데 있었습니다. 마침 컬럼비아 대학에는 헝가리 출신의 물리학자인 실라드가 이에 대해 연구하고 있었습니다. 페르미와 실라드는 핵분열 연쇄반응을 실험하기 위해 원자로가 필요하다는 점을 절감했고, 원자로의 감속재로는 흑연이 적당하다는데 의견을 같이 하였습니다.

페르미 연구팀은 1940년부터 높다란 흑연 파일을 만들고 여러 지점에서 중성자의 세기를 측정하는 실험을 진행하였습니다. 페르미는 1942년 11월부터 핵분열 반응을 안정적으로 실시할 수 있도록 원자로를 만드는 작업을 추진하였습니다. 그것은 극반경 309cm, 적도반경 388cm의 타원형으로 제작되었습니다. 반응의 효과를 극대화하기 위하여 원자로를 흑연 벽돌로 만들었고, 카드뮴 막대로 빈틈을 채워 원자로를 통제하게 했습니다. 반응 물질로는 순수 우라늄과 산화우라늄을 사용하였습니다. 그 원자로는 시카고파일 1호기로 불렸습니다. 1942년 12월 2일 드디어 인류 최초로 원자로를 가동하는 실험이 실시되었습니다. 원자로에서 카드뮴 막대를 인출하자 연쇄반응이 시작되었고 그 반응은 계획대로 조절될 수 있었습니다. 이로 인해 핵분열로 인해 나오는 핵에너지를 인류가 사용할 수 있게 되었습니다.

1944년 페르미는 미국 시민권을 얻었고, 같은 해 9월 시카고를 떠나 로스알라모스로 갑니다. 맨하탄계획의 과학 부문 책임자로서 로스알라모스 연구소장을 맡고 있었던 오펜하이머가 페르미를 불렀던 것입니다. 페르미는 연구소 부소장이 되어 오펜하이머를 도왔습니다. 1945년 원자폭탄에 대한 설계가 확정되었고, 페르미는 원자폭탄에 대한 실험을 준비하는 일을 맡았습니다. 같은 해 7월 16일 뉴멕시코 주의 사막에서 원자폭탄에 대한 실험이 이루어졌습니다. 전쟁이 끝난 후 페르미는 시카고로 돌아옵니다. 거기서 그는 물리학의 이론과 실험 모두에서 뛰어난 재능을 유감없이 발휘하였습니다. 당시 페르미는 핵물리학에서 흥미로운 발견들은 이미 다 이루어졌다고 판단하고 입자물리학으로 연구의 초점을 옮겼습니다. 1940년대 이후 새로운 입자들이 계속해서 발견되었고 그것들의 밑바탕에 깔린 규칙을 찾는 것이 중요한 과제로 부상하였기 때문입니다. 그는 컬럼비아 대학 시절의 제자인 허버트 앤더슨과 로스알라모스에서 같이 일한 에드워드 텔러와 함께 시카고 대학을 입자물리학의 중심지로 만들기 위해 노력하였습니다. 그의 노력의 결과 시카고 대학에서 조금 떨어진 곳에 당시 세계 최대 입자가속기인 페르미 입자 가속기 연구소가 세워집니다. 향후 이 연구소에서 새로운 입자들이 속속 발견되었고, 수많은 노벨 물리학상이 나왔습니다.

1954년 페르미는 위암판정을 받았고 2달 후 53세의 나이로 세상을 떠납니다. 비록 페르미는 상당히 이른 나이에 사망했지만, 그의 이름은 인류 최초로 만들어진 원자로와 함께 영원히 기억되고 있습니다.

## 38. 존 바딘 (1908~1991)

20세기 고체물리학 분야의 획기적인 업적 두 가지를 꼽으라면 반도체와 초전도를 들 수 있을 것입니다. 도체와 부도체의 중간에 해당하는 물질인 반도체는 외부의 조건에 따라 그 특성이 민감히 변하기 때문에 다양한 용도로 사용됩니다. 초전도체는 글자 그대로 전도성이 특별히 뛰어난 물질 또는 전기저항이 특별히 적은 물질을 뜻합니다. 초전도체와 반도체의 연구로 노벨상을 두 번이나 수상한 과학자가 바로 존 바딘입니다.

초전도체의 발견은 온네스에 의해 알려졌습니다. 네덜란드의 과학자 온네스는 저항과 온도의 관계를 연구하던 중 온도를 절대온도 영도까지 내리면 저항이 어떻게 될까 궁금하였습니다. 그는 극저온을 만들 수 있는 방법을 연구하여 온도를 절대온도 영도에 가깝게 내릴 수 있는 기술을 이용하여 수은의 저항이 절대온도 영도에 가까울 때 저항의 모습을 관찰하던 중 절대온도 2.4도 근처에서 갑자기 저항이 영이 되는 놀라운 현상을 발견하게 됩니다. 이는 인류가 최초로 초전도체를 발견하게 된 것이었습니다. 초전도는 저항이 영(0)인 물질로서 전도도가 무한대가 되며 우리들의 상식과는 다른 아주 신기한 현상이 많이 나타나는 물질입니다.

이러한 초전도 현상이 왜 나타나는지 이론적으로 해결하는 것이 난제였는데 이는 온네스의 발견 이후 50년이 지나 바딘, 쿠퍼, 슈리퍼가 초전도체의 경우 전자는 짝을 이루어 이러한 현상이 나타난다는 BCS 이론으로 해결하게 되었습니다. 또한 바딘은 1956년 월터 브랜튼, 윌리암 쇼클리와 함께 트랜지스터를 최초로 개발해 반도체의 시대를 열었습니다.

존 바딘은 1908년 미국 위스콘신주 메디슨 시에서 태어났습니다. 그의 아버지는 존스 홉킨스 의과 대학 1회 졸업생으로서 위스콘스 의과대학의 창립자였습니다. 어머니는 동양 미술을 전공한 예술인이었습니다. 바딘은 위스콘신 대학에 입학하여 전기공학을 전공하였는데 석사학위를 받은 후 피츠버그에 있는 걸프 연구소에 취직을 하였습니다. 1933년 대공황이 발생하자 과감히 일자리를 버리고 프린스턴 대학의 박사과정에 들어갔습니다. 거기서 그는 고체 물리 이론에 관심을 가지고 금속 내부에서의 전자의 성질에 대하여 본격적으로 연구하기 시작하였습니다. 그는 헝가리 출신의 물리학자 위그너의 지도를 받아 1936년 이론 물리학으로 박사학위를 받았습니다. 바딘은 박사 학위를 받은 후 하버드 대학에서 박사후 연구원 과정을 밟았고, 1938년 미네소타 대학의 조교수가 되었습니다. 제2차 세계대전 중에는 워싱턴 시의 해군연구소에서 근무하면서 어뢰에 대항할 수 있는 방법에 대해 연구하였습니다. 전쟁이 끝난 뒤 바딘은 대학으로 돌아가지 않고 전신전화회사의 벨 연구소에 자리를 잡아 연구를 계속하였습니다. 당시 이 회사의 경영진은 통신 시스템의 획기적인 발전을 위해서는 신소재 개발이 필수라고 생각하였습니다. 벨 연구소는 고체 연구부를 독립 부서로 격상시키고 그 밑에 자기, 압전기, 반도체 등의 여러 소그룹을 두는 조직 개편을 합니다. 특히 벨 연구소는 새로운 분야에 대한 연구를 추진하면서 여러 학문 분야에 걸친 다양한 인력으로 팀을 구성하였습니다.

이 연구소에서 바딘은 월터 브래튼, 윌리암 쇼클리를 만납니다. 바딘, 브래튼, 쇼클리는 합심하여 게르마늄 반도체의 박판에 수직으로 전기장을 걸어 운반체의 수를 제어하는 방식을 고안하고 이를 보다 보완하여 인류 최초로 pnp형 트랜지스터를 개발하였습니다.

고체에서의 전기전도도는 원자핵의 제일 바깥 궤도를 돌고 있는 자유전자의 숫자가 결정합니다. 반도체에 전지를 연결하면 -전기를 띤 자유전자가 +전극으로 빨려 들어가서 전기가 흐르게 되고, 자유전자가 이동하고 남은 자리에는 +전기를 띤 구멍이 생기게 됩니다. 이를 홀(hole)이라 부릅니다. 홀은 주변에 있는 전자들을 끌어당겨서 안정된 상태를 이루려 합니다. 이때 끌려 들어간 전자가 있던 자리에는 다시 홀이 생깁니다. 결국, 홀이 이동한 셈입니다. 이렇게 전자가 +쪽으로 이동할 때 홀은 -쪽으로 움직이게 됩니다.

이러한 현상에 관심을 가졌던 과학자들은 반도체에서 자연스럽게 발생하는 전자와 홀의 수에 만족하지 않고 다른 불순물을 넣어 전자 혹은 홀의 수를 늘리는 방법을 고안하였습니다. 대표적인 반도체인 실리콘과 게르마늄은 4족 원소로서 4개의 최외각 전자를 가지고 있습니다. 여기에 비소와 같은 5족 원소를 섞으면 최외각 전자는 모두 9개가 됩니다. 이 중에서 8개는 안정된 결합을 이루고, 전자 하나가 남게 됩니다. 이 전자는 자유전자로 전기를 운반합니다. 음전하를 띤 전자가 전기를 나른다는 뜻에서 이것을 n형 반도체라고 합니다.

이와 달리 3족 원소인 인듐을 불순물과 섞으면 최외각 전자는 모두 더해도 7개밖에 되지 않습니다. 8개의 안정된 결합에서 1개가 모자라기 때문에 그곳에는 홀이 생깁니다. 이 홀은 자유전자와 반대 방향으로 움직여 마치 양전하가 움직이는 것과 같은 효과를 냅니다. 그래서 이를 p형 반도체라 합니다.

n형 반도체와 p형 반도체를 붙여 놓을 경우 순방향으로 전압을 걸면 전류가 흐르고 역방향으로 전압을 걸면 전류가 흐르지 않습니다. n형 반도체에 –, p형 반도체에 +가 되도록 전압을 걸어주면 n형 반도체에 있는 전자는 +극으로 p형 반도체에 있는 홀은 -극으로 이동하여 전류가 흐르게 됩니다. 그러나 반대로 n형 반도체에 +, p형 반도체에 -가 되도록 전압을 걸어주면 홀은 -극으로 전자는 +극으로 끌려가 전류가 흐르지 않게 됩니다. 이와 같이 두 종류의 반도체를 붙여서 한쪽 방향으로만 전류가 흐르도록 만든 것을 다이오드라고

합니다. 다이오드는 교류를 직류로 바꾸는 데 사용됩니다.

여기서 더 나아가 매우 얇은 p형 반도체를 두 개의 n형 반도체 사이에 끼워 넣으면 npn형 트랜지스터가 되고, 반대로 두 개의 p형 반도체 사이에 n형 반도체를 끼워 넣으면 pnp형 트랜지스터가 됩니다. npn형 트랜지스터에서 처음 n은 이미터, 그 다음의 p는 베이스, 마지막의 n은 컬렉터로 불립니다. 이미터와 베이스 사이에 순방향 전압을 걸고 베이스와 컬렉터 사이에 역방향 전압을 걸어 주면, 이미터의 전자가 베이스로 들어오게 되며 그중 일부는 컬렉터에 이르게 됩니다. 베이스에 홀을 몇 개 집어넣으면 홀은 전자를 잡아먹게 되고 이것을 보충하기 위하여 이미터에서 수많은 전자가 들어오게 됩니다. 이것이 바로 작은 신호를 크게 만드는 증폭의 원리입니다.

벨연구소의 반도체 연구팀이 연구의 출발점으로 삼았던 것은 제2차 세계대전 중에 사용된 레이더 검파기였습니다. 레이더 검파기는 초기 라디오 검파기를 개량한 것으로 게르마늄을 원료로 사용하면서 인을 불순물로 첨가하고 있었습니다. 레이더 검파기를 통해 당시의 과학자들은 게르마늄과 같은 4족 원소가 반도체의 원료로 적절하며, 인과 같은 5족 원소를 도핑하면 전류의 운반체가 증가한다는 점을 명확히 인식할 수 있었습니다. 문제의 핵심은 전류의 운반체가 되는 전자나 홀의 수를 적절히 제어함으로써 전기 신호의 진폭을 증대시키는 증폭 효과를 얻어내는 데 있었습니다.

쇼클리는 게르마늄 반도체의 박판에 수직으로 전기장을 걸어서 운반체의 수를 제어하는 방식을 고안하였습니다. 실험 장치로는 엷은 석영판의 윗면에 반도체 박막을 붙이고 아래 면에 금속 막을 증착시킨 후 반도체 막과 금속막 사이에 전극을 부착시킨 것이 사용되었습니다. 그는 두 막 사이에 걸린 전압을 매개로 운반체의 수, 즉 전류를 제어할 수 있다고 생각하였습니다. 그의 가설에 따르면 이 방법을 사용하면 증폭 작용이 일어나야 했으나 실험은 번번이 실패로 돌아갔습니다.

쇼클리는 바딘에게 자신의 실험이 번번이 실패한 원인을 분석해 달라고 요청하였습니다. 연구 끝에 바딘은 미세한 증폭 효과가 나타나긴 하지만 반도체의 표면 상태에 문제가 있어 그것을 관찰할 수 없다고 평가하였습니다. 즉, 운반체 대부분이 반도체의 표면에 잡혀 버려 반도체의 내부는 전기장이 차단되어 버렸다는 것입니다. 이러한 바딘의 가설은 브래튼의 실험에 의해 확인되었습니다.

반도체 표면상의 문제를 회피하기 위해서 바딘과 브래튼은 반도체를 전해액에 담근 뒤 전압을 걸어주는 실험에 착수하였습니다. 그 결과 증폭 작용을 얻을 수 있었으나 그 효과가 너무 적다는 문제가 발생하였습니다.

이러한 문제점을 해결하기 위하여 브래튼은 플라스틱 칼을 금박으로 싼 뒤 그것을 면도날로 가느다랗게 베어 2개의 슬릿을 만들었습니다. 이 금박을 게르마늄 본체에다 붙인 뒤 하나의 슬릿에는 작은 전압을 걸고 다른 하나의 슬릿에는 큰 전압을 걸었더니 증폭 전류가 흐르는 현상이 나타났습니다. 바딘과 브래튼은 이러한 장치를 개량하여 금박 슬릿 대신에 금속 칩을 사용하여 반응물 사이의 거리를 더욱 가까이 접근시켰습니다. 이것이 1947년 12월 16일에 역사상 최초로 발명된 트랜지스터입니다. 이것이 바로 인류가 전자공학의 시대로 진입하게 되는 문을 연 순간이었습니다.

트랜지스터는 당시에 신호 증폭용으로 널리 사용되었던 진공관보다 훨씬 간단하고 빨리 작동되는 특성을 가지고 있어서 아주 적은 전력과 공간으로도 작동될 수 있었습니다. 이처럼 트랜지스터의 가치는 분명했지만 상업적 제품으로 개발하는 데에는 적지 않은 노력이 뒤따라야만 했습니다. 게르마늄의 순도를 높이기 위해 불순물을 제거하는 것을 비롯하여 트랜지스터의 작동이 가능할 정도로 단단하면서도 적당한 크기의 결정체를 만들어야 했기 때문입니다.

또한 게르마늄은 세계적으로 그리 많이 생산되지는 않았기에 이를 대체할 수 있는 물질이 필요했습니다. 가장 이상적인 후보로는 실리콘이 떠올랐으며, 실리콘이 게르마늄과 같은 기능을 갖도록 하는 방법을 개발해야 했습니다. 벨 연구소의 거의 모든 인력이 동원되어 5년이라는 세월이 소요된 뒤에야 오늘날과 비슷한 트랜지스터가 개발될 수 있었습니다.

트랜지스터가 개발되자 수많은 과학자들이 반도체에 인생을 걸기 시작했습니다. 1955년에 쇼클리는 캘리포니아 팔로알토에 쇼클리 반도체 연구소를 설립합니다. 그러나 그는 회사를 너무 독단적으로 운영하여 노이스와 무어 등이 1957년 쇼클리 회사를 떠나 페어차일드를 설립합니다. 그들은 이후 인텔을 비롯한 65개의 기업을 만들어 전자 산업의 새로운 시대를 열었습니다. 이러한 기업들이 모여 있는 곳이 바로 지금의 실리콘 밸리입니다.

실리콘 밸리에서 과학자들이 시도한 것은 트랜지스터를 하나씩 따로 만들어서 납땜으로 연결하는 대신에 여러 개의 트랜지스터를 동시에 넣은 기판들을 연결하여 회로까지 만드는 일이었습니다. 이것이 바로 집적회로인 IC입니다. 집적회로는 1958년 텍사스 인스트루먼트의 킬비와 페어차일드의 노이스가 동시에 발명하였습니다. 이 공로로 킬비는 2000년에 노벨 물리학상을 수상합니다. 아쉽게도 노이스는 1990년에 사망하여 노벨상을 받지 못합니다.

집적회로의 개발을 계기로 반도체 산업은 본격적인 성장 궤도에 진입합니다. 반도체의 용도는 전자기기를 비롯하여 통신 장비, 산업용 기기, 군수용 장비 등으로 확대되었습니다. 그 뒤 집적회로는 더욱 개선되어 고밀도 집적회로, 초고밀도 집적회로, 극초고밀도 집적회로로 발전하였습니다.

바딘은 트랜지스터를 개발한 후 1951년 일리노이 대학으로 자리를 옮깁니다. 여기서 그는 초전도체의 이론에 대해 연구하기 시작합니다. 초전도체의 구조는 1911년 온네스가 실험적으로 발견한 이후 40년이 지나도록 이론적으로 설명을 할 수 없었고 바딘이 이 난제를 연구하기 시작한 것입니다.

바딘은 자신의 실험실의 연구원인 쿠퍼, 박사과정 학생인 슈리퍼와 함께 초전도 현상을 연구하였습니다. 바딘은 금속 내부 원자 배열의 성질에 대해, 쿠퍼는 두 전자가 마치 한 덩어리처럼 작용하는 현상에 대해 연구를 진행하였습니다. 슈리퍼는 바딘과 쿠퍼의 연구에서 도출된 방정식을 풀이하는 역할을 맡았습니다. 1957년 바딘은 팀원들과 함께 초전도 현상을 설명하는 BCS 이론을 제안하였습니다. 일반적으로 도체 내부에서 움직이는 전자 사이에는 서로 밀어내는 반발력이 작용합니다. 두 전자가 모두 동일한 전하를 띠기 때문입니다. 그러나 BCS 이론은 두 전자 사이에 반발력뿐만 아니라 서로 당기는 인력이 작용할 수 있다는 획기적인 사실을 밝혀냈습니다. 이러한 인력 때문에 두 개의 전자가 쌍을 이루게 되어 초전도 현상이 생긴다는 것입니다. 즉 전자가 지나갈 때 도체 내부의 양이온들이 전기력의 작용으로 전자 쪽으로 약간 끌리는데, 다른 전자가 보기에는 마치 그 전자가 +전하를 띤 것처럼 보여 그쪽으로 끌리게 됩니다. 그리하여 두 전자는 마치 하나의 쌍을 이루는 것처럼 운동하게 되고 전자의 움직임을 방해하는 양성자의 인력, 즉 전기저항을 물리칩니다. 이와 같은 전자쌍을 쿠퍼 전자쌍이라고 불립니다. BCC 이론은 초전도 현상을 설명하는 것은 물론 기본 입자, 원자핵, 액체 헬륨, 중성자별 등의 운동을 설명하는 데에도 활용이 되었습니다.

그러나 이 이론이 완전히 인정을 받는 데에는 15년의 세월이 걸렸습니다. 1972년에야 비로소 BCS 이론은 초전도 현상을 설명하는데 탁월한 이론으로 각광을 받았고, 바딘은 두 번째 노벨 물리학상을 수상하게 됩니다.

바딘은 학자로서의 연구활동은 물론 교육과 기술 자문, 공공 활동에도 활발히 참가하였습니다. 그는 1991년 사망할 때까지 약 40년 동안 일리노이 대학 교수로 있었는데 많은 학생들을 가르쳤습니다. 또한 그는 제록스, 제너럴 일렉트릭스 등 수많은 기업체들에게 기술 자문을 해주었습니다. 그뿐만 아니라 바딘은 아이젠하워 대통령, 케네디 대통령, 레이건 대통령 당시 과학자문을 맡아 미국의 과학 정책에 커다란 영향력을 발휘하기도 했습니다.

바딘은 1991년 83세의 나이에 세상을 떠납니다. 그가 해결한 초전도체 이론은 저온물리학 세계의 새로운 문을 열어주었고 그가 발명한 트랜지스터는 인류가 전자공학의 시대로 나아갈 수 있도록 해주었습니다.

# 39. 로버트 오펜하이머 (1904~1967)

로버트 오펜하이머는 2차 세계대전 당시 핵폭탄 개발을 위한 맨하탄 프로젝트의 총책임자로 유명합니다. 하지만 그는 물리학의 많은 분야에 커다란 공헌을 한 진정한 물리학자였습니다. 오펜하이머는 1904년 뉴욕에서 태어났습니다. 학창시절 그는 전형적인 천재의 길을 걸었습니다. 그가 학교에 다닐 당시 그보다 공부를 잘하는 사람은 본 적이 없을 정도로 뛰어난 수재였다고 합니다. 18살인 1922년 오펜하이머는 하버드 대학에 입학하였고, 3년 만에 졸업을 합니다. 대학을 졸업한 그는 당시 물리학으로서는 최고인 케임브리지에서 노벨상을 수상한 톰슨 교수에게 사사하였고, 이어 수학의 메카였던 괴팅겐 대학에서 역시 노벨상을 받은 보른 교수 지도하에 박사학위를 취득하였습니다. 미국으로 돌아온 오펜하이머는 UC 버클리와 칼텍 양쪽 두 학교의 물리학과 교수로 임용됩니다. 너무나 뛰어났던 오펜하이머를 버클리와 칼텍은 놓치고 싶지 않아 한 학기는 버클리에서 한 학기는 칼텍에서 일할 수 있도록 해 줍니다. 그의 나이 불과 25살 때였습니다.

오펜하이머는 우선 중성자별에 대한 연구로 유명합니다. 일반적으로 별의 내부에서 안으로 향하는 중력은 뜨거운 중심핵의 압력과 평형을 이루고 있습니다. 만약 별 중심부의 압력이 제거된다면 별의 구성 요소들은 중심을 향하여 끌어당겨지고, 이로 인해 별의 크기는 줄어들게 됩니다. 이와 반대로 중력의 효과가 없어져 버린다면 뜨거운 별의 내부는 폭발하여 흩어지게 됩니다. 정상적인 별은 거의 평형 상태에 있습니다. 압력이 중력과 균형을 이루고, 중심핵에서의 핵융합은 표면에서 방출된 열을 보충하는 데 필요한 만큼의 에너지를 만들어냅니다.

좀 더 무거운 별들은 에너지를 빨리 소모하며 초신성으로 일생을 마치는데 폭발의 결과로 파편들이 우주 공간에 흩어져서 모든 원소들을 합성하는 데 있어 결정적인 역할을 합니다.

1934년 천문학자인 월터 바데와 프리츠 츠비키는 초신성이 보통의 별에서 주로 중성자로 이루어진 중성자별로의 변환을 나타낸다는 주장을 하였습니다. 그들은 초신성 폭발이 별의 중심핵이 붕괴할 때 폭발적으로 방출된 중력 에너지에 의해 진행되고 아주 작은 찌꺼기가 남게 된다고 생각했습니다. 당시 원자의 중심에 있는 무거운 원자핵은 원자보다 훨씬 작다는 것과 원자의 전반적인 크기는 원자핵 주위에 퍼져 있는 전자구름에 의해 결정된다는 것은 이미 알려져 있었습니다. 중성자별에는 원자핵 그 자체가 빽빽하게 채워져 있다고 그들은 주장했습니다. 만약 그렇다면 별의 크기는 반지름 10km 이내로 압축될 수 있을 것이고, 백색왜성보다도 수백만 배나 밀도가 크게 될 것입니다.

보통 원자의 원자핵은 양성자와 중성자로 이루어져 있습니다. 따로 떨어져 있는 중성자는 불안정하며 자발적으로 붕괴하여 양성자와 전자가 됩니다. 극도로 밀도가 높은 경우에는 반응이 반대로 진행됩니다. 양성자가 중성자로 바뀌는 것입니다.

츠비키는 다른 은하에 있는 초신성들을 연구하여 여러 유형으로 분류했습니다. 그는 중성자별에 대한 그의 생각을 계속 진행하였는데 이에 대한 구체적인 과정을 밝혀내는 데 있어 어려움을 겪었습니다. 이때 오펜하이머는 조지 볼코프와 함께 원자핵 물리학을 이용하여 중성자별의 상태에 대한 계산을 성공시킬 수 있었습니다. 이로 인해 중성자별에 대한 이해가 비로소 완성되기에 이르렀습니다.

중성자별은 아주 작아 실제 모양은 관측하기에 힘들며, 표면 온도와 회전의 특성에 의해 파악할 수 있습니다. 표면 온도는 약 십만도 정도이며 회전 주기는 0.001초에서 10초 정도가 됩니다. 중성자별은 매우 큰 자기장을 가지고 있으며, 전파, 엑스선, 감마선의 복사를 방출합니다.

1967년 안토니 휴이시와 조셀린 벨은 전파 망원경을 이용해 최초로 중성자별을 발견했습니다. 이들은 1.33초의 아주 빠른 주기적인 밝기의 변화를 보이는 전파원을 발견하였고, 이를 빠른 회전에 의한 전파 강도 변화로 해석하여 중성자별임을 입증해 냈습니다.

오펜하이머는 백색왜성에 대해서도 연구하였습니다. 진화의 마지막 단계에서 질량의 상당 부분을 잃어버리는 별들이 많습니다. 행성상 성운이 질량 손실 현상의 한 가지 예입니다. 행성상 성운의 중앙에는 헬륨을 태우며 에너지를 방출하는 고온의 별이 자리 잡고 있으며, 그 주위를 별에서 떨어져 나온 물질이 고리의 모양을 하고 밝게 빛나고 있습니다. 별의 초기 질량이 대략 태양의 6배를 넘지 않았다면, 이 별은 행성상 성운의 단계를 지나서 백색왜성으로 됩니다.

행성상 성운 단계에서 포피부에 있던 수소는 밖으로 방출되고, 탄소로 이루어진 중심핵 부분만이 남아서 백색왜성을 형성하게 됩니다. 초기 질량이 태양의 6배 내지 8배 미만이면, 진화의 마지막 단계에서 그 별은 완전히 폭발되어 아무것도 남지 않습니다. 온도가 높아진다고 해도 축퇴압에는 실질적으로 아무런 변화가 없으므로, 중력 수축 과정을 통하여 많은 양의 열에너지를 중심핵에 부어 넣을 수 있습니다. 그러다가 중심부 온도가 너무 높아져서 탄소마저 타기 시작하면, 마치 폭탄이 터지듯 별 전체가 격렬하게 폭발해 버리고 맙니다. 초기 질량이 태양의 8배에서 50배 미만인 별은 여러 단계의 핵융합 반응을 거치면서, 중심에는 태양의 1.5배 정도 되는 철로 구성된 중심핵이 자리 잡습니다. 핵연료가 이제는 소진되었으므로, 중심핵은 더 수축하여 중성자별로 되고 포피부는 초신성의 형태로 폭발하여 공간으로 날아가 버립니다.

초기 질량이 태양의 50배 이상 되는 별들은 블랙홀로 된다고 알려져 있습니다. 블랙홀로 되는데 필요한 최소의 질량이 정확하게 열려져 있지는 않지만, 질량이 너무 크다면 최후의 수단인 중성자의 축퇴압으로도 중력을 지탱할 수 없게 됩니다. 따라서 계속되는 수축으로 밀도는 엄청나게 상승되고, 결국 빛마저 빠져나올 수 없게 됩니다.

아인슈타인의 중력장 방정식은 하나의 방정식으로 깔끔하게 정리됩니다. 그러나 실제 연구로 들어가서 여기에 담긴 물리적인 의미를 바르게 찾고자 한다면 상황이 달라집니다. 우선 중력장 방정식을 여러 개의 복잡한 방정식으로 나누고, 그 각각을 다시 따로 떼어 계산해야 하는데, 그 하나하나가 비선형 편미분 방정식이어서 계산하는 것조차 만만찮은 작업입니다. 따로 떼어내 계산한 방정식에는 자연의 비밀이 숨어 있는 미지의 변수가 여러 개씩 딸려 있는데, 그 모두를 이해하고 제대로 해석해내는 것 수학적 풀이 이상의 역량이 요구됩니다.

그런데 그 첫 번째 결실은 의외로 세상에 일찍 나왔습니다. 1916년 독일의 천체물리학자 칼 슈바르츠실트는 "아인슈타인의 이론의 한 질점의 중력장에 관해"라는 논문을 "왕립프로이센 과학 학술원 논문집"에 발표했습니다.

슈바르츠실트가 푼 해에는 특이점이 존재했습니다. 특이점이란 말 그대로 특이한 점이란 뜻으로 수학적으로 표현하면 무한대로 발산하고 미분이 불가능하다는 뜻입니다. 이 방정식에서 무한대를 야기하는 특이점의 실체는 다름 아닌 중력입니다. 즉 중력이 무한대가 되는 천체를 말합니다.

슈바르츠실트가 풀어냈듯이 일반상대성이론은 특이점의 존재 가능성을 예견할 수 있습니다. 하지만 일반상대성이론만 중력이 무한대가 되는 상황을 예상한 건 아닙니다. 뉴턴의 중력 이론도 특이점이 존재합니다. 뉴턴의 만유인력은 거리의 제곱에 반비례하는 힘입니다. 거리가 가까울수록 잡아끄는 힘이 더욱 강해진다는 뜻입니다. 그래서 거리가 0인 지점에 이르면 만유인력은 무한대가 됩니다. 지구와 같은 구형의 천제를 예로 든다면, 반지름이 0이 될 때 지구의 중력은 자연스레 무한대가 되는 것입니다.

반면 일반상대성이론은 거리에 따른 중력의 변화가 이보다 더 격렬하다고 얘기합니다. 그래서 천체의 반지름이 줄어들수록 중력의 세기는 큰 폭으로 강해지다가 반지름이 0이 되기도 전에 중력은 이미 무한대로 도달한다고 합니다. 이 지점을 가리켜 중력반지름이라고 부르는데, 슈바르츠실트가 푼 해 속에 이것이 포함되어 있었습니다. 중력반지름은 아인슈타인의 중력장 방정식을 최초로 풀어낸 슈바르츠실트의 업적을 기려서 슈바르츠실트 반지름이라고 합니다.

슈바르츠실트 반지름은 곤혹스러운 문제를 낳는데, 슈바르츠실트 반지름 너머에 있는 공간에 대한 의문이 그것입니다. 원점에서 중력이 무한대가 되는 문제야 더는 고려할 필요가 없는 까닭에 별문제가 될 게 없지만, 슈바르츠실트 반지름에는 크기야 어찌 되었든 분명히 공간이 존재합니다. 공간은 있는데 중력의 세기는 이미 무한대를 넘어섰다는 사실을 어떻게 해석해야 하고, 또한 그 지역에 어떤 물리적인 의미를 부여해야 하는가라는 문제가 제기되는 것입니다. 중력이 무한대가 되면 그 가공할 만한 수축력을 견뎌낼 수 있는 물체는 없을 터이고, 그렇게 되면 시공간의 휘어짐도 극에 달할 터인데, 그런 영역이 실제로 존재할 수 있겠느냐는 것입니다.

이런 이유 때문에 당시의 학자들이 슈바르츠실트의 풀이에 더는 관심을 보이지 않았던 것이며, 단지 이론가의 상상 속 산물로 치부해버린 것입니다. 20세기 초반의 이런 예측과는 달리 오늘날 슈바르츠실트의 해는 블랙홀이라는 천체로 이어졌고, 슈바르츠실트 반지름은 블랙홀의 표면으로 확인되었습니다. 우리가 알고 있는 일반적인 사건은 이 선 밖에서 모두 끝이 나고, 그걸 넘어서면 형체의 실재조차 의심스러워집니다. 그래서 슈바르츠실트 반지름을 경계로 사건의 존재와 비존재가 나뉜다고 해서 슈바르츠실트 반지름을 "사건의 지평선(Event Horizon)"이라고 합니다. 슈바르츠실트가 블랙홀의 존재 가능성을 시사했다면, 찬드라세카와 오펜하이머는 블랙홀이 어떤 과정을 거쳐 형성되는가를 구체적으로 규명했습니다.

별이 수소를 불살라 열에너지를 내뿜는 과정은 수소 원자 네 개가 모여 헬륨 하나를 만드는 핵융합 반응입니다. 이때 핵융합 반응 전과 후에 약간의 질량 차이가 나타납니다. 그러니까 반응 후에 생긴 헬륨 원자 하나의 질량이 반은 전에 모인 수소 원자 네 개를 합한 것보다 약간 작습니다. 이 미세한 질량 차이가 에너지로 전환되어 발산하는 것인데, 이 핵융합 반응 하나에서 나오는 에너지의 양은 그리 크지 않지만, 태양 내부에서 이와 같은 반응은 무수히 일어나기 때문에 그 총량은 어마어마해서 지구에까지 적잖은 에너지를 공급해주고 있는 것입니다. 이것이 바로 아인슈타인의 질량-에너지 등가 원리입니다.

질량이 큰 별은 중력 또한 강합니다. 더욱 강해진 중력에 맞서 역학적 평형상태를 유지하기 위해서는 더 많은 열에너지를 밖으로 분출해야 합니다. 연료가 빠르게 소진되었으니 중력 수축은 그만큼 빠르게 다가옵니다. 이런 과정에서 더 이상 수축하지 않는 별을 백색왜성이라고 합니다. 백색왜성이란 흰색 난쟁이 별이란 뜻으로 붉게 타오르던 태양만 한 별이 식어서 종국엔 지구만 하게 작아지는 별을 가리킵니다. 내부에 쌓인 물질은 그대로 둔 채 부피가 줄어들기 때문에 밀도는 엄청나게 높아집니다.

인도의 첸체물리학자 찬드라세카는 모든 별이 다 백색왜성 단계에서 죽음을 맞이하지는 아닐 듯 싶었습니다. 그는 별의 질량이 태양의 1.4배 보다 가벼우면 백색왜성이 되지만, 그보다 무거우면 백색왜성이 되지 않는다고 결론 내렸습니다. 태양 질량의 1.4배를 가리켜 "찬드라세카 한계"라 부릅니다.

오펜하이머와 그의 제자 조지 볼코프는 태양 질량의 1.4배에서 3.2배 사이의 질량을 갖는 별에 대해 계산해 본 결과 백색왜성의 역학적 평형이 깨지면서 새로운 붕괴가 다시 시작되는 것을 발견했습니다.

전자의 축퇴 압력이 더는 안정적인 역할을 수행하지 못하기 때문이었습니다. 별 내부의 전자가 어마어마한 세기의 중력 수축을 이기지 못하고 원자핵 속으로 쑥 밀려가더니 양성자와 결합해 중성자로 변하는 것이었습니다. 이와 같은 반응으로 새롭게 만들어진 중성자가 원자핵 속에 이미 존재하는 기존의 중성자와 합쳐져 원자 내부는 온통 중성자로만 꽉 채워진 초고밀도의 중성자별(neutron star)이 탄생하게 됩니다. 중성자별은 중성자끼리의 축퇴압력이 어우러져 역학적 평형을 이루는 별로서 크기는 손톱만 해도 무게가 약 10억 톤이나 나가는 천체라 할 수 있습니다.

별의 질량이 태양의 3.2배 보다 무거운 경우엔 별이 한없이 중력 수축을 했다. 별의 쪼그라듦을 막을 수 있는 방패막이가 없었습니다. 별은 중력반지름에 가까워지면서 광속에 가까운 속도로 무너져 내렸습니다. 그래서 중성자별 너머의 쪼그라든 상태를 "중력붕괴(Gravitational collapse)"라고 부릅니다.

무한의 점이란 크기는 없고 밀도는 무한대인 점을 가리킵니다. 이것이 블랙홀의 중심으로, 흔히 특이점이라고 부릅니다. 마지막 장벽이 무너지는 순간, 거의 광속에 가까운 속도로 중력붕괴가 진행되는 까닭에 특이점까지 도달하는 데는 1초도 걸리지 않습니다. 그러니까 눈 깜박할 사이에 중성자 단계의 별이 블랙홀이 되는 것입니다. 물론 이것은 퀘이사와 같은 초대형 블랙홀이 아닌, 태양보다 수십 배 무거운 별이 붕괴되는 과정입니다.

오펜하이머는 세계 2차 대전 중 최초의 핵폭탄 개발에도 중요한 임무를 담당했습니다. 전쟁이 끝난 후 오펜하이머는 칼텍과 버클리에 복귀합니다. 1947년 그는 프린스턴 대학 고등연구소 소장이 되었고, 1948년 미국 물리학회 회장으로 선출되었습니다. 2차 대전을 종식시키는 데 있어서 결정적인 역할을 했던 그는 1967년 후두암으로 세상을 떠납니다.

# 40. 조지 가모프 (1904~1968)

우주의 기원에 대한 현대 과학의 가장 중요한 이론은 대폭발 이론입니다. 이 대폭발 이론을 처음 주장한 과학자는 러시아 출신의 조지 가모프였습니다. 가모프는 1904년 러시아 항구도시 오데사에서 태어났습니다. 가모프의 부모님은 모두 교사였습니다. 그의 아버지는 언어와 문학을 어머니는 지리와 역사를 가르쳤습니다. 가모프는 이러한 집안 환경에서 자라 어릴 적부터 언어 감각이 뛰어나 러시아어 이외에도 프랑스어와 독일어에 능숙했다고 합니다. 하지만 그의 학창 시절은 순탄하지 못했습니다. 그가 10살이던 1914년 제1차 세계대전이 발발했습니다. 3년 후에는 러시아혁명과 내전이 일어났습니다. 전쟁의 한복판에서 그는 학교생활을 제대로 해내기 어려웠습니다. 전쟁이 끝나고 1922년 가모프는 오데사에 있는 노보로시아 대학의 물리수학과에 진학합니다. 그 대학에는 우수한 수학자들은 많았으나 제대로 된 물리학 강의는 없었습니다. 이에 실망한 가모프는 오데사를 떠나 레닌그라드로 갑니다.

1923년 그는 레닌그라드로 가서 물리학과 수학을 집중적으로 공부하였습니다. 당시 그가 관심을 가졌던 것은 아인슈타인의 상대성이론이었습니다. 가모프는 프리드만 교수의 상대성이론의 수학적 기초에 대한 강의를 들으며 이론물리학자의 꿈을 키워 갑니다.

당시 가모프의 지도교수였던 프리드만은 1922년 아인슈타인의 일반상대성이론을 바탕으로 우주가 팽창한다는 모델을 수학적으로 도출한 논문을 〈물리학 저널〉에 발표하였습니다. 이 논문을 접한 아인슈타인은 프리드만의 동적인 우주가 수학적으로는 문제가 없지만 물리적으로는 옳지 않다고 생각했습니다. 프리드만은 자신의 팽창우주론을 발전시키기 위해 많은 노력을 기울였지만 1925년 37살이라는 젊은 나이에 갑자기 사망합니다.

프리드만의 갑작스런 죽음으로 인해 상대론적 우주론을 공부하려던 가모프는 자신의 계획을 바꿀 수밖에 없었습니다. 그는 진자의 단열 불변성에 대한 연구를 수행하게 됩니다. 1928년 가모프는 레닌그라드 대학의 지원으로 막스 보른이 있던 독일 괴팅겐 대학에서 연구할 수 있는 기회가 주어집니다. 괴팅겐 대학에 머물면서 가모프는 코펜하겐 대학의 닐스 보어를 방문했는데 그곳에서 보어는 왕립

과학 아카데미의 칼스버그 장학금을 마련해 주었습니다. 또한 보어는 가모프가 영국의 케번디시 연구소에서 공부할 수 있는 기회도 제공해 줍니다. 가모프는 당시 케번디시 연구소 소장으로 있었던 러더퍼드의 지도하에 자신의 연구를 일단락 지을 수 있었습니다.

당시에 가모프가 연구했던 주제는 방사능 붕괴에 대해 양자역학을 적용하는 것이었습니다. 방사능 붕괴는 많은 과학자들의 관심을 끌고 있었지만, 그것이 왜 가능한지에 대해서는 잘 알지 못했습니다. 이에 대해 가모프는 양자역학의 불확정성 원리 때문에 방사능 붕괴가 가능하다는 것을 알아냅니다. 불확정성 원리에 의하면 입자의 위치와 속도는 동시에 정확히 결정될 수 없습니다. 이로 인해 방사능이 핵력에 의한 장애를 뚫고 밖으로 유출될 수 있는 확률이 존재하는 것입니다. 이러한 현상은 오늘날 '터널효과'라고 불립니다. 이것은 실제 각종 전자장비의 기능이나 우주의 기원을 설명하는 데 널리 사용되고 있습니다.

1929년 가모프는 유럽 여러 나라에서 공부를 끝내고 러시아로 돌아옵니다. 그는 이즈음 원자핵물리학을 보다 깊이 연구하여 원자핵에 관한 액체 방울 모형을 제안하여 핵분열에 대한 이론적 기초를 마련해 주었을 뿐만 아니라 별 내부의 열핵 반응에도 관심을 가지게 됩니다.

1931년 가모프는 레닌그라드에 있는 라듐연구소의 연구원으로 일합니다. 같은 해 그는 소련 과학아카데미 회원으로 선출되었습니다. 소련 과학아카데미 역사상 최연소 회원이었습니다.

하지만 이 시기 러시아의 사회적 분위기는 과학을 연구하는 데 있어 무척 어려웠습니다. 당시 스탈린은 자본주의 과학에 대비되는 프롤레타리아 과학이라는 이념을 만들기 시작합니다. 러시아의 과학자들이 자본주의 국가의 과학자들과 친밀한 교류를 나눈다는 것이 죄로 인식되기 시작합니다. 1932년 가모프는 러시아를 탈출하여 미국으로 망명합니다. 더 이상 러시아에서 자신의 연구를 계속할 수 없다는 것을 깨달았기 때문입니다.

가모프는 미국 조지 워싱턴 대학의 교수로 자리를 잡습니다. 당시 가모프는 자신의 연구를 위해 런던 대학에 있던 에드워드 텔러를 같은 학교의 교수로 임용해 달라고 요청을 했고 학교는 이를 승낙합니다. 이로 인해 가모프는 에드워드 텔러와 함께 공동 연구를 진행합니다. 그들은 우선 베타붕괴에 대해 연구하여 1936년 '가모프-텔러 선택 법칙'을 발표합니다. 그 뒤 가모프는 별의 진화와 열핵 반응에 대해 연구합니다. 그리고 이후 그의 인생에 있어 최대 업적인 대폭발 이론에 대해 연구하기 시작합니다.

1945년 가모프는 랄프 알퍼를 박사 과정 학생으로 받아들인 후 초기 우주에 대해 연구하기 시작합니다. 허블에 의해 제안되었던 팽창 우주론에 수학적 이론을 적용하여 초기 조건을 추정하였고, 자연계에 존재하는 수많은 원자핵들은 특정한 온도와 밀도의 평형 상태에서 만들어졌다는 주장을 하였습니다. 특히 그들은 빅뱅 후 5분 동안에 10개의 수소 원자핵에 1개꼴로 헬륨 원자핵이 만들어진다는 점을 계산했는데 이것은 관측 천문학자들의 결과와 일치했습니다.

가모프와 알퍼의 연구는 바로 세상의 주목을 받았습니다. 이후 새로 합류한 헤르만과 함께 우주의 진화과정을 추적하였습니다. 우주가 팽창을 계속하여 열에너지가 전자와 원자핵의 결합을 방해할 수 없을 정도로 온도가 낮아지자 전자들은 원자핵과 결합하여 중성 원자인 수소와 헬륨을 형성한다는 것을 알아냅니다. 알퍼와 헤르만은 그때의 온도가 약 섭씨 3,000도이며, 우주가 팽창하여 그 온도에 이르는 데 약 30만 년이 걸렸을 것으로 계산하였습니다. 그들은 이러한 계산이 옳다면 중성 원자가 만들어지던 시점에 존재했던 빛이 오늘날에도 우주 공간에 있어야 한다고 생각했습니다. 이 빛의 파장은 약 3K인 물체가 내는 복사선 파장인 1밀리미터 정도 될 것으로 예측하였습니다.

현대 우주론의 최대 성과라 할 수 있는 대폭발 이론을 알기 위해서는 우주에 존재하는 힘에 대해 이해할 필요가 있습니다. 우주에는 어떠한 힘들이 있을까요? 우주에는 네 가지의 힘이 존재합니다. 그 중 만유인력은 우주의 진화와 별의 형성에 중요한 역할을 하며, 강한 핵력은 핵융합 과정에서 별의 자체 중력을 지탱하는 데 중요합니다. 약한 핵력은 업쿼크와 다운쿼크를 뉴트리노로 분해하여 중성자를 양성자로 바꾸어줍니다. 별의 내부에 무거운 원소가 만들어지고 초신성 폭발을 일으키게 하는 것도 약력입니다. 전자기력은 원자의 내부에서 전자를 원자핵에 구속되도록 합니다. 우주의 초기에 우주 배경복사가 방출된 것도 전자기력 때문이었습니다. 전자기력이 우주의 냉각과정을 돕지 않았다면 별과 은하는 아예 만들어지지 못했을 것입니다.

우주 공간에서 거대한 기체 구름과 먼지구름은 차갑고 어두운 성간 사이에 방치되어 있습니다. 이러한 구름이 없는 공간에는 1세제곱센티미터의 부피 안에 입자가 수백 개 정도밖에 존재하지 않습니다.

수소 분자는 기체의 냉각에 중요한 역할을 하면서 최초의 별이 탄생하게 됩니다. 수소 원자와 전자가 충분히 많이 존재하고 여러 가지 조건이 맞게 되면 수소 분자가 형성됩니다. 개개의 수소 원자는 양성자 한 개가 원자핵을 구성하고, 전자 한 개가 그 주위를 돌면서 일종의 정상파를 형성합니다. 양성자와 전자 사이에는 전자기력이 작용하여 전자의 궤도 이탈을 방지해 줍니다. 2개의 수소 원자가 가까이 접근할 때 발생하는 일은 전자궤도 사이의 상호 작용에 의해 결정됩니다.

수소 원자가 가까이 접근하면 2개의 1s 궤도가 결합하여 2개의 새로운 궤도가 형성됩니다. 그중 한 경우를 '보강겹침'이라 하고 다른 한 경우를 '상쇄겹침'이라고 합니다. 전자궤도에 보강겹침이 일어나면 1s보다 낮은 에너지 궤도가 형성되는데, 이것을 결합성 궤도라고 합니다. 각 수소 원자에 1개씩 존재했던 2개의 전자는 수소 분자 전체를 아우르는 기다란 모양의 궤도에 놓이게 됩니다. 원자가 따로 존재할 때 에너지와 결합 후 에너지 차이를 결합에너지라고 하는데 이것이 화학결합의 강도를 나타냅니다.

파울리의 배타원리에 따르면 2개 이상의 입자는 동일한 양자상태를 점유하지 못합니다. 따라서 2개의 전자가 하나의 궤도를 공유하려면 스핀이 서로 반대 방향이어야 합니다. 결합성 궤도는 흔히 시그마라고 불리고, 두 궤도가 상쇄 겹침으로 결합하여 원래의 1s보다 에너지준위가 높아진 궤도를 반결합성 궤도라고 합니다.

이렇게 2개의 수소원자로 결합된 수소 분자는 우주에 있어서 가장 중요한 물질의 근원이 됩니다. 만약에 우주에 수소가 없다면 어떻게 되었을까요? 상상하기조차 어려운 일이 일어났을 것입니다. 수소는 아무것도 아닌 것 같지만 우주 전체에서 가장 중요합니다. 수소를 포함한 기본적인 원소들도 대폭발 이후 얼마 지나지 않아 형성되었습니다.

대폭발 이론은 정말 옳은 것일까요? 그 이론이 옳다면 그것을 증명할 수 있는 것은 무엇이 있을까요? 현재까지 알려진 바에 따르면 대폭발 이론의 가장 강력한 증거는 우주 배경 복사입니다.

1940년대를 지나면서 과학자들은 대폭발 이후에 존재했던 조건들을 연구하기 시작했습니다. 우선 상상할 수 없을 정도의 뜨거웠던 초기 우주가 X선, 감마선 등 파장이 짧은 복사를 포함한 열전자기 복사를 만들어냈음을 알아냈습니다. 우주는 식어가면서 우주 전체의 평균 온도는 점점 긴 파장의 스펙트럼에 대응되었습니다. 가모프는 그의 제자인 앨퍼, 허먼과 함께 온도와 밀도가 아주 높은 상태에서 우주가 생성되었다면, 대폭발 이후 남아있는 절대 온도 3도 정도의 평균 온도를 가진 복사나 에너지가 우주 전체에 아주 얇게 분포되어 있을 것이라고 예측하였습니다. 이것이 바로 우주 배경 복사입니다. 하지만 당시에는 이러한 아주 희미한 복사를 관측할 만한 장비가 없었기 때문에 그들의 예측은 20년 동안 묻혀 있었습니다.

1965년 미국 뉴저지주의 벨 연구소에서 아노 펜지아스(Arno Penzias)와 로버트 윌슨(Robert Wilson)은 전파 망원경을 이용하여 모든 방향에서 일정한 강도로 잡히는 마이크로파 잡음을 잡아내고 제거하는 연구를 하고 있었습니다. 연구소가 새로 만든 안테나는 위성을 추적하는 것이 목적이었지만, 지구의 공전과 자전에 상관없이 어느 방향에서나 이 잡음을 수신했습니다. 펜지아스와 윌슨은 이 잡음이 특정한 천체나 은하에서 오는 것이 아니라는 것을 알 수 있었습니다.

당시 프린스턴 대학에서는 피블스를 중심으로 가모브, 앨퍼, 허먼이 20년 전 주장했던 우주 초기의 복사 에너지에 대한 문제를 연구하고 있었습니다. 그들은 가모프의 연구 결과를 다시 계산하였고, 새로운 안테나를 설계하기 시작했습니다.

벨 전화 연구소의 펜지아스와 윌슨은 자신들의 안테나에 잡히는 잡음의 원인을 이해할 수가 없어 고민하던 중 MIT의 버나드 버크에서 전화로 물어봅니다. 프린스턴 대학의 피블스 교수가 우주 배경 복사를 연구하고 있는 것을 알고 있었던 버크는 아마도 펜지아스와 윌슨이 피블스 교수가 찾고 있던 것 같다는 생각을 했습니다. 버크의 소개로 펜지아스와 윌슨은 피블스 교수와 함께 그 잡음에 대해 이야기를 했고 그들은 바로 대폭발의 가장 중요한 증거가 되는 우주 배경 복사를 관측한 것임을 알게 되었습니다. 이렇게 해서 대폭발 이론을 입증할 수 있는 가장 중요한 근거인 우주 배경 복사가 발견되었던 것입니다.

가모프 팀의 강력한 경쟁 상대는 영국의 프레드 호일 팀이었습니다. 1948년 케임브리지 대학 트리니티 칼리지의 호일은 허먼 본디, 토머스 골드와 함께 정상 상태 우주론을 제안합니다. 우주가 팽창하는 가운데 지속적으로 새로운 물질이 탄생해서 일정한 평균 밀도를 유지하고 있다는 것이었습니다. 이를 계기로 당시 과학자들은 두 그룹으로 나뉘어 격렬한 논쟁을 벌였습니다. 빅뱅 이론과 정상상태 우주론은 우주배경복사의 관측으로 인해 빅뱅이론의 승리로 끝나게 됩니다.

가모프는 자신의 분야를 물리학이나 천문학으로 제한하지 않고 생물학이나 과학교육과 같은 다양한 영역으로 확장하였습니다. 그는 1954년 유전정보의 암호화 이론을 전개하여 DNA 분자에 있는 정보가 단백질을 형성하는 20종류의 아미노산으로 번역되는 문제를 해결하는 데 돌파구를 마련하였습니다. 또한 세 쌍의 염기서열이 결합하여 20개의 염기 삼중쌍을 형성하고 이것이 20종류의 아미노산과 1대 1로 대응된다는 것을 처음으로 밝혔습니다.

가모프는 1954년 조지 워싱턴 대학에서 물러났고 1956년 콜로라도 대학으로 자리를 옮겼습니다. 당시 그는 물리과학연구위원회의 창립회원이 되어 중등학교의 물리교육을 개혁하는 데 앞장섰습니다.

가모프는 일반 대중을 위해 20권이 넘는 교양 과학 도서를 출판하여 과학의 대중화에 기여하기도 하였습니다. 그중 가장 많은 주목을 받은 것은 '미스터 톰킨스 시리즈'입니다. 가모프는 1937년부터 케임브리지 대학 출판부가 발간하는 〈디스커버리〉라는 잡지에 톰킨스 이야기를 연재하였습니다. 또한 그는 태양, 지구, 우주의 기원과 역사에 대한 교양 서적도 출간하였습니다. 〈태양의 탄생과 죽음〉, 〈지구의 전기〉, 〈우주의 창조〉가 그것입니다. 그는 이 3부작을 통해 우주론에 관한 과학지식을 쉽게 풀어 일반인들에게 전달하려고 노력하였습니다.

가모프는 1968년 64세의 나이로 세상을 떠납니다. 콜로라도 대학은 그의 이름을 딴 건물인 “가모프 타워”을 세웁니다. 가모프는 그가 세상을 떠나기 전 자신의 최대 업적인 대폭발 이론이 입증되는 것을 볼 수 있었습니다. 1965년 우주 배경복사가 발견되었기 때문입니다. 가모프는 거대한 우주 속에서 한 명의 인간으로서 우주의 기원에 대해 생각하고 이를 깊이 있게 연구하였으며 그것이 옳다는 것이 증명되는 것을 보았으니 그의 삶은 결코 헛되지 않았을 것입니다.

# 41. 프레더릭 밴팅(1891~1941)

당뇨병은 고혈압, 동맥경화증과 함께 3대 성인병 중의 하나입니다. 예전부터 당뇨병은 많은 사람들의 삶을 파괴하고 죽음으로 몰아갔습니다. 이런 당뇨병을 치유하는 데 있어 획기적인 역할을 한 사람이 바로 프레더릭 밴팅입니다. 당뇨병은 말 그대로 소변에 당이 섞여 나오는 질병입니다. 이는 몸에서 에너지로 쓰이는 포도당을 정상적으로 이용하지 못하기에 나타나는 것입니다.

우리가 식사를 하면 탄수화물이 우리 몸에서 당으로 변해 피속으로 보내집니다. 이때 이자에서 분비되는 인슐린이라는 호르몬이 세포가 당을 에너지로 사용하거나 저장하도록 도와줍니다. 그런데 이자가 망가져 인슐린이 제대로 나오지 않거나, 나오기는 해도 그 효과가 적을 경우에는 피 속의 당이 제대로 쓰이지 못하면서 여러 가지 장애가 나타납니다. 피 속에 당이 넘쳐 소변으로 빠져나가고 갈증이 심해집니다. 세포는 에너지를 공급받지 못해 오래 굶은 사람처럼 온몸에 힘이 없어집니다. 또한, 눈이 멀기도 하고 혼수상태에 빠지기도 하며 증상이 심해지면 사망에 이르게 됩니다. 이를 당뇨병이라 하고 인간의 사망 원인 가운데 주요한 부분을 차지합니다.

당뇨병과 인슐린의 관계는 여러 사람들에 의해 밝혀지기 시작하였습니다. 1889년에 독일의 의사인 민코브스키와 메링은 개에서 췌장의 소화기능을 알아보는 실험을 수행하고 있었는데, 췌장을 제거한 개의 오줌에 당이 섞여 나온다는 것을 발견하였습니다. 1908년 독일의 추엘처는 췌장의 추출물을 당뇨병 환자에게 실험적으로 투여하여 효과를 보았지만 부작용이 나타나 치료를 곧 중단하고 말았습니다. 췌장에는 혈당을 줄이는 물질인 인슐린을 생성하는 베타세포와 함께 반대로 혈당을 늘이는 물질인 글루카곤을 분비하는 알파세포도 존재하기 때문이었습니다.

순수한 인슐린을 추출하고 그것의 임상 효과를 검증하는데 주도적인 역할을 한 사람이 바로 캐나다의 밴팅입니다. 그는 1891년 캐나다의 온테리오에서 태어났습니다. 그는 6남매 중 막내로 그의 아버지는 평범한 농부였습니다. 학창 시절 밴팅은 수줍음을 잘 타고 내성적인 학생이었으나 모든 과목을 잘 하는 수재였다고 합니다.

밴팅은 1910년 빅토리아 대학에 입학했지만, 그때까지도 자신의 진로를 결정하지는 못했습니다. 그의 아버지는 밴팅이 목사가 되기를 원했지만, 시간이 지나면서 밴팅은 의사가 되기로 마음을 먹습니다.

밴팅는 1912년 토론토 대학교 의과대학에 입학하였습니다. 하지만 세계 제1차 대전으로 인해 학업을 중단할 수밖에 없었습니다. 연합국은 부족한 의사들을 충원하느라 의과대학의 5학년과 6학년을 한 번의 계절학기로 단축하였고 밴팅은 군의관으로 전쟁에 참여합니다. 그는 1차 대전의 최대 격전지 중 하나였던 프랑스 전선에서 병사들을 치료하였습니다. 이 공로로 그는 1919년 캐나다 정부로부터 철십자 훈장을 받기도 하였습니다.

세계 제1차 대전이 끝난 후 밴팅은 캐나다로 돌아온 뒤 토론토의 한 병원에서 정형외과 수련의로 일한 뒤 온테리오 주 런던이라는 도시에서 개업을 하였습니다. 그러나 밴팅의 병원에는 환지들이 많이 오지를 않았습니다. 런던에는 그의 연고가 없었을 뿐만 아니라 젊은 의사 혼자 병원을 운영하는 것이 쉽지 않았기 때문입니다. 게다가 그는 병을 즉각적으로 치료하는 것보다는 병의 원인을 집요하게 탐구하려는 성향이 강했습니다. 밴팅은 개업 의사보다는 연구자에 적성이 있다고 스스로 확신한 뒤 웨스턴 온타리오 대학의 생리학 연구실에서 연구를 하기 희망합니다.

밴팅은 당시 생리학 교수였던 밀러교수 밑에서 조교와 강사를 하였습니다. 당시 그는 자신의 병원은 유지하면서 시간제로 대학에서 활동을 하였습니다. 밴팅은 수많은 실험과 강의를 하면서 많은 지식을 획득할 수 있었습니다. 그는 밀러 교수의 주된 관심분야였던 소뇌의 피질에 대한 연구를 시작으로 점차 당뇨병에 관심을 갖게 되었습니다. 왜냐하면 자신의 절친한 친구가 당뇨병으로 고생하고 있었기 때문이었습니다.

1920년 11월 밴팅은 이자에 있는 랑게르한스섬에서 분비되는 물질이 당뇨병과 관련되어 있다는 요지의 논문을 읽었습니다. 그 논문을 읽으면서 밴팅은 '그 물질을 추출하기 어려운 이유가 추출하는 과정에서 이자액에 의해 분해되는 것은 아닐까?'라는 의문을 가지게 됩니다. 그리고 그는 이자에서 단백질을 분해하는 효소인 트립신이 분비된다는 점을 알아낼 수 있었습니다. 여기서 밴팅은 '만일 이자관을 묶어 트립신의 분비를 막는다면 랑게르한스섬에서 분비되는 그 물질을 추출할 수 있지 않을까?'라고 추론하였습니다. 밴팅은 세계에서 최초로 트립신과 인슐린을 연결시켜 생각했던 것입니다.

밴팅은 밀러 교수와 상의하면서 자신의 가설이 새로운 시도라는 확신을 가지게 됩니다. 밴팅은 1920년 11월 밀러 교수의 소개로 탄수화물 신진대사의 권위자인 토론토 대학의 매클라우드 교수를 찾아갑니다. 당뇨병에 대해 관심을 가지고 연구를 해 본 경험이 있었던 매클라우드는 밴팅이 세운 가설의 의미를 곧바로 알 수 있었습니다. 매클라우드는 밴팅에게 병원을 포기하고 5개월 동안 연구에 집중할 수 있으면 연락을 하라고 말합니다. 이에 고민을 한 끝에 밴팅은 병원을 접고 당뇨병 연구에 전념하기로 마음을 먹습니다. 1921년 5월 밴팅은 모든 것을 정리한 후 토론토로 가서 당뇨병 연구원으로 일하기 시작합니다.

매클라우드는 밴팅에게 실험실, 실험장비, 실험동물을 제공하는 것은 물론 이자을 떼어내 당뇨병 개를 만드는 방법과 이자를 묶는 방법을 알려줍니다. 또한 매클라우드는 혈당 및 요당 측정에 경험이 있는 대학원생인 찰스 베스트를 조수로 붙여 줍니다. 하지만 밴팅과 베스트에게 별도의 급여나 연구비는 지원되지 않았습니다. 그럼에도 불구하고 그들은 밤낮을 가리지 않고 열심히 연구에 매진하였습니다. 당시 밴팅의 나이는 30세였고 베스트는 22살이었습니다.

밴팅과 베스트는 1921년 5월부터 본격적인 연구에 착수합니다. 그들은 개의 이자관을 졸라맨 뒤 이자에서 생성되는 소화액과 세포가 퇴화될 때까지 몇 주일을 기다렸다가 랑게르한스섬의 반점이 남아 있는 부분을 떼어서 분석했습니다. 그런 다음 그것을 얼음으로 냉각한 생리식염수에 갈아서 당뇨병 개에게 주사하고 혈당의 변화를 관찰했습니다. 그들은 개 10마리를 가지고 실험을 시작했지만 실험용 개가 91마리가 되도록 별 진척이 없었습니다. 1921년 7월 랑게르한스섬에서 추출한 물질을 92번째 당뇨병 개에 주사했습니다. 그랬더니 개의 혈당치가 떨어지면서 몇 시간 후에 그 개가 제 발로 일어서서 꼬리를 흔드는 것이었습니다. 밴팅은 당뇨병의 치료제가 될 이 물질을 랑게르한스섬에서 생성되는 화학물질이라는 뜻에서 '아일레틴'으로 명명하였습니다.

밴팅과 베스트는 아일레틴을 지속적으로 주사하면서 92번째 개의 상태를 면밀히 관찰하였습니다. 그런데 20일이 채 되지 못해 그 개는 당분이 너무 많아 죽어 버렸습니다. 밴팅은 개에게 충분한 아일레틴을 주사하지 못했기 때문이라고 결론지었습니다. 밴팅은 어떻게 하면 충분한 양의 아일레틴을 얻을 수 있을지 고민하기 시작합니다. 어느 날 그가 실험실에 앉아 온타리오에 있는 아버지 농장에서 지냈던 옛 일을 생각하던 중 도살된 소로부터 충분한 아일레틴을 얻을 수 있을 것이라 생각하게 됩니다. 그의 예감은 적중했고, 밴팅은 소의 이자에서 당뇨병 개를 치료하는 데 충분한 아일레틴을 얻을 수 있었습니다.

매클라우드는 밴팅과 베스트가 실험에 성공했다는 소식을 듣자 만사를 제쳐 놓고 스스로 실험을 해 봅니다. 이때 매클라우드는 밴팅의 동의하에 아일레틴과 뜻이 같은 라틴어인 '인슐린'이라는 이름으로 고쳤습니다. 밴팅과 베스트는 1921년 11월 그동안의 연구 결과를 생리학과 세미나에 발표하였고, 매클라우드의 조언을 받아 논문으로 작성합니다. 그리고 12월 미국 생물학회에서 그들의 논문이 발표되자 대단한 반향을 불러일으켰습니다.

밴팅의 연구팀에게는 당뇨병 환자에게 인슐린을 투여하여 그 효과를 검증하는 일이 남았습니다. 1922년 1월 11일 중증의 당뇨병으로 토론토 대학 병원에 입원 중이었던 14세 소년인 톰슨에게 인슐린을 주사합니다. 처음에는 혈당과 요당이 일시적으로 감소했고 주사 부위에 종기가 생겨 주사를 계속 놓을 수 없었습니다. 이 과정을 안타깝게 바라보던 매클라우드는 추출물이 완전히 정제되지 않았기 때문이라고 판단하고 생화학자인 제임스 콜립에게 추출물을 정제해 달라고 요청합니다. 이에 콜립은 밴팅과 베스트가 만든 물-알코올 추출액에 다시 몇 배의 순수 알코올을 가하여 정제된 인슐린을 만들었습니다. 콜립이 만든 인슐린을 톰슨에게 주사하자 소년의 병세는 급격히 호전되었습니다.

밴팅은 인슐린을 발견한 공로로 1922년 토론토 대학으로부터 금메달과 함께 의학박사 학위를 받게 됩니다. 밴팅의 연구팀은 토론토 대학 병원에 입원하고 있었던 50명의 당뇨병 환자들에게 인슐린을 주사하여 환자 46명의 증세가 호전되는 성과를 거두었습니다. 인슐린의 효과가 전해지자 당뇨병 환자들이 구름같이 몰려들었습니다. 밴팅의 연구팀은 불과 몇 달 동안에 수백 명에 달하는 당뇨병 환자를 구할 수 있었습니다. 그중에는 밴팅의 친구인 죠와 영국 왕 조지 5세도 있었습니다.

인슐린의 효과가 밝혀지자 1923년 노벨상 위원회는 밴팅과 매클라우드에게 노벨 생리의학상을 수여합니다. 인슐린의 경우처럼 발견된 지 2년도 되지 않아 노벨상을 수여한 것은 좀처럼 찾아보기 어려운 일입니다. 그만큼 인슐린의 발견이 중요하다는 의미일 것입니다. 당시 밴팅의 나이는 32세로 최연소 노벨 생리의학상의 영광을 누리게 됩니다. 하지만 밴팅은 베스트가 노벨상에서 제외된 것을 아쉬워합니다. 왜냐하면 모든 것을 베스트와 함께 했기 때문입니다. 이에 밴팅은 자신이 받은 노벨상 상금의 절반을 베스트에게 나누어 줍니다.

노벨상을 받은 밴팅은 그해 토론토 대학의 교수로 임용됩니다. 또한 캐나다 의회는 밴팅이 연구에 전념할 수 있도록 1,500파운드의 연금을 지급하기로 결정합니다. 그리고 1930년에는 토론토 시민들이 모은 기금으로 토론토 대학에 밴팅 연구소가 설립되었습니다. 1934년에는 영국 왕인 조지 5세가 밴팅에게 기사 작위를 내렸으며 1935년에는 영국 왕립학회가 밴팅을 특별 회원으로 선출하게 됩니다.

밴팅은 이후 암에 대한 연구를 시작합니다. 하지만 이에 대해서는 뚜렷한 업적을 남기지는 못했습니다. 그는 제2차 세계대전이 일어나자 캐나다와 영국군 의료진 사이의 협력을 증진하기 위하여 비행기에 탑승합니다. 하지만 불행히도 그가 탄 비행기가 추락하게 되었고 밴팅은 50살의 나이에 세상을 떠나고 맙니다. 세계보건기구는 밴팅의 생일인 11월 14일을 '세계 당뇨병의 날'로 정해 그의 업적을 기렸습니다.

밴팅이 세상을 떠난 후에도 인슐린에 대한 연구는 계속되었습니다. 1936년에는 프로타민이 첨가된 인슐린이 만들어져 인슐린의 작용 시간이 연장되었습니다. 또한 1938년에는 프로타민 인슐린에서 아연을 제거한 1일 1회 주사용 인슐린도 개발되었습니다. 인슐린은 또 다른 노벨상으로 이어지기도 하였습니다. 영국의 생화학자 프레더릭 생어가 1953년 인슐린의 아미노산 배열을 밝혀 1958년 노벨 화학상을 수상하게 됩니다. 이후 생어는 DNA의 염기 해석법을 개발하여 1980년 두 번째 노벨 화학상을 받기도 합니다.

1980년대 이전에는 인슐린을 주로 소나 돼지의 이자에서 추출하는 방법이 사용되었습니다. 이 방법으로 8킬로그램의 이자에서 1그램의 인슐린밖에 추출할 수 없었고, 이에 따라 많은 환자들이 당뇨병 치료의 혜택을 받기가 어려웠습니다. 더군다나 소나 돼지의 인슐린이 사람의 인슐린과 동일하지 않아 예기치 않았던 부작용을 일으키기도 하였습니다. 하지만 1980년대 부터는 사람의 인슐린 유전자를 대장균 안에 끼워 넣은 뒤 유전자재조합 기술을 통해 인슐린을 대량으로 생산할 수 있게 되었습니다.

유전자 재조합은 부모로부터 물려받은 유전자상에 새로운 유전자 조각이 이식되는 과정을 의미합니다. 유전자의 발현 과정에서 원래는 존재하지 않았던 이식된 유전자 조각이 발현되게 됩니다. 유전공학 및 산업생물 분야에서는 유전자 재조합 기술을 응용하여 다양한 종류의 물질을 생산하는데, 특정 세포의 유전자를 분리하여 재조합하고, 재조합된 유전자를 숙주세포에 이식하여 형질 전환시킨 후, 재조합된 유전자의 발현된 물질이 생성되게 합니다. 세포에 다른 세포로부터 분리한 유전자 조각을 인위적으로 재조합하여 만든 DNA를 재조합 DNA라고 하며, 이러한 유전자 재조합 기술을 이용하여 목적하는 물질을 생산하는 기술이 널리 적용되고 있습니다.

특정 세포로부터 분리된 DNA 조각을 숙주세포 내로 도입시키는 과정에서 운반하는 역할을 하는 DNA를 수송체라고 하며, 수송체로 사용하기 위해서는 몇 가지 조건이 만족되어야 합니다. 우선 수송체 자체의 복제 개시점이 있어서 자가 복제가 가능해야 하며, 숙주세포 내로 형질이 도입가능하도록 충분히 크기가 작아야 하고, 형질 도입된 세포를 선택하는데 인식되기 위한 유전자 표지가 있어야 합니다. 일반적으로 제한효소를 사용하여 특정 위치를 절단하여 사용합니다.

분리된 유전자 조각을 공여 DNA라고 하며, 절단된 말단 부위에 수송체 DNA와 결합합니다. 재조합 유전자를 받아들이고 발현하는 세포를 숙주세포라고 하며, 세포의 유전체와 발현 기작 등이 잘 밝혀져 있는 세포들이 주로 사용됩니다. 이러한 유전자 재조합 기술은 앞으로 더욱 발전될 것이 분명합니다.

당뇨병 연구를 위해 운영하던 병원을 정리한 밴팅의 결정은 비록 한 개인의 사소한 결정이었을지는 모르지만 이로 인해 수많은 당뇨병 환자를 치료할 수 있는 길을 마련해 주었습니다. 지금도 전세계에서는 밴팅처럼 많은 사람에게 혜택을 주기 위해 기초의학을 연구하는 과학자들이 연구에 매진하고 있습니다.

# 42. 칼 폰 린네(1707~1778)

지구상에 있는 수많은 생명체를 분류하는 것은 결코 쉽지 않은 일입니다. 18세기 중엽만 하더라도 같은 동식물에 대한 이름이 지역마다 달라서 과학자들의 의사소통에 커다란 문제가 있었습니다. 1750년 무렵에는 동식물에 대한 분류 체계가 25종류에 이를 정도로 질서가 잡혀 있지 않았습니다. 이를 해결하여 전 세계에 공통적으로 사용되는 동식물 이름을 만든 사람이 바로 '분류학의 아버지'라 불리는 스웨덴의 생물학자 칼 폰 린네입니다. 린네는 귀족이 된 이후의 이름이며, 본명은 카를로스 린나에우스입니다. 린네의 이름은 그가 귀족이 되면서 라틴어에서 자국어로 바뀐 것입니다.

린네가 고안했던 동식물 명명법은 이명법입니다. 이명법은 사람을 호모 사피엔스라 부르는 것과 같이 라틴어로 속명과 종명을 나란히 쓰는 방법입니다. 이명법에는 속명의 첫 글자는 대문자로 종명은 소문자로 쓰도록 규정하고 있습니다. 오늘날 흔히 사용하는 수컷의 기호와 암컷의 기호를 처음 사용한 사람도 린네입니다. 이러한 기호는 그리스 신화에서 비롯된 것으로 남성은 군신인 마르스의 방패와 창을 여성은 여신인 비너스의 거울을 상징하고 있습니다.

린네는 1707년 스웨덴 남부의 작은 도시 로슐트에서 태어났습니다. 아버지는 조그만 시골 교회를 운영하던 목사이자 아마추어 식물학자였습니다. 그의 집 근처에는 넓은 정원과 채소밭이 있었습니다. 어린 시절 린네는 집 근처의 정원을 돌아다니며 아버지와 꽃의 이름을 맞추는 놀이를 즐겨했다고 합니다. 린네가 7살이 되던 해 부모님은 가정교사를 고용했지만, 린네는 교사와 공부하는 것보다 정원에서 자연을 관찰하는 것을 더 좋아했다고 합니다.

린네가 9살이 되자 부모님은 다른 도시인 벡쇼에 있는 학교로 보냈고, 그는 그곳에서 고등학교까지 마쳤습니다. 그는 식물에 대한 책이라면 닥치는 대로 읽었다고 합니다. 낯선 식물을 보면 그냥 넘기지 않아 '꼬마 식물학자'라는 별명을 얻기도 하였습니다. 학교 선생님은 린네에게 요한 로스만이라는 식물학자를 소개시켜 주었고, 로스만은 린네에게 식물을 이용해 약을 만드는 공부를 해보라고 권유하기도 하였습니다.

린네가 고등학교를 졸업할 때쯤 학교 선생님은 린네의 아버지에게 신학보다는 식물학을 공부하는 편이 낫다는 의견을 제시합니다. 이에 아버지는 실망하지만, 선생님의 조언을 받아들여 린네를 식물학자로 키우기로 마음을 먹습니다.

당시 유럽에서는 탐험가들의 항해를 통해 새로운 동식물이 지속적으로 발견되었습니다. 이에 많은 학자들이 동물학이나 식물학 연구에 뛰어들어 새로 발견한 생물들과 기존 생물들 사이의 연관성에 대해 연구하였습니다. 하지만 여러 학자들이 제안한 분류 방법은 각양각색이었습니다. 예를 들어 식물을 분류하는 데에도 화관의 모양, 열매의 종류, 떡잎의 수 등과 같은 다양한 기준이 사용되고 있었습니다.

당시에는 식물학이 의학의 한 분야로 간주되었기 때문에 린네도 의과대학에 진학하였습니다. 그는 1727년 룬트 대학에 입학했으나 그 대학의 교육수준에 실망하여 1728년 웁살라 대학으로 옮깁니다. 웁살라 대학에는 당시 희귀한 외국 식물을 보유한 식물원이 있었습니다. 린네는 당시에 식물학 연구로 명성을 얻고 있었던 올라프 루드벡 교수와 자연사에 정통한 신학 교수인 올라프 셀시우스 교수를 만납니다. 셀시우스 교수는 섭씨 온도계를 발명했던 안드레스 셀시우스의 삼촌이었습니다. 린네는 셀시우스 교수의 배려로 식물원에서 일하면서 식물학 연구자로서의 재능을 키워갈 수 있었습니다.

웁살라 대학에는 새해가 되면 학생이 좋아하는 교수에게 시를 보내는 전통이 있었습니다. 린네는 셀시우스에게 간단한 시 대신에 식물의 수분에 관한 글을 보냈습니다. 여기서 그는 식물의 생식을 동물의 생식과 비교하기도 하였습니다. 린네는 식물의 꽃밥과 씨방을 없애는 것은 동물의 정소나 난소를 제거하는 것과 마찬가지라고 설명하였습니다. 비슷한 종류의 식물들 사이에서 일어나는 수분을 근친상간에 비유했고, 꽃 하나에 복수의 수술이 있는 것을 이중 결혼에 비유하였습니다. 린네의 글에 감명을 받은 셀시우스는 린네에게 식물학 강의를 맡겼습니다. 루드벡도 자신의 세 아들을 가르치는 가정교사로 린네를 고용하였습니다.

린네는 다양한 일을 하느라 매우 바빴지만 식물학 공부를 소홀히 하지는 않았습니다. 특히 셀시우스 교수의 도서관은 린네에게 좋은 연구실이 되었습니다. 린네는 선배 식물학자들의 저술을 접하면서 자신의 분류 체계를 만들어가기 시작하였습니다. 기존의 연구가 일부 식물에 국한해 암수의 성 구분을 허용하고 있었던 반면, 린네는 암수의 성 구분이 식물의 일반적 현상일 가능성에 주목하였습니다. 그는 1730년부터 1731년까지 식물 분류에 관한 카탈로그와 꽃의 해부학에 관한 소책자를 발간하여 자신의 이름을 학계에 알리기 시작합니다.

1732년 5월 린네는 웁살라 왕립 과학 아카데미의 지원으로 라플란드를 탐사하기 시작합니다. 라플란드는 노르웨이, 스웨덴, 핀란드, 러시아에 걸쳐 있는 유럽의 최북단에 위치한 지역입니다. 당시 유럽의 각 국가들은 자국의 생물을 조사하여 활용하는 데 관심이 컸기 때문에 이런 탐사 활동이 활발하게 이루어지고 있었습니다. 린네는 4개월 동안 라플란드를 탐사하면서 많은 고생을 했지만, 그 지역의 거대한 자연에 일종의 경외감을 느낍니다. 그는 이전에 볼 수 없었던 식물, 동물, 광물을 관찰하고 이를 수집하는 데 열성을 보였습니다. 이 탐사를 통해 린네는 100종이 넘는 새로운 식물을 발견했고, 그 결과는 1737년 〈라플란드의 식물상〉이라는 책으로 출간됩니다.

1734년 린네는 달라나 지방으로부터 초대를 받습니다. 라플란드에서 했던 것처럼 달라나를 조사해 달라는 것이었습니다. 린네는 그 지역을 조사하고 자연자원의 카탈로그를 만드는 일을 합니다. 그 해 크리스마스에는 웁살라 대학의 학생인 솔버그의 집을 방문합니다. 린네는 솔버그의 아버지가 운영하던 구리 광산을 탐사하기도 합니다.

그러던 중 린네에게 유럽 여행의 기회가 주어집니다. 솔버그의 아버지는 자신의 아들을 가르치며 유럽을 여행하도록 린네에게 재정적인 지원을 해줍니다. 당시에는 부유한 집안의 자제가 가정교사와 함께 여러 나라를 돌아다니며 견문을 넓히는 것이 유행이었습니다. 린네와 솔버그는 1735년 4월에 네덜란드로 향합니다. 린네는 유럽에서 영향력 있는 학자들과 교류하기 위해서는 박사 학위를 따는 것이 유리하다고 판단합니다. 그는 같은 해 6월 하더위크 대학에 등록한 후 의학박사 학위를 받았습니다.

린네는 솔버그와 함께 거대한 식물원을 운영하고 있던 라이덴 대학을 방문합니다. 린네는 라이덴 대학에서 요한 그로노비우스와 아이작 로손을 비롯한 저명한 학자들을 만납니다. 그로노비우스는 린네가 준비 중이었던 〈자연의 체계〉라는 책의 원고를 받고 감명을 받아 출간을 지원해 줍니다. 1736년에 발간된 〈자연의 체계〉는 다른 학자들보다 더욱 보편적이고 체계적인 분류법을 제안하고 있었습니다. 린네는 인공적인 기준이 아닌 자연적인 기준으로 식물을 분류하기로 결정한 후 식물의 성을 구분할 수 있는 암술과 수술을 기준으로 삼았습니다.

1735년 린네는 네덜란드 동인도 회사를 운영하고 있던 클리포드 3세를 만납니다. 클리포드는 부유한 상인이자 열성적인 식물학자로 멋진 정원을 가지고 있었습니다. 린네는 클리포드와 함께 지내면서 개인 주치의이자 정원 감독관으로 일합니다. 1736년 7월 린네는 클리포드의 지원으로 영국으로 갑니다. 린네는 런던과 옥스퍼드를 방문하여 한스 슬로안, 필립 밀러, 요한 딜레니우스를 비롯한 많은 사람들과 식물학에 대해 교류합니다. 특히 린네는 자신의 분류 체계를 소개하는 데 열성을 보였고, 영국의 학자들도 린네의 의견에 동조하기 시작합니다.

린네는 1737년 두 권을 책을 씁니다. 〈클리포드의 정원〉과 〈식물의 속〉이 그것입니다. 〈클리포드의 정원〉에는 그 정원에 있는 모든 식물에 관한 자세한 묘사와 식물의 생장 환경에 대한 과학적 분석이 담겨 있었습니다. 〈식물의 속〉에서 린네는 당시에 알려져 있던 1,000여 종의 식물을 자신의 체계에 따라 분류하고 기술하였습니다. 이처럼 린네는 식물학 연구와 교류에서 왕성한 활동을 벌였고, 이를 통해 유럽의 과학자 사회를 이끌 차세대 주자로 부상하게 됩니다.

린네가 머물렀던 네덜란드와 영국이 자연사의 중심지였다는 점도 도움이 되었습니다. 네덜란드와 영국은 16세기 이래 강력한 해상 국가로 발돋움하고 있었습니다. 특히 두 국가는 동인도 회사를 설립하여 항해와 무역을 조직화하는 모습을 보였습니다. 동인도 회사는 차, 커피, 향신료, 염료 등에 대한 정확한 정보를 필요로 했는데, 그러한 정보는 다름 아닌 개별 식물이나 동물에 대한 자연사적 정보였습니다. 이와 함께 새롭게 진출한 지역의 풍토병을 치료할 수 있는 약재도 요구되었고, 이 역시 해당 식물에 대한 자연사적 정보를 통해 확보될 수 있었습니다. 이러한 정보를 바탕으로 네덜란드와 영국의 학자들은 자연사에 대한 연구를 본격적으로 추진하였습니다.

린네는 1738년 6월 자신의 조국인 스웨덴으로 돌아옵니다. 그는 스톡홀름에서 의사로 개업합니다. 하지만 환자들은 경험이 부족하고 식물을 사랑하는 린네에게 치료를 받는 것을 주저했습니다. 그러던 중 임질에 걸린 어떤 청년이 린네를 방문합니다. 그는 몇몇 병원을 거쳤는데 모든 의사들이 그를 치료하지 못했습니다. 린네는 그를 2주 만에 치료할 수 있었고, 이를 계기로 의사로서 명성을 쌓게 됩니다. 게다가 린네는 상원의원 부인의 병도 치료하여 이를 인연으로 궁정에 출입하여 여왕의 치료를 담당하기도 하였습니다.

린네는 1741년 자신의 모교인 웁살라 대학의 의학부 교수로 부임하였고, 다음 해부터는 식물원 원장을 겸임하였습니다. 그는 웁살라 대학에서 연구자, 교육자, 관리자로서 커다란 능력을 보여주었습니다.

린네가 웁살라 대학에서 착수했던 첫 번째 작업은 식물원을 발전시켜 연구와 교육의 공간으로 활용하는 것이었습니다. 그는 자신이 채집 여행을 통해 수집했던 식물표본을 전시하는 것은 물론 네덜란드와 영국에 있으면서 친분을 쌓았던 수많은 학자와 후원자를 통하여 희귀한 식물들을 대거 입수합니다. 이를 통해 웁살라 대학 식물원이 보유한 종의 수는 1742년 300종에 불과하던 것이 10년 뒤에는 3,000종을 넘어서게 됩니다. 린네의 식물원이 점차 유명해지자 러시아의 여왕과 아프리카의 여러 나라에서도 수백 종에 이르는 꽃씨와 희귀 식물표본을 보내줍니다.

린네는 학생들 사이에도 아주 인기가 많은 교수였습니다. 웁살라 대학에서 그의 강의를 듣지 않고 졸업한 학생이 없었을 정도였습니다. 그는 식물학 수업과 자연사 수업을 통해 유머와 재치가 넘치는 강의를 하였고, 상식 밖의 아이디어를 전개하여 학생들의 마음을 사로잡았습니다. 린네의 수업에서 절정을 이룬 것은 채집을 위한 야외 수업이었습니다. 그는 150명에 이르는 학생들을 인솔하고 스웨덴의 산과 들을 누비면서 식물을 채집하였습니다. 누구든지 처음 보는 식물이나 희귀한 표본을 발견했을 때는 깃발을 흔들었다고 합니다. 린네에게는 오늘날 '야스퍼스 증후군'으로 불리는 일종의 자폐 증상이 있었다는 의견도 있습니다. 야스퍼스 증후군을 가진 사람은 어떤 것에 집착하게 되는데, 린네가 분류학의 체계를 세우는 데는 이와 같은 편집증적인 경향이 오히려 도움이 되었다는 이야기도 전해집니다. 린네 스스로도 체계적이고 질서정연하지 않으면 그 어떤 것도 이해할 수 없었다고 말하기도 하였습니다.

린네의 연구 분야는 주로 식물이었지만 점차 동물로 확장되었습니다. 나중에는 생물에 대한 분류법을 집대성하는 것으로 나아갔습니다. 그는 1746년에 발간한 〈스베치카의 동물〉에서 동물을 포유류, 조류, 양서류, 어류, 곤충류, 벌레류 등 6개의 강으로 나누었습니다. 더 나아가 린네는 1753년에 〈식물의 종〉을 발간하면서 동식물의 이름으로 반드시 라틴어를 사용하고 속명 다음에 종명을 나란히 붙이는 이명법을 제안했습니다.

린네의 대표작인 〈자연의 체계〉는 1735년 초판이 발간된 후 계속해서 개정되었습니다. 초판은 겨우 14페이지에 불과했지만, 1768년에 나온 12판은 무려 2,300페이지를 넘었습니다. 린네는 자연을 동물계, 식물계, 광물계로 나누면서 인위적인 것은 절대 자연이 아니라고 하였습니다. 몸통은 있지만 생명도 감각도 없는 것은 광물, 본체가 있고 살아있지만 감각이 없는 것은 식물, 본체가 있고 살아 있는 것은 물론 감각과 운동 능력까지 있는 것은 동물로 규정하였습니다. 그리고 지적 능력을 타고난 인간은 이 모든 본체를 알 수 있으며 이름 짓기를 통해 그들을 구별할 수 있다고 했습니다.

이보다 더욱 중요한 것은 린네가 〈자연의 체계〉를 통해 생물을 분류하는 계층적 방법을 도입했다는 것입니다. 예를 들어 그는 수술과 암술의 형태, 크기, 수량 등을 기준으로 식물계를 24강, 116목, 1천여 속, 1만여 종으로 분류했습니다. 계, 강, 목, 속, 종을 포함하는 5등급의 계층적 분류 체계가 제안된 것입니다. 린네는 당시로서는 매우 과감한 시도를 했습니다. 사람을 동물의 분류 체계 속에 집어넣었던 것입니다. 당시의 지배적인 믿음에 따르면, 하느님이 자신의 형상을 따라 사람을 만들었기 때문에 사람은 동물과는 전혀 다른 존재였습니다. 하지만 린네의 분류법에 따르면 사람은 포유동물강에 속하는 동물의 일종에 불과했습니다. 그렇다고 해서 린네에게 사람이 평범한 동물은 아니었습니다. 사람은 여전히 존재의 대사슬에서 다른 동물보다 높은 위치를 차지하고 있었고, 호모라는 속에는 사피엔스라는 종 하나만 존재했습니다. 결국 린네에게는 사람은 특별한 동물이었던 것입니다.

린네는 〈자연의 체계〉 초판을 발간할 때만 해도 신이 창조한 세상의 모든 종이 변하지 않는다고 생각했습니다. 그러나 그는 오랜 연구를 바탕으로 생물에 변종이 생긴다는 것을 알 수 있었습니다. 신이 창조한 생물계와 현재의 생물계 사이에 현저한 차이가 있었던 것입니다. 결국 그는 자존심을 버리고 종의 가변성을 인정하게 됩니다. 하지만 린네는 이러한 변종들이 특별히 중요하다고는 생각하지 않았습니다. 그저 환경적 조건에 영향을 받아 생긴 것일뿐이라고 생각했습니다.

린네의 분류법은 아주 간단하면서도 정확해서 빠른 속도로 수용될 수 있었습니다. 이와 함께 유럽 각지로부터 유학을 온 린네의 제자들은 스승의 분류법을 전파하는 데 커다란 역할을 하였습니다. 린네의 분류법을 오늘날과 같은 형태로 발전시킨 사람은 프랑스의 식물학자인 앙투안 쥐시외입니다. 그는 1789년 〈식물의 속〉을 발간하면서 계, 문, 강, 목, 과, 속, 종이라는 7등급의 분류체계를 만들었습니다.

린네는 1747년 스웨덴의 궁정 의사로 임명되었고, 왕실이 소장하고 있었던 동식물 표본을 조사하고 기록하는 일도 맡았습니다. 그는 1758년 기사 작위를 받았고 1761년 귀족이 되어 칼 폰 린네라는 이름을 얻게 됩니다. 하지만 1774년 린네는 뇌졸중으로 갑자기 쓰러진 후 회복하지 못한 채 몇 년을 지내다 1778년 세상을 떠납니다. 그는 스웨덴에서 커다란 존경을 받아 스웨덴의 지폐인 100크로나의 인물이 되었습니다. 그이 선구적인 업적으로 인류는 복잡한 생물을 체계적으로 이해할 수 있었습니다.

# 43. 머레이 겔만 (1929~2019)

물질의 가장 기본적인 단위인 쿼크는 미국의 물리학자 머레이 겔만에 의해 규명되었습니다. 겔만은 1929년 미국 뉴욕에서 태어났습니다. 그는 전형적인 과학 엘리트로서의 길을 걸어갑니다. 15세에 예일 대학에 입학하였고 19세에 MIT 대학원 들어가 21세에 박사학위를 취득합니다. 프린스턴 대학 고등과학연구소를 거쳐 27살인 1951년 칼텍 교수가 됩니다. 그는 1964년 소립자는 쿼크로 구성되어 있다는 이론을 발표하여 1969년 40세의 나이에 노벨 물리학상을 수상합니다. 쿼크 이론에 대해 이해하기 위해서는 입자물리학에 대해 우선 알아야 합니다.

이제까지 알려진 바에 의하면 자연에는 네 가지의 힘이 존재합니다. 만유인력, 전자기력, 약력, 강력이 그것입니다. 우주 공간에는 무한대에 가까운 입자들이 존재합니다. 이러한 입자 사이의 힘의 작용은 힘의 양자가 교환되는 것으로 가능해집니다.

예를 들어 두 전자 간의 상호 작용은 전자를 둘러싸고 있는 전자기장의 양자인 광자 즉 빛의 입자로 인해 가능하게 됩니다. 전자는 전하를 가지고 있으므로 전하의 존재로 인해 전자기장이 생성되고 이 전자기장의 양자가 힘의 매개체가 되는 것입니다.

이렇게 교환되는 양자는 짧은 시간밖에 존재할 수 없습니다. 한번 방출된 양자는 같은 입자나 다른 입자에 의해 아주 짧은 시간 안에 재흡수 되어야만 합니다. 이러한 힘의 양자를 가상 입자라고 부르기도 하는데 상호작용의 범위는 교환되는 양자의 질량과 관계됩니다.

만약 가상 입자의 질량이 크면 더 많은 에너지를 빌려야 하며 불확정성의 원리에 따라 더 빨리 돌려주어야 합니다. 따라서 입자가 재흡수 전에 갈 수 있는 거리는 줄어들게 되고 관련된 힘의 범위는 짧아질 수밖에 없습니다. 힘의 양자의 질량이 영인 특수한 경우에는 힘의 범위는 무한대가 됩니다. 빛의 양자인 광자는 질량이 0입니다.

게이지 이론이 필요한 이유는 모든 곳 또는 어느 한 곳의 게이지 대칭성을 갖게 만들 수 있기 때문입니다. 특히 한곳 변환 하에서 불변인 이론을 만들기 위해서는 힘이라는 양을 포함해야 하기에 게이지 이론이 유용하게 사용되는 것입니다.

전자기력은 빛의 입자인 광양자에 의해 나타나는 상호작용입니다.

약한 상호작용은 W+. W−, Z, 세 가지 입자에 의해 매개됩니다. 광양자와 W, Z 입자는 공통의 기원을 가지고 있음이 밝혀졌고, 전자기력과 약력은 통합되어 이후 약전자기 상호작용으로 불리게 되었습니다.

하지만 약력에서는 무한대의 확률이나 무한대의 양자 보정의 결과가 나타났는데, 이를 해결하려 노력한 사람이 마르튀뉘스 펠트만입니다. 그는 '비-아벨 게이지 이론' 또는 '양-밀스 이론'의 체계 속에서 약한 상호작용을 연구하였습니다. 토프트는 펠트만의 박사과정 학생으로 들어와 그와 함께 이 분야를 연구하였습니다. 우선 약한 상호작용에 대한 이론은 무한대가 나타나지 않고 계산이 가능하도록 수정되어야 했습니다. 수정된 이론은 존재하지 않는 입자를 도입해야 했습니다.

또한, 그들은 아인슈타인이 가르쳐 준 4차원 시공간보다 약간 다른 방법을 사용했습니다. 차원의 수가 4보다 아주 약간 작은 3.99999처럼 계산하였던 것입니다. 이러한 접근 방식은 효과적으로 작용되어 무한대의 문제가 해결되었습니다.

유럽입자물리연구소에 있는 대형 전자-양전자 가속기(LEP)에서 얻어진 결과들은 여섯 번째 쿼크인 탑 쿼크가 존재해야 한다는 것을 보였고 탑 쿼크의 질량을 결정함으로써 그들의 이론이 옳다는 것이 증명되었습니다.

약력은 그 크기가 너무 작아 우리의 일상생활에서 그 존재를 알아차리기는 힘들지만 수많은 핵붕괴의 원인이 되는 힘입니다. 약력은 칼륨의 동위 원소 칼륨 40의 핵붕괴와 중성자 붕괴 같은 핵붕괴에 관여합니다. 핵반응은 원자핵의 구조를 변화시키고, 이를 통해 원자핵 내부의 중성자 수가 바뀌고 엄청난 에너지가 방출됩니다.

약력은 무거운 원소들의 생성에 도움을 주기도 합니다. 무거운 원소는 격렬한 초신성 폭발 과정에서 만들어집니다. 태양을 비롯한 별이 빛을 발하는 과정에서도 약력은 필수적인 역할을 합니다. 수소가 헬륨으로 전환되는 연쇄 반응이 약력에 의해 시작되기 때문입니다. 약력에 의해 시작된 핵반응은 우주의 조성을 끊임없이 변화시킵니다.

약력은 '약력 게이지 보존'이라는 입자의 교환으로 만들어집니다. 약력 게이지 보존에는 세 종류가 있습니다. 전하를 가진 두 종류는 W+와 W−이다. 다른 하나는 전기적으로 중성인 Z입니다. 약력 게이지 보존의 교환은 약력 전하에 따라서 인력과 척력을 만들어 냅니다. 약력에서 약전하가 하는 역할은 전자기력에서 전기 전하가 하는 역할과 같으며 전하의 양은 숫자로 나타냅니다. 입자는 약전하를 가질 경우에만 약력을 경험하며, 약전하의 특성에 따라 상호 작용의 유형과 힘의 크기가 정해집니다.

전자기력과 약력 사이에는 몇 가지 중요한 차이가 존재합니다. 우선 약력에는 왼쪽과 오른쪽의 구별이 있습니다. 물리학자들은 이를 가리켜 '공간 반전 대칭성 깨짐'이라고 부릅니다. 반전성 깨짐은 입자와 그 입자의 거울 이미지가 서로 다르게 행동함을 의미합니다. 약력은 왼쪽으로 회전하는 입자와 오른쪽으로 회전하는 입자에 다른 방식으로 작용하기 때문에 반전 대칭성을 깹니다. 오직 왼쪽으로 회전하는 입자만이 약력을 느낍니다. 오른쪽으로 회전하는 입자는 약력을 느끼지 못합니다. 중성자 붕괴 시에 나타나는 전자는 언제나 왼쪽으로 회전합니다. 약한 상호 작용은 반전 대칭성을 깨기 때문에 기본 입자와 그에 작용하는 힘을 열거할 때 이들을 왼쪽으로 회전하는 입자와 오른쪽으로 회전하는 입자로 분리해서 나열할 필요가 있습니다.

또한 약력은 입자의 유형을 바꿉니다. 예를 들어 중성자가 약력 게이지 보존과 상호 작용하면 양성자가 나오는 경우가 있습니다. 이는 어떤 입자가 광자와 상호작용했을 때와는 아주 다른 반응입니다. 광자와 상호작용할 경우에는 어느 종류든 그 대전된 입자의 총수, 예를 들어 전자의 개수에서 양전자의 개수를 뺀 값은 변하지 않습니다. 하지만 중성자가 대전된 약력 게이지 보존과 상호 작용하면 중성자가 붕괴되어 전혀 다른 입자인 양성자가 나타납니다.

그러나 중성자와 양성자는 질량도 전하도 다르기 때문에, 중성자가 양성자로 붕괴될 때에는 전하량, 에너지, 운동량을 보존하기 위해서 양성자와 다른 입자가 나와야만 합니다. 중성자가 붕괴될 때는 양성자뿐만 아니라 전자와 중성미자라는 입자가 나오는 것으로 밝혀졌다. 이 과정이 베타붕괴입니다.

중성미자는 약력을 통해서만 상호 작용하며, 전자기력에는 반응하지 않기 때문에 처음 베타 붕괴를 관측했을 때에는 아무도 중성미자를 알지 못했습니다. 입자 관측기는 전기적으로 대전된 하전 입자나 에너지를 나르는 입자만을 검출할 수 있습니다. 그런데 중성미자는 전기 전하도 없고 붕괴하지도 않기 때문에 관측기에서 검출되지 않았고 이로 인해 아무도 그 존재를 알 수 없었습니다. 하지만 중성미자를 생각하지 않으면 베타 붕괴는 에너지 보존 법칙의 예외가 되고 맙니다. 한 계에서 에너지가 생겨날 수도 사라질 수도 없다는 에너지 보존 법칙은 물리학의 근본 원칙입니다. 에너지는 오직 한쪽에서 다른 쪽으로 이동할 뿐입니다. 베타 붕괴에서 에너지 보존 법칙이 성립하지 않는다는 가정은 비상식적이었지만, 중성미자의 존재를 알지 못했던 많은 물리학자들은 이를 받아들였습니다.

현재 우리는 지금 태양의 핵반응에서 광자와 함께 방출된 중성미자가 우리 주변을 계속 지나간다는 사실을 알고 있습니다. 또한 이런 중성미자는 스핀이 왼쪽이라는 것입니다. 스핀이 오른쪽인 중성미자는 존재하지 않거나 매우 약하게 상호 작용합니다.

또한 약력의 작용 거리는 상당히 짧습니다. 약력은 약 1경분의 1센티미터라는 극히 짧은 거리 내에서 급격히 약해집니다. 그 이유는 약력 게이지 보존의 질량이 0이 아니기 때문인 것으로 알려졌습니다. 이런 면에서 약력 게이지 보존은 질량이 없는 두 입자, 즉 광자나 중력자와는 다릅니다. 광자나 중력자는 모두 에너지와 운동량을 가지고 있으나 질량이 없기 때문에 광대한 거리를 가로질러 힘을 전달할 수 있습니다.

입자의 질량이 0이라는 점은 이 입자가 빛의 속도로 운동하며 입자의 에너지와 운동량이 항상 특정한 관계, 즉 에너지가 운동량에 비례하는 관계를 따른다는 것을 말해 줍니다. 하지만 약력의 전달자는 질량을 갖습니다. 우리가 중성미자의 존재를 몰랐다면 아마 약력을 이해하지 못했을 것입니다.

원자핵 내의 양성자의 구성 요소는 강력으로 묶여 있는데 보통의 방법으로는 이를 떼어낼 수가 없습니다. 강력은 '양자 색역학(Quantum chromodynamics, QCD)'라는 이론으로 설명됩니다. 강력은 게이지 보존 교환으로 설명이 가능한 표준 모델의 마지막 힘으로 20세기에 발견되었습니다. 강력을 전달하는 게이지 보존은 글루온이라고 불립니다. 이 입자들이 강력으로 상호 작용하는 입자들을 한데 묶는 힘을 전달합니다.

1950년대와 1960년대 물리학자들은 계속해서 수많은 입자를 발견했습니다. 이 입자들은 모두 '강입자' 또는 '하드론'이라고 합니다. 강입자들은 전자보다 훨씬 무겁다. 이들의 질량은 전자보다 약 2,000배 무거운 양성자와 비슷합니다. 강입자가 다양하다는 것은 풀리지 않는 수수께끼였습니다.

겔만은 1960년대 수많은 강입자는 기본 입자가 아니며 그 대신 '쿼크'라고 이름 붙인 입자들이 한데 모인 것이라는 이론을 제안하였습니다. 그는 세 종류의 쿼크가 있고 수많은 강입자들은 이 쿼크들을 조합하면 만들 수 있다고 주장하였습니다. 물리학자들은 강입자가 쿼크로 이루어진다는 사실에 동의했지만, 강입자의 물리학이 강력의 관점으로 설명된 것은 9년 정도가 지나서였습니다.

각 쿼크는 세 종류로 분류됩니다. 물리학자들은 여기에 세 가지 색 이름인 빨강, 초록, 파랑을 붙였습니다. 이렇게 색을 갖는 쿼크는 다른 쿼크나 반쿼크와 결합해 색이 중성이 되는 '색–중성 조합'을 이룹니다. 이 조합은 여러 가지 색이 모이면 서로 상대되어 백색광이 되는 것처럼 쿼크와 반쿼크의 강력 전하가 상쇄되는 조합입니다. 색–중성 조합에는 두 가지 유형이 있습니다. 안정적인 강입자는 쿼크와 반쿼크의 조합으로 구성되거나, 서로 결합된 3개의 쿼크로 구성됩니다. 예를 들어 파이온에는 쿼크와 반쿼크가 1개씩 짝을 이루고 있고, 양성자와 중성자는 3개의 쿼크가 한데 묶여 있습니다.

강입자 내부에서 쿼크들의 강력 전하는 서로 상쇄되어 사라집니다. 이 입자들은 강력을 전달하는 글루온에 의해 엄청나게 강하여 묶여 있어 양성자와 중성자가 깨지는 것은 상당히 어렵습니다.

양성자의 경우에는 2개의 업 쿼크와 하나의 다운 쿼크로 이루어집니다. 서로 다른 유형의 쿼크는 서로 다른 전기 전하를 갖습니다. 업 쿼크의 전기 전하는 +2/3이고 다운 쿼크의 전기 전하는 -1/3이므로 양성자의 전기 전하는 +1입니다. 중성자의 경우는 1개의 업 쿼크와 2개의 다운 쿼크를 가지기 때문에 전기 전하는 0입니다.

고에너지 충돌에서 쿼크가 만들어질 때, 그들은 아직 강입자로 결합되지 않은 상태이지만 그렇다고 해서 쿼크가 따로 분리된 상태로 존재하는 것도 아닙니다. 쿼크는 다른 쿼크나 글루온과 함께 있으며 이러한 조합은 강력 아래에서 전체 전하를 중성으로 만듭니다. 쿼크는 결코 혼자서 자유롭게 나타나지 않으며 강한 상호 작용을 하는 여러 입자에 둘러싸여 있습니다. 입자 실험은 홀로 고립된 쿼크가 아니라 한 방향으로 움직이는 쿼크와 글루온으로 구성된 입자 무리를 기록하는 것입니다.

쿼크는 양성자 안에 단단하게 박힌 점으로 생각할 수 있습니다. 실험에서는 고에너지 전자를 쏴서 광자를 방출시키고 그 광자를 쿼크에 충돌시켜 쿼크가 튀어나오게끔 할 수 있습니다.

스탠퍼드 대학교의 선형 입자 가속기에서 이루어진 프리드먼-켄들

-테일러의 소위 '심층 비탄성 산란' 실험은 이 원리에 따른 효과를 기록함으로써 쿼크의 존재를 입증할 수 있었습니다. 이 실험은 전자가 양성자와 충돌하고 어떻게 산란하는지를 명확히 보여줌으로써 쿼크가 실제로 존재한다는 실험적 증거를 최초로 이루어냈습니다. 이 발견으로 제롬 프리드먼(Jerome Friedman)과 헨리 켄들(Henry Kendall) 그리고 리처드 테일러(Richard Taylor)는 1990년 노벨 물리학상을 수상하였습니다.

힉스(Higgs) 메커니즘은 흔히 '힉스장(Higgs field)'이라는 특별한 장을 포함합니다. '장(field)'이란 공간의 어디에서나 입자를 만들어 낼 수 있는 물리적 대상을 말합니다. 각각의 장은 그에 해당하는 특수한 유형의 입자를 만들어 냅니다. 예를 들어 전자기장은 전자를 만들어 냅니다. 이와 마찬가지로 힉스장은 힉스 입자를 만듭니다.

힉스 입자는 아주 무겁기 때문에 보통의 물질에서는 발견되지 않습니다. 무거운 쿼크나 경입자와 달리, 고에너지 입자 가속기에서도 오랫동안 힉스 입자를 관찰할 수 없었습니다. 이는 힉스 입자가 존재하지 않기 때문이 아닙니다. 힉스 입자가 너무 무거워서 그동안의 실험 에너지로는 발견할 수 없었을 뿐입니다.

힉스 이론에서는 약력에 반응하는 한 쌍의 장을 다룹니다. 이 힉스장 2개가 약력 전하를 가짐으로써 약력에 반응한다고 생각하면 이해하기에 매우 유용합니다. 편의를 위해 두 개의 힉스장을 각각 '힉스장 1', '힉스장 2'로 부르기로 하겠습니다.

힉스장 1과 힉스장 2는 각각 입자를 만들어 낼 수 있습니다. 입자가 존재하지 않는 경우에도 이 장들은 0이 아닌 값을 취할 수 있습니다. 힉스 메커니즘에 따르면 힉스장 둘 중의 하나는 0이 아닌 값을 가지며, 이 0이 아닌 힉스장의 값이 입자 질량의 기원이 됩니다.

0이 아닌 힉스장은 우주 전체에 약력 전하를 퍼뜨려 놓게 됩니다. 마치 약력 전하량이 0이 아닌 힉스장이 공간 전체에 약력 전하를 퍼뜨려 놓은 것과 같습니다. 힉스장이 0이 아니라는 의미는 어떤 입자가 없더라도 힉스장 1 또는 힉스장 2가 갖는 약력 전하가 모든 곳에 존재한다는 것입니다. 두 힉스장 중 하나가 0이 아닐 경우, 진공 자체가 약력 전하를 띠게 됩니다.

약력 게이지 보존은 다른 약력 전하와 상호 작용하듯이 진공의 약력 전하와도 상호 작용합니다. 진공에 퍼져 있는 약력 전하는 약력 게이지 보존이 먼 거리로 힘을 전달하는 것을 막습니다. 더 멀리 이동하려는 약력 게이지 보존은 더 많은 진공에 퍼져 있는 약력 전하를 만나기 때문입니다.

힉스장은 약력의 영향을 아주 짧은 거리로 제한합니다. 힘을 운반하는 약력 게이지 보존이 멀리 떨어져 있는 입자에 약력을 전달하려고 하면, 길을 막는 힉스장과 부딪히게 됩니다. 진공에 퍼져 있는 약력 전하는 매우 얇게 퍼져 있어서, 짧은 거리에서는 0이 아닌 힉스장의 존재감, 즉 이들이 갖는 약력 전하의 존재를 알 수는 없습니다. 쿼크, 경입자, 약력 게이지 보존은 짧은 거리에서는 자유롭게 이동하며, 진공 중의 약력 전하는 마치 존재하지 않는 것처럼 보입니다. 따라서 약력 게이지 보존은 짧은 거리에서 힘을 전달할 수 있으며, 두 힉스장의 값은 0인 것처럼 보입니다.

하지만 거리가 멀어지면 입자들이 더 멀리까지 이동해야 하고 더 많은 약력 전하와 부딪히게 됩니다. 얼마나 많은 약력 전하와 만나는가는 전하 밀도에 따라 달라지고, 전하 밀도는 0이 아닌 힉스장의 값이 얼마인지에 따라 결정됩니다. 먼 거리까지 약력을 나르는 것은 저에너지 약력 게이지 보존이 할 수 있는 일이 아닙니다. 멀리 이동할 경우 진공에 퍼져 있는 약력 전하가 기 길을 막기 때문입니다.

양자장 이론에서는 단거리는 자유롭게 이동하지만 장거리는 거의 이동하지 않는 입자의 질량은 0이 아니어야 합니다. 멀리 이동하는 약력 게이지 보존이 그만큼 더 방해받는다는 사실은 그 입자들이 마치 질량을 가진 것처럼 움직인다는 것을 의미합니다. 이는 질량을 가진 게이지 보존은 그다지 멀리 가지 못하기 때문입니다. 공간에 퍼져 있는 약력 전하는 게이지 보존의 움직임을 방해하며 이는 실험 결과와 잘 맞아떨어집니다.

진공 속의 약력 전하 밀도는 전하가 약 1경분의 1센티미터마다 한 개 있는 정도입니다. 이러한 약력 전하 밀도를 생각하면, 약력 게이지 보존들의 질량은 약 100기가전자볼트의 값을 가집니다.

힉스 메커니즘은 표준 모형(standard model)에서 물질을 구성하는 기본 입자인 쿼크와 경입자에도 질량을 줍니다. 쿼크와 경입자는 약력 게이지 보존과 매우 비슷한 방식으로 질량을 얻습니다. 쿼크와 경입자는 공간 전체에 분포한 힉스장과 상호작용하며, 그럼으로써 우주에 퍼져 있는 약력 전하의 방해를 받게 됩니다. 약력 게이지 보존과 마찬가지로 쿼크와 경입자는 시공간의 모든 곳에 분포하는 힉스 전하와 부딪히면서 질량을 얻습니다. 힉스장이 없으면, 이 입자들의 질량은 0이 될 수밖에 없습니다. 0이 아닌 힉스장과 진공에 퍼진 약력 전하가 운동을 방해함으로써 입자들이 질량을 얻습니다.

이처럼 힉스 메커니즘은 질량의 기원을 설명할 수 있고 약력 게이지 보존이 양자장 이론에 따라 질량을 얻는 것을 보여줍니다. 힉스 메커니즘은 약력 대칭성이 짧은 거리에서는 보존되지만, 먼 거리에서는 깨지는 것처럼 만들어 줍니다. 즉, 힉스 메커니즘은 약력 대칭성을 자발적으로 깨뜨리며, 이러한 자발적 붕괴가 질량을 가진 게이지 보존의 문제를 근본적으로 해결합니다. 2012년 유럽 입자 가속기 연구소에서 힉스 입자가 발견되었습니다.

입자물리학의 가장 중요한 이론인 쿼크이론을 발견한 겔만은 2019년 자신의 말년을 보냈던 산타페 연구소에서 세상을 떠납니다.

# 44. 킵 손(1940~ )

일반상대성이론을 증명할 수 있는 중요한 것 중 하나가 바로 중력파입니다. 1915년 아인슈타인의 일반상대성이론이 발표된 후 많은 과학자들이 중력파를 검출하기 위해 노력하였지만 그것은 결코 쉽지 않았습니다. 상대성이론이 발표된 지 100년이 지나서야 비로소 중력파를 검출하는 데 성공할 수 있었습니다. 이러한 중력파 연구에 있어서 가장 큰 공헌을 한 사람이 바로 킵 손입니다.

킵 손은 1940년 미국 유타에서 태어났습니다. 그는 8살 때부터 과학에 관심이 많았습니다. 18살인 1958년 칼텍을 입학하였고, 1965

년 25살의 나이에 프린스턴 대학에서 물리학 박사 학위를 받았습니다. 2년 후인 1967년 모교인 칼텍 교수가 된 이후 평생을 그곳에서 연구하였습니다.

1915년 아인슈타인의 일반상대성이론이 나온 후 중력파의 존재에 대해 예측하였으나 중력파와 물질과의 상호작용이 너무나 약해 아인슈타인 자신도 실험적 관측하기에는 너무나 어려울 것이라고 생각하였습니다. 그로부터 100년 후 2015년 드디어 중력파를 관측하게 되었습니다. 중력파란 크기가 너무 작아 그 신호를 직접 검출하는 것은 쉽지 않습니다. 중력파는 질량이 큰 별들에 의한 급격한 중력의 변화가 파동의 형태로 시공간을 거쳐 전파되어 나갑니다. 별들의 질량이 크면 클수록 더 강한 세기의 중력파를 만듭니다. 잘 알려진 중력파의 발생원은 쌍성계입니다. 공전하는 별 사이의 거리와 회전 주기에 따라 발생하는 중력파의 주파수가 달라집니다. 그 세기는 별까지의 거리와 질량에 의존합니다.

다양한 중력파원을 발생하는 천체를 관측하는 것은 하나의 중력파로는 불가능하며, 발생하는 중력파의 주파수와 세기가 제 각각 다르기 때문에 중력파 검출기에 최적화된 천체를 대상으로 하는 중력파원을 목표로 관측합니다. 중력파의 검측은 실험적으로는 시작된 지 60년 만에 결과를 얻게 되었고 이 발견은 지난 100여 년의 과학사에 있어 가장 중요한 발견이라고 할 수 있습니다.

1905년 7월 프랑스의 과학자 앙리 푸앵카레는 중력은 공간을 통해 파동의 형태로 진행한다는 논문을 발표하였습니다. 그는 이 파동의 이름을 “중력파”라 이름 지었고 이것이 중력파의 역사의 시작이라고 할 수 있습니다. 알버트 아인슈타인은 1905년 특수상대성이론을 발표한 이후 10여 년에 걸쳐 이 이론을 더 확장시켜 1915년 일반상대성이론을 완성하게 됩니다. 일반상대성이론은 중력의 대한 이론이지만 뉴턴의 그것과는 커다란 차이가 있습니다. 뉴턴의 중력 이론은 물질과 물질의 상호작용이라고 설명하지만 아인슈타인은 중력은 시공간의 곡률이며 이 곡률은 공간에 존재하는 물질에 의해 결정된다고 주장하였습니다. 아인슈타인은 일반상대론을 완성한 후 푸앵카레가 주장한 바와 마찬가지로 중력파의 존재가 가능할 것이라고 추측하였습니다. 그는 가속된 전하에 의해 만들어지는 전자기파처럼 중력파도 가능할 것이라고 생각하였습니다. 그 후 아인슈타인은 그의 학생이었던 네이단 로젠, 레오폴드 인펠트와 함께 중력파의 수학적인 해를 찾으려 노력했고 많은 우여곡절을 겪은 후 1936년 중력파의 존재를 확신하게 됩니다.

중력파가 이론적으로 존재 가능하다는 것이 알려지면서 실험적으로 그 존재를 증명할 필요성이 요구되었습니다. 중력파를 실험적으로 관측하는데 있어서는 많은 어려움이 있었습니다. 가장 문제가 된 것은 실험적으로 측정 가능한 양을 계산할 수 있는 관측자가 어느 좌표계에서 있어야 하느냐 하는 것입니다.

사실 물리학에서는 좌표계는 계산상 편리함으로 인해 선택됩니다. 실질적으로 관측자는 물체의 운동과 물체 자체의 시간과 상관없이 자신이 존재하고 있는 좌표계를 선택합니다. 이러한 문제를 보정하기 위해 1956년 펠릭스 피라니는 "리만 텐서에 있어서 물리적 중요성"이라는 논문을 발표하게 됩니다. 이 논문은 중력파에 적용할 수 있는 물리적 관측 가능한 양에 대한 수학적 형식을 만드는 것에 대한 내용으로서 상당히 중요합니다. 그는 이 논문에서 중력파는 공간을 통해 진행해 가면서 입자들을 앞과 뒤로 움직이게 한다고 논하였습니다. 그러는 사이 중력파의 논의에서 또 하나의 쟁점은 중력파가 에너지를 운반할 수 있는지에 관한 것이었습니다. 일반상대론에 있어 시간은 좌표의 일부이고 그것은 위치와 관계하고 있습니다. 이는 에너지는 시간과 대칭성이 있다는 보존 원리와 상충하므로 에너지가 보존되지 않을 것으로 생각되지만 휘어진 시공간은 국소적으로는 편평하므로 에너지는 국소적으로 보아서는 안 된다는 것이었습니다. 이 논의는 1950년대 중반까지 이어졌습니다. 이는 리차드 파인만에 의해 중력파는 에너지를 운반하는 것으로 결론지어졌습니다.

1957년 미국 노스캐롤라이나의 차팰힐에는 중력파의 실험적 증명을 위해 이 분야의 전문가들의 모임이 있었습니다. 이 모임은 실질적인 중력파 검증의 시작이라 할 수 있어 의미가 있습니다. 이 모임에서 참석했던 요셉 웨버는 중력파의 실험적 관측에 대해 큰 관심을 갖고 이를 위해 어떤 실험적 기구들이 필요하며 어떻게 중력파를 실험적으로 증명해 낼지 연구에 몰입하게 됩니다. 1960년 그는 중력파의 실험적 관측에 관한 실질적인 논문을 발표하였습니다. 그는 이 논문에서 기계적인 장치에 유도된 진동을 측정하는 방법으로 중력파를 실험적으로 관측할 수 있을 것이라고 주장하였습니다. 그는 여기서 큰 금속의 원통형 바를 만들고 중력파에 의해 만들어지는 공명적 진동을 관측할 수 있을 것이라고 생각하였습니다. 그의 제안에 따라 1966년 원통형 바가 실질적으로 완성되었고 본격적인 중력파의 실험적 관측에 들어가는 계기가 마련되었습니다. 그는 많은 노력으로 1969년 중력파의 검출에 성공했다는 논문을 발표하였으나 다른 과학자들의 검증에 의해 실험에 문제있음이 밝혀져 실질적인 중력파 관측으로 인정받지 못하였습니다. 그의 실패에도 불구하고 1970년대에 이르러 중력파의 실험적 관측에 대한 가능성이 열려 여러 대학과 연구기관에서 웨버의 실험을 개선하려는 많은 노력이 시작되었습니다. 실험적 개선을 위한 노력 중 가장 중요한 것은 간섭계로 인한 관측일 것입니다. 레이저간섭계를 이용한 중력파 검출에 대한 제안과 연구는 1960년대 시작되었습니다. 그 시도를 처음 한 것은 러시아 과학자 게르텐슈타인과 푸스토 보이트였습니다. 그들은 마이컬슨의 간섭계의 구조가 중력파에 민감하게 작동하는 대칭성을 가지고 있다고 생각했습니다. 레이저를 이용하면 양쪽 팔의 길이가 10미터의 간섭계를 가지고 의 경로 차이를 측정할 수 있을 것으로 전망했습니다.

그 후 간섭계를 이용한 중력파 검출에 있어 중요한 공헌을 한 와이스는 중력파 검출의 실현을 위해 수 킬로미터의 팔을 가진 간섭계가 가져야 할 최적의 조건, 민감도, 이들을 나타내는 각종 잡음 원들의 분석을 수행했습니다. 와이스는 1972년 한 보고서에서 구체적으로 간섭계가 가지는 잡음 원들의 분석과 그 성능의 한계에 대해 논의하였습니다. 그는 중력파를 실제적으로 검출할 수 있는 3000억 원에 이르는 대규모 프로젝트를 생각하였으나 실현시키지는 못했습니다. 간섭계를 이용한 실험은 단색광 즉 동일한 파장을 지닌 빛을 레이저로 방출시켜 스플리터의 표면에 닿게 하고 이 스플리터는 일부는 반사시키고 일부는 통과시켜 통과된 빛과 반사된 빛이 각각 거울에 닿은 후 반사되어 간섭을 일으킨 후 검출 장치에 기록되는 장치입니다.

실험 처음에는 두 개의 거울이 스플리터와 같은 거리에 위치시킨 후 나중에 거리를 약간 조정하면 간섭된 빛의 세기에 변화가 생기고 이를 관측합니다. 중력파가 이 간섭계를 통과하면 스플리터와 거울의 거리 조정에 의해 중력파가 있을 때와 없을 때의 빛의 세기에 차이가 생기게 되며 이는 중력파의 존재를 실험적으로 증명할 수 있도록 만드는 것입니다. 이 장치는 중력파 검증에 있어 획기적인 아이디어가 되어 여러 연구기관에서 실행하였습니다. 일반적인 중력파의 진동수가 100Hz라면 간섭계의 길이는 약 750km가 되야 하므로 아주 먼 거리를 두고 장비를 설치하여야 합니다. 이 간섭계를 이용한 실험 장치는 웨버의 학생이었던 로버트 포워드에 의해 처음으로 설치되었습니다. 하지만 그 기기는 너무 작아 검출기로서 중력파를 발견할 수 있는 것은 아니었습니다.

1975년 실험 물리학자였던 레이 와이스와 중력에 대한 이론물리학자인 킵 손은 중력파에 대해 공동으로 관심이 있어 같이 협력하기로 하고 중력파에 대해 이미 경험이 많은 전문가인 로날드 드레버를 같은 팀으로 참여시킵니다. 그들은 칼텍과 MIT에 중력파 레이저 간섭계를 설치하고 운영하며 계속 발전시키고 보완시켜 나갑니다. 그러던 중 1983년 그들은 미국 과학 재단으로부터 1억 달러에 이르는 연구비를 책정받아 반경이 수 km에 이르는 레이저 중력 검출 장치를 만들기에 이릅니다. 이 프로젝트가 바로 "Caltech-MIT"라 불리는 LIGO(Laser Interferometer Gravitational wave Observatory" 프로젝트입니다. 이 프로젝트는 앞의 세 사람 킵 손, 레이 와이스 그리고 로날드 드레버가 이끌었습니다. 하지만 와이스와 드레버의 의견이 많이 충돌했고 이견이 많아 나중에 보그트가 프로젝트의 단일 책임자로 고용되어 이 프로젝트를 지휘하게 되면서 1988년 본격적인 연구에 돌입하게 되었습니다.

연구하는 중간에 많은 우여곡절이 있었고 보그트가 사의를 표하고 드레버가 연구진에서 탈퇴하는 등 어려움이 많았습니다. 이로 인해 커다란 프로젝트에 많은 경험이 있는 고에너지 입자 실험물리학자인 배리 바니쉬가 프로젝트의 책임을 맡게 되면서 LIGO 프로젝트는 본격적인 궤도에 올라 하나의 관측소를 워싱턴주 핸퍼드시에 하나는 루이지애나 주의 리빙스턴 시에 1997년에 설치를 완성하였습니다.

워싱턴 주의 핸퍼드와 루이지애나 주의 리빙스턴은 약 3,500km 정도 떨어져 있으며, 이 거리 차는 중력파가 쓸고 지나갈 때 약 100분의 1초의 시간 지연 효과를 만들어 냅니다. 라이고의 최종 공사비용은 2억 9,200만 달러였고, 추후 업그레이드 비용으로 8,000만 달러가 들었습니다. 실험 장치들과 설비들이 계속 보완되고 발전되면서 2002년부터 본격적인 작동을 시작하게 됩니다.

2010년까지 8년 동안 실험이 진행되었지만, 중력파 검출에 실패하면서 5년 정도 작동을 멈추고 모든 장치를 재점검하면서 업그레이드 작업을 하고 다시 관측에 들어가고 이후 얼마 지나지 않은 2015

년 9월 18일 인류 최초로 중력파 관측에 성공하게 됩니다. 이 중력파는 태양보다 30배 무겁고 지구로부터 13억 광년 떨어진 두 개의 블랙홀끼리 충돌하면서 발생한 중력파였습니다.

관측 이후 진정한 중력파인지 검증 작업이 이루어졌고 이듬해인 2016년 2월 인류 최초로 중력파가 관측된 것이 증명됩니다. 이는 이론적으로만 예견했던 중력파의 존재를 실험적으로 검출한 것입니다. 이 중력파는 두 개의 블랙홀로부터 기인한 것으로써 블랙홀의 존재를 증명한 것이기도 합니다. 이는 쌍성 블랙홀이 서로 병합하여 하나의 블랙홀로 만들어지는 과정에서 나타나는 중력파의 신호였습니다.

2017년 킵 손과 바니쉬 그리고 와이스는 이에 대한 공로로 노벨 물리학상을 수상하게 됩니다. 아인슈타인의 일반상대성이론이 100년이 지나 입증되었던 것입니다. 이로 인해 상대성이론은 더욱 완벽한 이론으로 인정받게 되었습니다.

# 45. 스티븐 호킹(1942~2018)

스티븐 호킹은 블랙홀 열역학에서 가장 선구적인 역할을 하였습니다. 현대물리학의 가장 중요한 두 분야는 상대성이론과 양자역학입니다. 양자역학에서 수소 원자에 관한 연구는 양자역학의 발전에 있어서 가장 핵심적인 기반을 마련하여 주었습니다. 블랙홀은 현대 우주론에 있어 양자역학의 수소 원자와 비슷한 역할을 합니다. 우리는 블랙홀을 알면 알수록 우주에 대한 가장 중요한 이해를 할 수 있습니다. 호킹의 업적이 중요한 것이 바로 이 때문입니다. 소설 같았던 블랙홀의 존재를 우리 곁으로 오게 만들었습니다.

스티븐 호킹은 1942년에 영국 옥스퍼드에서 태어났습니다. 그의 부모는 모두 옥스퍼드 대학을 졸업하였습니다. 호킹이 8살 되던 해 그의 가족은 런던에서 조금 떨어진 세인트 앨번스로 이사를 갑니다. 호킹은 그곳에서 세인트 앨번스 소녀학교를 다녔습니다. 이 학교은 여학교였지만, 소년들이 10살까지는 다닐 수 있었다고 합니다. 호킹이 11살 되던 해 그는 세인트 앨번스 학교로 전학합니다. 호킹은 17살에 옥스퍼드 대학교에 입학합니다. 당시 그는 물리학 시험에서 성적이 너무 좋아 시험관들을 놀라게 했다고 합니다. 하지만 당시 호킹은 물리학보다는 수학을 더 좋아했고, 수학을 공부하고 싶어 했습니다. 하지만 당시 옥스퍼드 대학에는 수학교수가 없어 호킹이 수학을 전공할 수 없기에 물리학을 선택합니다. 그는 다른 학생들에 비해 어렸고 왜소했으며 내성적이었기 때문에 친구들이 거의 없었습니다. 첫 1년 반 동안 그는 대부분의 시간을 혼자서 지내면서 대학생활을 하였습니다.

하지만 2학년 중반 이후 호킹은 학생들과 어울리기 위해 노력을 하였고, 이런 노력으로 인해 그는 옥스퍼드 조정팀에 키잡이로 들어가게 됩니다. 조정팀은 보통 체격이 좋은 선수들로 구성되어 있지만 키잡이는 노를 젓지 않기 때문에 왜소한 학생을 원했고 호킹은 팀 리더와도 비슷한 키잡이 역할을 수행하였습니다. 그는 조정 팀과 연습을 할 때 하루 여섯 시간씩 보트를 탔고, 물리학 수업 시간을 빼먹기도 했습니다. 호킹은 옥스퍼드에서 자연과학 분야의 최우등 학위를 받고 졸업을 합니다. 이어 그는 케임브리지 대학의 시아마 교수와 우주론과 일반 상대성이론을 공부하기 위해 대학원에 진학합니다.

호킹이 옥스퍼드 대학교 졸업반이었을 때 그는 계단에서 굴러떨어지는 사고를 경험합니다. 그런데 이런 사고는 점점 더 심해져 갔습니다. 케임브리지에 와서도 좋아지지가 않자, 그의 어머니는 호킹에게 의사의 진료를 권합니다. 호킹은 불행히도 1962년 루게릭 병으로 진단을 받습니다. 의사는 그에게 남은 삶이 1~2년 정도라는 시한부 선고를 합니다.

이후로 그는 자신의 삶을 스스로 바꾸어 나갔습니다. 남은 시간 동안 할 수 있는 것을 최대한 다하려 마음을 먹고 현대 우주론의 집중적인 연구에 몰입하게 됩니다. 그의 근육은 점점 마비되어 나중에는 신체의 모든 근육의 기능을 잃었습니다. 하지만 의사의 말과는 달리 그는 55년을 더 살 수 있었고 현대 우주론에 있어 가장 뛰어난 업적을 남겼습니다. 그와 함께 연구했던 로저 펜로즈는 2020년 노벨 물리학상을 받았습니다. 호킹은 2018년에 사망했는데, 살아 있었다면 펜로즈와 함께 노벨상의 영예도 얻을 수 있었을 것입니다. 그의 운명은 정말 너무나 기구했지만, 자신의 하고 싶은 것을 하는 것으로 그는 충분히 만족했던 것 같습니다.

호킹은 1964년에 있었던 공개 강연에서 케임브리지의 저명한 천체물리학자 프레드 호일을 공개적으로 비판합니다. 그는 블랙홀에 적용되던 특이점을 우주 전체에 적용해서 우주가 팽창하고 일반 상대성 이론이 참이라면 이 우주 전체가 하나의 특이점에서 탄생해야 한다는 이론을 수학적으로 증명하는 논문을 발표합니다.

그는 이 연구로 박사학위를 받았고, 이후 몇 년 동안 호킹은 이 주제에 대한 연구에 몰두합니다. 호킹의 이러한 연구에 따르면 우주는 빅뱅으로 시작해서 블랙홀로 종말을 맞는 것이었습니다. 1972년부터 1975년까지 미국의 이론물리학자 킵 손과 러시아의 물리학자 야콥 젤도비치와 토론을 하는 과정에서 호킹은 블랙홀을 이해하기 위해서는 양자 물리학과 상대성이론을 부분적으로 결합해야 할 필요가 있음을 인식합니다. 이 두 이론을 결합시켜서 블랙홀의 특성을 파악할 경우에는 블랙홀이 빛을 포함한 모든 물체를 삼켜 버리기만 하는 것이 아니라, 복사에너지를 방출한다는 놀라운 결과가 나왔습니다. 이는 블랙홀과 우주론에 대한 호킹의 가장 중요한 업적으로 평가됩니다.

이후 호킹은 양자 물리학과 상대성이론의 부분적인 결합을 우주의 빅뱅에 적용해서 백뱅 초기에는 100톤이 넘는 무게를 지닌 작은 소립자들이 존재한다고 주장합니다. 이런 입자는 양성자 정도로 작았지만 엄청난 질량에서 비롯되는 중력 때문에 일종의 미니 블랙홀의 역할을 수행하는 입자였습니다. 이후 과학자들은 이 호킹 입자를 검출하기 위해 노력했지만, 아직까지 그런 입자는 발견되지 않았습니다.

호킹은 1975년에 케임브리지 대학교의 응용 수학 및 물리학과 교수가 됩니다. 이어 1979년에는 루카시안 석좌교수가 됩니다. 루카시안 석좌교수는 아이작 뉴턴을 비롯해 한 시대를 풍미했던 위대한 과학자들이 거쳐 갔던 자리였습니다. 이즈음 호킹의 건강은 다시 악화되었고 호킹은 집에 상주하는 간호사를 두게 되었습니다. 이 무렵 호킹의 연구 스타일도 변해서 이전처럼 수학적인 증명을 추구하기보다는 더욱 직관적이고 사변적인 접근을 선호하기 시작합니다. 왜냐하면 그는 자신의 신체 그 어떤 부분도 사용할 수가 없었기 때문입니다.

1981년 호킹은 우주에 시작과 끝이 없을 수도 있다는 가능성을 제시합니다. 그는 미국의 천체물리학자 제임스 하틀과 함께 이 아이디어를 발전시켜서 '하틀-호킹 상태'라는 모델을 제시합니다. 오래 전에 미국의 물리학자 리차드 파인만은 거꾸로 가는 시간의 개념에 입각해서 한 입자의 특정 상태가 시공간에서 하나의 궤적만을 갖고 거기에 이른 것이 아니라, 가능했던 모든 궤적을 더해서 그 상태가 되었을 이론적인 가능성을 제시했는데 호킹과 하틀이 이 아이디어를 우주 전체에 적용했던 것입니다.

이 이론에 의하면 우주는 특이점 같은 한 점에서 출발한 것이 아니고, 한 점으로 사라질 것도 아니었습니다. 반대로 우주와 그것 속에 있는 모든 물질은 경계가 없는 양자적 상태에 있는 것이었습니다. 호킹과 하틀의 모델 이전에 우주는 무한히 오래되었거나 빅뱅처럼 특이점에서 출발했다고 간주되었습니다.

하지만 호킹은 우주가 무한히 오래된 것은 아니면서도 특이점을 상정하지 않아도 되는 제 3의 모델을 제시했던 것입니다. 이 모델에 의하면 빅뱅은 마치 지구본 위의 북극과도 같은 것이었습니다. 북극이라는 것은 실재하고 여기에서 모든 경도가 출발하지만 이 지점이 특이점은 아닌 것입니다.

북극을 거쳐서 다른 지점으로 가는 것이 가능하듯이 우주의 시공간도 비슷한 의미에서 경계가 없는 것을 생각할 수 있다는 것이 호킹의 주장이었습니다. 다만 차이가 있다면 북극은 2차원에서 존재하는 극점이지만, 우주의 빅뱅은 4차원에서 존재하는 점이라는 것입니다.

호킹은 1974년 영국 왕립학회의 회원이 되었고 왕립학회에서 아인슈타인 메달과 휴즈 메달을 받았습니다. 1980년에는 커맨더에 임명되었고, 세기의 인물에게 주어지는 명예훈장도 받았습니다. 2009년에는 미국 최고 훈장인 대통령 자유 훈장도 받았습니다.

그가 쓴 "시간의 역사(The brief history of time)"는 전 세계적으로 천만 권 이상이나 팔린 과학 분야 초베스트셀러입니다. 두껍지 않지만 상대성 이론, 양자역학, 휘어진 시공간, 양자장 이론, 블랙홀 열역학 등 현대물리학의 가장 첨단지식으로 우주와 시공간에 대한 깊은 탐험을 시도합니다. 시간의 역사는 우주의 역사이며 우주에 대한 이해는 시공간과 물질에 대한 이해라 할 수 있습니다.

천문학자인 허블의 관측은 우주가 대폭발로 불리는 무한히 작고 조밀했던 시기가 있었음을 암시하고 있습니다. 이러한 상태에서는 과학의 모든 법칙, 따라서 미래를 예측하는 모든 능력이 없어져 버립니다. 만약에 이 시기 이전에 사건이 있었다고 해도 그것은 오늘날 일어나고 있는 일에 영향을 미칠 수 없을 것입니다. 이런 사건의 존재는 관측될 수 있는 결과를 낳지 않으므로 무시할 수 있습니다. 우리는 시간이 대폭발에서 시작한다고 말할 수 있습니다. 그보다 이전의 시간이란 정의할 수 없습니다.

상상 속에 있던 우주를 엄밀한 과학의 분야로 이끌어낸 것은 1915년에 발표된 아인슈타인의 일반 상대론이었습니다. 이를 시작으로 1929년 캘리포니아의 윌슨산 천문대에서 외부 은하의 적색편이 관측을 통해 알아낸 허블의 법칙은 현대 우주론의 가장 위대한 승리였습니다. 이로 인해 인류는 우주의 기원과 진화를 이해할 수 있는 기반이 마련되었습니다. 허블의 법칙이 말하는 핵심은 우주는 정적인 것이 아닌 동적이라는 것입니다. 인류가 지구상에 존재하기 시작했을 때부터 수만 년 동안 가지고 있었던 정적 우주론의 세계관은 이 법칙으로 말미암아 한순간에 무너져 내렸습니다. 우주는 시간의 역사에 따라 그와 함께 진화해 나가고 있습니다. 이로 인해 인류는 우주가 어떻게 시작되었는지 알 수 있게 되었고, 우주의 시작이 바로 시간의 역사의 시작이었습니다.

호킹에 의하면 과학의 궁극적 목적은 우주 전체를 기술하는 하나의 이론을 마련하는 데 있다고 합니다. 그러나 대다수의 과학자가 실제로 따르는 방법은 문제를 두 부분으로 나누는 것입니다. 첫째로 우주가 시간이 지남에 따라 어떻게 변하는지를 알려주는 법칙이 있습니다. 둘째로는 우주의 시초 상태의 문제가 있습니다. 어떤 사람들은 과학이 첫째 문제만을 다루어야 하며, 우주의 시초에 관한 문제는 형이상학이나 종교의 문제라고 생각합니다. 즉 신은 전능하기 때문에 원하는 대로 우주를 시작할 수 있다는 것입니다. 그렇다면 신은 우주의 발전과정도 아주 마음대로 택할 수 있을 것입니다. 그러나 관측된 우주는 어떤 법칙에 따라 극히 규칙적으로 팽창하고 있는 것입니다. 그러므로 우주의 시초를 지배하는 법칙도 있음직한 것입니다.

시간의 시작과 함께 우주의 역사는 시작되었고, 현재까지 변화해 왔다. 우리는 그것을 우주의 진화라 표현합니다. 그 진화를 지배하는 법칙을 찾아내는 것이 바로 현재 우주론의 과제였습니다. 그뿐만 아니라 우주가 어떻게 시작되었는지 우주의 기원에 대한 문제도 이제는 과학의 영역으로 편입시켜 인류는 신과의 대화를 시도하고 있습니다. 과학은 인류의 가장 위대한 도전입니다. 인간의 우주에 대한 앎의 영역이 커질수록 인류 존재의 영역도 함께 커지는 것입니다. 우주의 진화의 법칙, 우주의 기원에 대한 법칙을 찾고자 인류는 계속해서 위대한 도전을 하고 있는 것입니다.

호킹의 주장에 의하면 특이성 정리가 실제로 가리키는 것은 중력장이 너무 강해서 양자적인 중력 효과가 중요하게 된다는 것입니다. 즉 고전 이론은 이제 우주를 표현하는 좋은 기술이 되지 못합니다. 그래서 우리는 중력의 양자론을 써서 우주의 극히 초기 단계를 논해야 합니다. 양자론에 의하면 보통의 과학 법칙이 어디서나 즉, 시간의 시초를 포함해서 성립할 수 있음을 알 수 있습니다. 즉 특이성 때문에 새로운 법칙을 가정할 필요가 없습니다. 일반 상대성 이론에 의하면, 과거에 밀도가 무한히 큰 상태가 필연적으로 있었으며, 이는 사실상 시간의 시초에 해당합니다. 이와 유사하게 만약 우주 전체가 다시 수축을 한다면, 미래에 또 하나의 밀도 무한대의 상태가 있고 시간의 종말을 이루게 됩니다. 우주 전체가 수축하지 않더라도 구역적으로 수축하여 블랙홀을 만드는 곳에는 특이성이 있기 마련입니다. 이런 특이성은 그 블랙홀로 빠져드는 사람에게 시간의 종말이 될 것입니다.

블랙홀 물리학의 가장 중요한 핵심은 바로 특이점 때문입니다. 이는 아인슈타인이 꿈꾸었던 우주 공간에 존재하는 모든 힘을 통일하려는 것과 맞물려 있습니다. 아직 그것이 실현되지는 않았지만 아인슈타인의 꿈이 이루어질 수 있는 공간이 바로 특이점이 존재하는 블랙홀에서 가능할 것입니다. 이것이 가능하다면 시간의 역사가 앞으로 어떻게 진행될지에 대해서도 충분히 논의할 수 있습니다. 시간의 역사는 우주와 함께 시작되었으니, 우주와 함께 끝날 것은 너무나 명백한 사실일 수밖에 없습니다.

블랙홀에 대한 천문학적 관측은 라인하르트 겐첼과 앤드리아 겐즈가 선구적이었습니다. 1930년쯤, 천문학자들은 우리 은하계 중심에서 강한 전파가 나오는 것을 관찰합니다. 전파의 근원은 궁수자리였습니다. 그리고 1960년대 초, 퀘이사의 발견으로 물리학자들은 큰 은하 중심에 초대형 질량의 블랙홀이 있다고 주장하였습니다. 1960년대 말, 은하의 별들이 이 궁수자리 A를 따라서 도는 것이 분명해졌습니다. 그리고 90년대에 더 큰 망원경과 장비로 인해 겐첼과 게즈는 우주의 먼지 구름을 넘어 궁수자리 A를 보기 위한 프로젝트를 시작합니다.

하지만 아무리 큰 망원경이라도 지구에서 관찰을 하는 것은 한계가 있었습니다. 대기가 렌즈처럼 빛을 왜곡하기 때문입니다. 그럼에도 불구하고 그들은 30년 동안 센서와 광학 기술을 개선하며 이미지 해상도를 천 배 넘게 향상시키는 데 성공합니다.

별들의 위치를 훨씬 정확하게 알 수 있게 되면서 그들은 30개 정도의 밝은 별을 추적했습니다. 또한 그들은 별들이 중심과 가까울수록 특정한 궤도를 따라 훨씬 빠르게 도는 것을 발견했습니다. 은하 바깥쪽에 있는 태양은 한 바퀴를 도는 데 2억 년이 걸리는데 S2라는 별은 16년이 걸린다는 것을 알아냈습니다. 이로 인해 2008년 은하 중심에 있는 블랙홀이 태양계 크기이며 우리 태양의 약 4백만 배의 질량을 가진 것이라는 사실을 밝혔습니다.

호킹은 지구상에 존재했던 그 누구보다도 가장 힘들고 어려운 삶의 조건을 가지고 있었지만, 자신의 삶을 최선을 다해 충분히 살았습니다. 현대 우주론에 대한 그의 업적은 실로 뛰어나고 놀랍지만, 그의 삶은 그의 업적보다 훨씬 더 빛나고 있다는 것은 그 누구도 부인할 수 없을 것입니다. 저 밤하늘의 빛나는 별처럼 그는 인류의 역사가 끝날 때까지 항상 우리에게 밝은 빛을 비춰 주고 있을 것입니다. 그가 남은 많은 말 가운데 두 가지만 아래에 인용해 보겠습니다.

"However difficult life may seem, there is always something you can do and succeed at. (인생이 아무리 어렵고 힘들지라도, 당신이 할 수 있는 것이 있고 그 일로 충분히 성공할 수 있다.)"

"It would not be much of a universe if it wasn't home to the people you love. (당신이 사랑하는 사람이 살고 있지 않다면, 우주는 그리 대단한 곳이 아닐 것이다.)"

## 참고문헌


1. 과학동아편집부, 인물과학사, 동아일보사, 1988
2. 곽영직, 과학기술의 역사, 북스힐, 2009
3. 김영식, 과학사개론, 다산출판사, 1986
4. 김영식, 박성래, 송상용, 과학사, 전파과학사, 2013
5. 박성래, 인물과학사, 책과함께, 2006
6. 송상용, 서양과학의 흐름, 강원대학교출판부, 1990
7. 송상용, 인물과학사, 북스힐, 2012
8. 송성수, 과학기술의 개척자들, 살림, 2009
9. 오진곤, 틀을 깬 과학자들, 전파과학사, 2002
10. 이길상, 화학사상사, 연세대학교출판부, 2009
11. 이면우, 천문학 탐구자들, 살림, 2003
12. 이종호, 천재를 이긴 천재들, 글항아리, 2007
13. 이현경, 아인슈타인& 보어:확률의 과학, 김영사, 2006
14. 임경순, 현대물리학의 선구자들, 다산출판사, 2001
15. 홍성욱, 그림으로 보는 과학의 숨은 역사, 책세상, 2012
16. 조지 가모브, 물리학을 뒤흔든 30년, 전파과학사, 1975
17. 존 그리빈, 과학 사람이 알아야 할 모든 것, 들녘, 2004
18. 찰스 길리스피, 객관성의 칼날, 새물결, 1999
19. 피터 디어, 과학혁명:유럽의 지식과 야망, 뿌리와 이파리, 2011
20. 루이스 로빈스, 미생물의 발견과 파스퇴르, 바다출판사, 2003
21. 브렌다 매독스, 로잘린 프랭클린과 DNA, 양문, 2004
22. 스티븐 메이슨, 과학의 역사, 까치, 1987
23. 로이드 모츠, 물리이야기, 전파과학사, 1992
24. 리차드 바이스, 빛의 역사, 이끌리오, 1999
25. 피터 보울러, 현대과학의 풍경, 궁리, 2008
26. 제이콥 브로노우스키, 인간 등정의 발자취, 바다출판사, 2004
27. 윌리암 브로드, 진실을 배반한 과학자들, 미래M&B, 2007
28. 에밀리오 세그레, X선에서 쿼크까지, 교통신문, 1994
29. 에밀리오 세그레, 고전물리학의 창시자를 찾아서, 전파과학사, 1996
30. 존 시몬스, 사이언티스트 100, 세종서적, 1997
31. 네이선 아셍, 유전자: 진화론에서 DNA지도까지, 지호, 2002
32. 프랑크 애셜, 놀라운 발견들, 한울, 1996
33. 제임스 왓슨, 이중나선, 궁리, 2006

# 위대한 과학자의 발자취를 따라서

정태성 수필집 값 15,000원

초판발행 2023년 1월 25일
지 은 이 정태성
펴 낸 이 도서출판 코스모스
펴 낸 곳 도서출판 코스모스
등록번호 414-94-09586
주 소 충북 청주시 서원구 신율로 13
대표전화 043-234-7027
팩 스 050-4374-5501

ISBN 979-11-91926-66-8